液体急冷法で作製した Al-Mn 合金を室温時効後選択的に Al 相を電解研磨することにより，Al 結晶から析出した正 20 面体準結晶を露出させた組織の走査電子顕微像〔蔡 安邦氏提供〕（本文 30 頁参照）

融体中から成長した約 2 mm 径の正 12 面体形状の Zn-Mg-Dy 正 20 面体準結晶の顕微像〔大橋 諭氏提供〕（本文 31 頁参照）

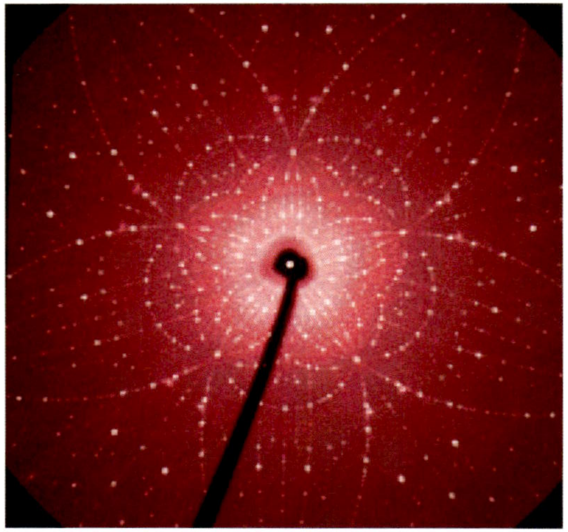

Zn-Mg-Ho 正 20 面体単一準結晶粒の 5 回対称軸から得た X 線透過ラウエ図形〔H. Takakura et al.：*Jpn. J.Appl.Phys.* **37**（1998）L663〕（本文 4.5 節参照）

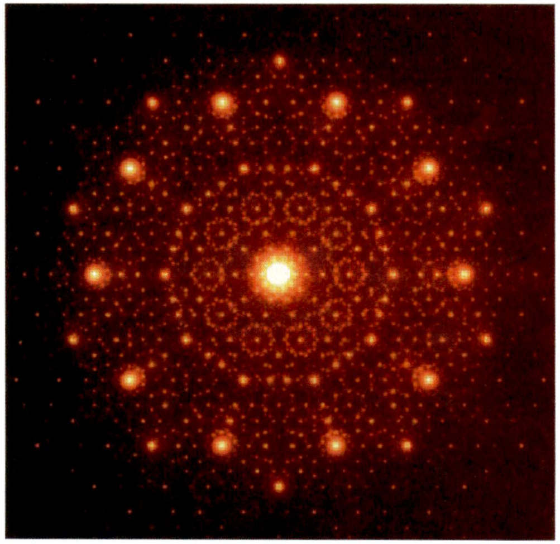

正 10 角形 Al-Ni-Co 準結晶の 10 回軸から得た電子線回折図形〔K. Saitoh et al.：*J. Noncrystalline Solids* **334** & **335**（2004）202〕（本文 32 頁参照）

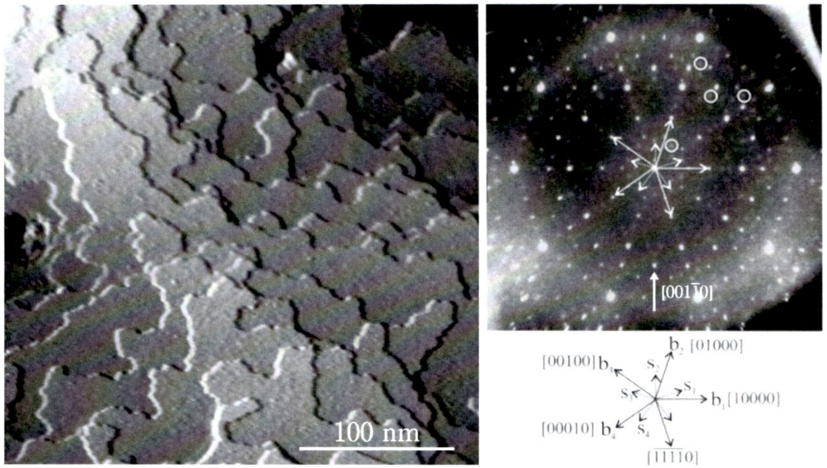

正 10 角形 Al-Ni-Co 準結晶の 10 回対称軸から得た STM 像（左）と同じ表面から得た低エネルギー電子回折図形（右）．準結晶の表面にも準周期構造が示された．
〔H.R. Sharma et al.：*Phys. Rev.* **B 70**（2004）235409〕（本文 67 頁参照）

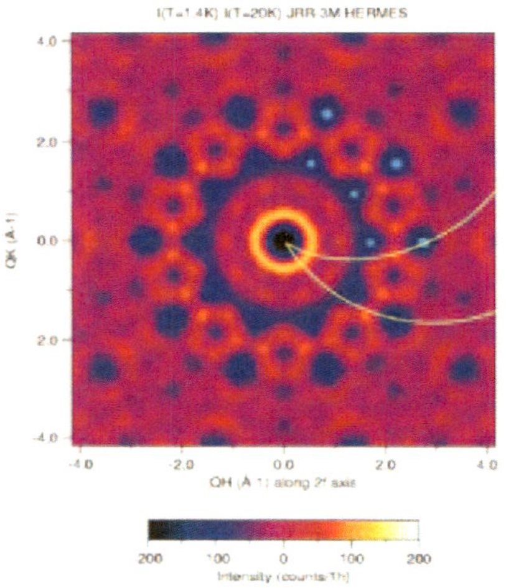

Zn-Mg-Ho 磁性準結晶の 5 回面内における磁気散漫散乱測定結果．最低温（$T=1.4$ K）のデータから常磁性相（$T=20$ K）のデータを差し引くことにより磁気散乱成分だけを取り出した．JRR-3 HERMES 回折計にて測定．本測定結果を数値計算と比較することにより，準結晶中の正 12 面体局所スピンクラスター中の短距離相関の発達が示された．
〔T.J. Sato et al.：*Phys. Rev.* **B 61**（2000）476〕（本文 7.1 節参照）

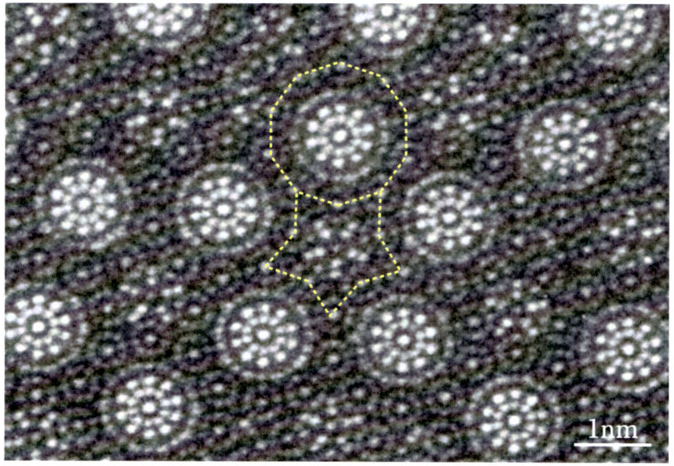

収差補正電子顕微鏡を用いて，$Al_{70}Mn_{17}Pd_{13}$ 正 10 角形準結晶の 10 回軸から撮影した超高分解能 HAADF-STEM 像．輝点の強度の違いは原子種の違いを直接反映しており，原子番号の大きな元素ほどより明るい輝点となる．
〔阿部英司氏提供〕（本文 4.5 節参照）

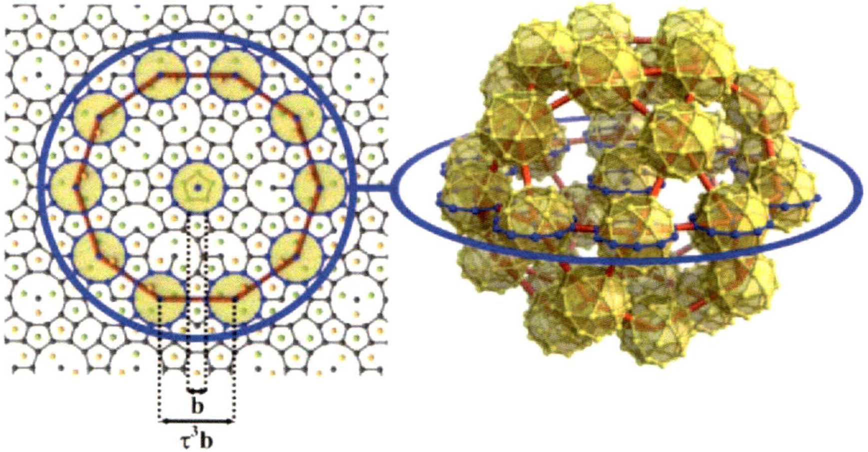

Cd-Yb 正 20 面体準結晶の原子構造．右図に示す黄球は 158 原子からなる 20 面体クラスターを表している．黄色球同士が切頭 20 面体を形成し，この切頭 20 面体がさらにひとまわり大きい切頭 20 面体を作る．左図は右図の断面図であり，大小切頭 20 面体の辺長比は τ^3（τ：黄金比）になっている．準結晶は原子クラスターのフラクタル構造である．
〔C.P. Gomez et al.：*Nature Materials* **6**（2007）58〕（本文 57 頁参照）

準結晶の物理

竹内　伸・枝川圭一
蔡　安邦・木村　薫
［著］

朝倉書店

まえがき

20世紀には科学および技術がさまざまな面で大きな発展を遂げ，20世紀は科学技術の世紀ともよばれている．とくに物理学の分野では，20世紀は相対性理論および量子力学の確立に始まり，物質科学の分野では超伝導現象の発見，X線回折現象の発見が20世紀初頭になされ，20世紀中期にはレーザー光源の開発，電子顕微鏡技術の進歩，放射光光源の開発など先端技術が進歩した結果，物質の研究手法が格段に発展した．20世紀後期にはさまざまな新物質の発見がなされたが，その中で1985年前後に，物質科学のパラダイムを変えるような大発見が相次いでなされた．1つは1984年の準結晶の発見であり，もう1つは1986年の高温超伝導体の発見である．準結晶の発見は電子顕微鏡技術の進歩によって初めて可能になったもので，20世紀前半には不可能であったことを考えると，観測，測定技術の進歩が物質科学の発展にいかに大きな役割を果たしてきたかがわかる．

準結晶が発見されるまでは，無機物の構造は基本的に結晶かアモルファスかのいずれかであると信じられてきた．また，物質の基底状態（エネルギーが最低の状態）は，量子効果が顕著に現れるHeを例外として，すべて結晶状態であるとアプリオリに信じられてきた．準結晶の発見は少なくとも前者を覆すパラダイムシフトをもたらし，後者の仮説についてはその根拠を揺るがすことになったのである．

準結晶発見の最初の発表は1984年の11月にPhysical Review Letters（物理学の分野で最も権威ある学術雑誌）に発表されたShechtman, Blech, Gratias, Cahnの4名の共著による「並進秩序性をもたない長距離配向秩序金属相」という論文であるとされる．準結晶（quasicrystal）という概念自体はShechtmanらの発表から1ヶ月後に発表されたLevineとSteinhardtの論文で提唱された．

Shechtmanらの論文では，急冷したAl-Mn合金を薄膜にして電子顕微鏡で詳しく観察した結果，この合金の中に正20面体の対称性をもつ相が存在することを明らかにしている．実は，その2年前にすでにShechtmanがこの合金の中に10回対称の電子回折パターンを得ていたのであるが，新しい相であるとの主張が認められず2年が経過したのである．また，当初発見された準結晶は熱力学的準安定相で質の良くないものであったので，従来の結晶とアモルファスの概念の枠内で解釈できるとする主張も多かった．準結晶以外の主な解釈として，(1) 多重双晶モデル，(2) 巨大単位胞結晶モデル，(3) 正20面体ガラスモデルなどの提唱が行われた．さまざまな議論を経て，世界的に「準結晶」という新物質の存在が広く認められるようになったのは，1980年代の終わりに，我が国で蔡らによってきわめて良質の，熱力学的安定相としての準結晶相が相次いで発見されてからである．これらの準結晶についてはX線回折ピークの鋭さやその位置精度が良質の結晶とまったく遜色がない．かくして準結晶という新物質の存在を疑う人はいなくなった．なお，2009年に初めてカムチャッカ半島の山から採取された天然の鉱物の中に準結晶相が発見され，太古の昔から自然界に準結晶が存在していたことが明らかになった（L. Bindi, P. J. Steinhardt, N. Yao and P. J. Lu: Science **324** (2009) 1306）．

準結晶の発見がもたらした大きなインパクトの表れの1つは，国際結晶学連合（International Union of Crystallography）によって行われていた「結晶」の定義が1992年に大きく変わったことである．それまでは，「特定の原子集団が並進秩序配列している物質」というように，物質の実空間構造の特徴で定義されていたものが，「本質的に不連続的な回折図形を示す物質」とフーリエ空間（逆格子空間）で定義しなおされたのである．したがって，今日では「準結晶」も「結晶」の範疇に属するのであるが，一般的には，いまだにこの2つの言葉は区別して用いられているので，本書でも「結晶」という語は古典的な意味でのみ用いることにする．

最初に発見された準結晶は，ある型の正20面体準結晶であったが，その後2次元準結晶とよばれる準結晶がいくつか発見され，また，正20面体準結晶にもさまざまな種類の存在が明らかになり，準結晶の世界は大きく広がった．準結晶が発見されてから4半世紀以上経過した今日，これらの準結晶の原子構造に関する研究，準結晶の安定性の起源，準結晶に固有の物性などについての研究も数多く蓄積し，準結晶に関する理解はある一定のレベルに達したと判断される．

これまで，準結晶に関する一般向けの日本語の解説書および専門書は，比較的初期の段階で出版されたもののみである．準結晶の理解がある一定レベルに達した今日，広く「準結晶」という特異な物質について，一般の理工系学生や研究者の理解を深めるための標準的な教科書がそろそろ必要であろうとの認識の下で本書の出版を企画した．準結晶の発見以降，わが国において準結晶の探索，構造研究，物性研究などの面で世界的にも中心的な役割を果たしてきた研究者が，自らの研究成果を中心としながらも，準結晶に関する最新の知見を客観的に記述した準結晶に関する標準的な教科書を上梓するものである．

書名は『準結晶の物理』であるが，物理学としてもさまざまな分野の内容を含み，また，金属学や結晶学の範疇に属する内容も記述されているので，読者になじみのない言葉や概念が出てくるかもしれない．各章の章末には重要な文献とともに基本的な参考書を掲載したので参考にしていただきたい．本書が「準結晶」という特異な物質についての理解が広まることに貢献できることを願ってやまない．

ちょうど本書の初校が出た日に，奇しくもShechtman博士の2011年度のノーベル化学賞受賞が発表された．準結晶の研究に携わってきた執筆者一同，誠に喜びに耐えない．準結晶は応用分野の発展がなく，研究者コミュニティーも比較的小さい地味な分野であっただけに，純粋に新物質の発見という科学的価値が評価されて受賞したことは，物質基礎科学の研究に携わっている我々にとって，特に勇気付けられる意義深いことであった．

最後に，本書を執筆するにあたって資料の提供や図面の作成などでご協力いただいた物質材料研究機構の山本昭二博士，下田正彦博士，東京大学生産技術研究所の上村祥史博士に感謝する．また，本書の出版にあたっていろいろな面でお世話になった朝倉書店の編集部の方々にも謝意を表したい．

2011年12月

竹内　伸

目　　次

1. 序　　章……〔竹内　伸〕…1
1.1　準結晶の発見……1
1.2　新構造物質「準結晶」の確立……2
1.3　準結晶発見の歴史的意義……3
1.4　本書の要約……4

2. 準結晶の定義とその秩序性……〔枝川圭一〕…8
2.1　準結晶の定義……8
2.2　周期秩序，準周期秩序，準結晶秩序……10
2.3　準結晶格子……15

3. 準結晶の種類……〔蔡　安邦〕…30
3.1　準安定相と安定相……30
3.2　2次元準結晶と3次元準結晶……31
3.3　安定な準結晶の形成とヒューム-ロザリー則……36
3.4　非金属系準結晶……40

4. 準結晶の構造……43
4.1　準結晶の構造決定とは……〔枝川圭一〕…43
4.2　準結晶構造決定法概論……〔枝川圭一〕…44
4.3　近 似 結 晶……〔枝川圭一・蔡　安邦〕…46
4.4　準結晶の構造決定のプロセス……〔蔡　安邦〕…49
4.5　準結晶原子構造……〔蔡　安邦〕…54
4.6　準結晶表面構造……〔蔡　安邦〕…62

5. 準結晶の電子物性……〔木村　薫〕…69
5.1　準周期系の電子状態……69
5.2　近似結晶の電子状態の計算……70
5.3　準結晶合金の電子状態に関する実験……70
5.4　擬ギャップの起源……72
5.5　結晶とアモルファスの電気伝導……76
5.6　準結晶合金の電気伝導の特徴……78
5.7　電子の弱局在状態……79
5.8　高抵抗の起源……80

5.9 正 10 角形準結晶における異方性……85

6. 準結晶の力学物性……〔枝川圭一〕…87
6.1 準結晶の弾性……87
6.2 準結晶の塑性……95

7. その他の物性……100
7.1 磁　　性……〔木村　薫〕…100
7.2 フォノン状態，フォノンスペクトル……〔枝川圭一〕…100
7.3 熱　物　性……〔枝川圭一〕…104

8. 準結晶の応用の可能性……111
8.1 熱電材料の可能性……〔木村　薫〕…111
8.2 準結晶分散強化合金……〔蔡　安邦〕…115
8.3 準結晶を前駆体とした触媒材料……〔蔡　安邦〕…117
8.4 表面被覆材料……〔蔡　安邦〕…118
8.5 フォトニック準結晶……〔枝川圭一〕…118

索　　引……123

1. 序　　章

1.1　準結晶の発見

今日，正 20 面体準結晶とよばれている相を最初に発見したのは，イスラエルの金属研究者であるシェヒトマン（D. Shechtman）で，公開されている彼の実験ノートによると，それは 1982 年 4 月 8 日のことであった[1]．サバティカルで滞在していたアメリカ NBS（National Bureau of Standards，その後 NIST と改称）において，Shechtman は溶融状態から急冷して作成した Al-Mn 合金中の準安定相について透過電子顕微鏡を用いて調べている途上で，図 1.1 に示すような 10 回回転対称（以後 10 回対称と略記する）の回折パターンを発見したのである．それまでの常識では，合金の構造は結晶かアモルファスかのいずれかであり，アモルファスであればその回折パターンはハローとよばれるぼけたリング状になることが知られていて，斑点状のパターンを示す物質は結晶のはずであった．しかし，結晶に許される回転対称性は 1，2，3，4，6 の 5 種類に限られることはよく知られたことであり，10 回対称性の回折パターンは存在し得ない．なお，図 1.1 の回折パターンは 10 回対称であること以外にも，回折点が原点から等間隔に並んでいないことも特徴である．通常の結晶では，よく知られたブラッグの条件

$$2d \sin \theta = n\lambda \qquad (1.1)$$

を満たす入射角 θ に対して強い回折が生じる．ここで，d は格子面間隔，λ は波長で n は回折の次数である．電子線の波長 λ は非常に短いので，上式からブラッグ条件を満たす回折角は $\theta = n\lambda/(2d)$ となる．θ は回折パターンの原点からの距離に対応するので，結晶の回折斑点は原点から等間隔に並ぶことになる．ところが図 1.1 の回折斑点は原点から無理数倍の位置に並んでいるのである．

Shechtman は Al-Mn 合金中の相を，電子顕微鏡中の傾斜ステージを用いてさまざまな方向から立体的に観察し，この相が正 20 面体の対称性をもつことを明らかにした．図 1.2 は正 20 面体を示し，5 回（対称）軸が 6 本，3 回（対称）軸が 10 本，2 回（対称）軸が 15 本存在する．従来の結晶の範疇に含まれない「並進秩序性をもたない長距離配向秩序金属相」という題名の論文として発表できたのは，最初の発見から 2 年半後の 1984 年 11 月であった．その論文は，アメリカ物理学会が発行する物理学の分野で最も権威のある Physical Review Letters 誌に，Shechtman と彼

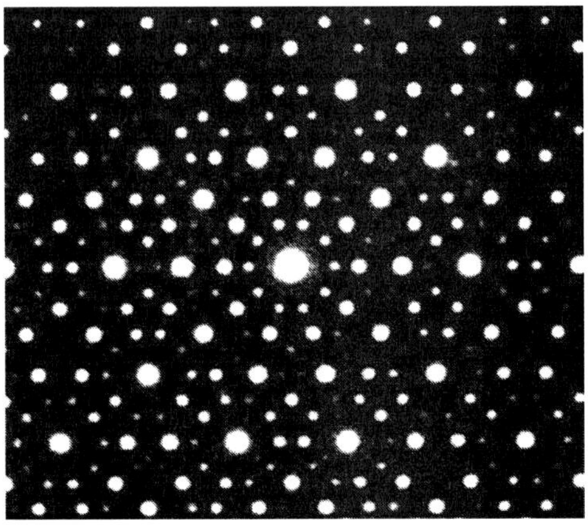

図 1.1　Al-Mn 正 20 面体相の 10 回対称回折パターン

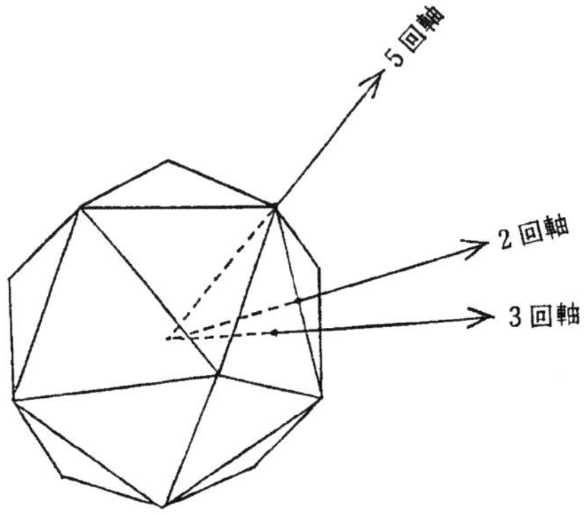

図 1.2　正 20 面体と 3 種類の回転対称軸

の実験協力者のBlechおよびNISTで議論に加わったGratias, Cahnの4名の共著で発表したのである[2].

Shechtmanらの正20面体相発見の論文が出版されてから約1ヶ月後のPhysical Review Letters誌にLevineとSteinhardtの2人の理論家によって「準結晶（quasicrystal）」という新しい物質概念が提唱された[3]. Levine-Steinhardtの論文にはShechtmanらの発見について何ら言及されていないが，おそらく正20面体相の存在を知っていたものと推測される.

Shechtmanらの論文が発表されてから数年のうちに世界中で次々と同種の物質が報告された. さらに，ある1つの軸に関しては10回対称，12回対称あるいは8回対称を示すが，その軸に沿った方向には周期性を示す2次元的準結晶（軸に垂直な平面構造が準結晶的で軸方向には結晶的）が発見され，それぞれ正10角形相（decagonal phase）[4,5]，正12角形相（dodecagonal phase）[6]，正8角形相（octagonal phase）[7]とよばれている. このように「準結晶」の世界が短期間で拡大したのであるが，これらの相が従来の物質概念とは異なる新しい構造物質としての「準結晶」であるとただちに広く認識されたわけではない.

1.2 新構造物質「準結晶」の確立

a. 従来の物質概念による解釈

初期に発見されたさまざまな準結晶相は，ほとんどが溶融状態からの急冷過程で得られる準安定相であったので，準結晶としてきわめて質の悪いものばかりであった. 電子線回折スポットがぼけていたり正確な回転対称性を示していないものも多く，粉末X線回折のピーク幅は数度にわたっているものが多かった. そのため，従来の物質概念の範疇に基づく解釈も可能であった. 主なモデルは以下の3つである.

1) 多重双晶モデル

気相成長した面心立方金属の微粒子が，12個の4面体の結晶が互いに双晶関係を保ちながら接続して正20面体の形状を示すことが以前から知られていた. このような構造は多重双晶構造とよばれている. 正20面体相もミクロには多重双晶構造をもっていて，その平均構造として正20面体対称の回折パターンが得られるとする解釈である.

2) 正20面体ガラスモデル

液体金属やそれを急冷して得られる金属ガラスの構造には，13個の原子が正20面体的に凝集したクラスター（正20面体の中心と12の頂点に原子が配置したクラスター）が多数存在すると考えられている. もしこれらのクラスターが相互作用によって向きを揃えて配向すれば，マクロな領域にわたって正20面体的な秩序構造が実現する可能性がある.

3) 巨大単位胞結晶モデル

正20面体相が実は巨大な単位胞の結晶であって，回折図形が10回対称に見えても厳密には10回対称ではないという解釈である. とくに初期に発見された正20面体相は，上で述べたように，回折斑点や回折ピークがぼけているために，結晶のモデルで十分フィッティングが可能であった.

上記の3モデルのうち，1)と2)は正20面体相に関する高分解能電子顕微鏡観察が1985年にフランスや日本で行われてすぐに否定された. 正20面体相の高分解能電子顕微鏡による構造像には双晶境界は観察されず，数十nmという微小領域でも10回対称の回折図形が得られ，また10回対称のクラスターは長距離にわたってきわめて整然と並んでいて，「ガラス」と表現する構造には程遠いものであることが明らかにされたのである.

b. 「準結晶」の確立

3）の巨大単位胞モデルによる解釈を次第に困難にしたのは，1980年代の終わりに我が国の蔡らのグループによって発見された，きわめて良質の安定相としての準結晶の出現であった. その代表としてAl-Cu-Fe合金の正20面体相が挙げられる. この3元合金に関する状態図は古くから研究されていて，その中のχ相と名づけられた構造不明の相が実は準結晶相だったのである. この相は高温で十分アニールすることによってX線の回折ピークの幅が通常の良質結晶と同程度に狭い試料が得られ，そのピーク位置は正20面体準結晶に基づきよく説明された．

図1.3は蔡らによって発見された，Al-Cu-Fe正20面体準結晶に関する鋭いピークからなるX線回折スペクトルを示す[8)]．回折ピークに付けられた指数が6個の整数からなることに注意していただきたい．従来の結晶の回折点はすべて3本の逆格子基本ベクトルの整数倍の結合で記述できるので，指数の数は3個である．それに対して，正20面体準結晶の回折点の記述には6本の逆格子基本ベクトルが必要であり，それらの基本ベクトルは通常6本の5回対称軸方向のベクトルが選ばれ，回折点は6個の指数で表されるのである．2次元準結晶もすべて回折点の記述に4本以上の基本ベクトルが必要なので，指数の数は4個以上である．この点が通常の結晶と本質的に違う点である．なお，実格子の方位指数や面指数も，正20面体準結晶では6個の整数で表される．

第3,4章で述べるように，実は多くの準結晶相について，準結晶の近くの組成に対して，局所構造が準結晶中の構造ときわめて類似したクラスターが周期的に配列した大きな単位胞の結晶の存在が明らかにされている．これらの結晶相は，準結晶に対する近似結晶とよばれるようになった．近似結晶には，単位胞の比較的小さい低次の近似結晶から巨大な単位胞の高次の近似結晶が存在する．近似結晶の外挿で見ると，準結晶は無限大の単位胞の結晶と見なすことができる．実験的には

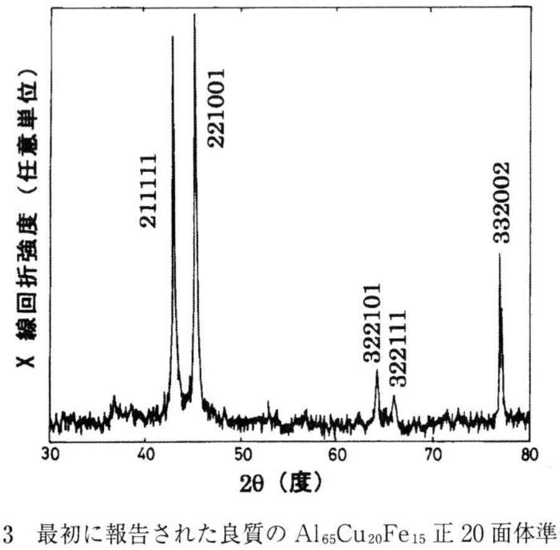

図1.3　最初に報告された良質の$Al_{65}Cu_{20}Fe_{15}$正20面体準結晶の粉末X線回折スペクトル[8)]

単位胞が無限大であることを証明できないので，原理的にはどの準結晶も近似結晶であることを否定することはできない．しかし，無限大の近似結晶である準結晶の存在を否定する根拠は存在しないのに対して，高次になるほど対称性がよくなることに起因して相の安定性がます可能性は考えられる．良質の準結晶の発見は「準結晶」という新構造物質概念の確立に非常に大きな役割を果たしたのである．

1.3　準結晶発見の歴史的意義

a.　準結晶誕生の胎動

ある特定の単位の図形や立体（モチーフとよばれる）が空間を一様に埋め尽くした構造は並進秩序構造であり，従来の結晶は単位格子（または単位胞）の並進秩序構造である．並進秩序性と共存できる回転対称性が1回，2回，3回，4回，6回対称に限られることは古くから確立している．しかし，モチーフの種類を複数にすれば並進秩序性と異なる秩序性をもつ一様な構造を構成することが可能である．1970年代前半に，イギリスの物理学者のPenroseは，2種類のモチーフ（太った菱形とやせた菱形，または凧形と矢形）を用いて平面を並進秩序性ではない一様かつ10回対称的に埋め尽くす方法を考案した[9)]．これらはペンローズパターンあるいはペンローズタイリングとよばれている．図1.4は太った菱形とやせた菱形からなるペンローズパターンを示すが，これはまさに2次元準格子であり，その後発見された正10角形相の格子構造そのものである．一方，イ

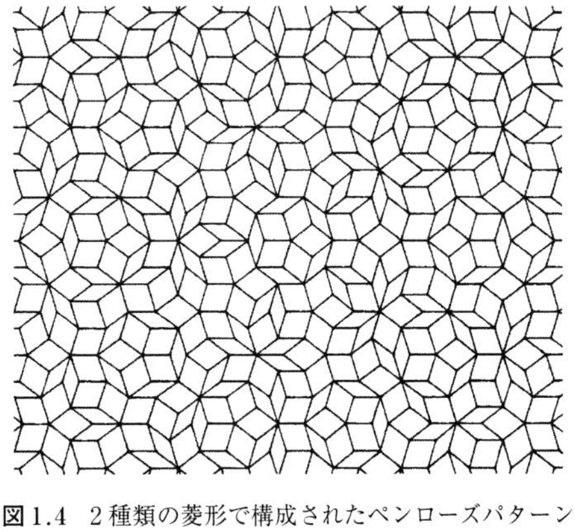

図1.4　2種類の菱形で構成されたペンローズパターン

ギリスの結晶学者の Mackey は，1980 年代の初めに扁長菱面体と扁平菱面体の 2 種類の菱面体（図 1.5）で空間を充塡する準格子という概念を提唱していた[10]．ただし，空間の完全な充塡法について詳しい考察はなされなかった．現在では，正 20 面体準結晶の基本格子がこれら 2 種類の菱面体から構成された「3 次元ペンローズ格子」とよばれるものであることが確立している．このように，準結晶が発見される少し前に，すでに準結晶の存在を予測するかのように，重要な構造概念が提唱されていた胎動期ともよぶべき時期が存在したことは興味あることである．準結晶の構造の解釈に重要な貢献をした Penrose と Mackey の 2 人の名前は，準結晶の歴史の中で忘れることはできない．

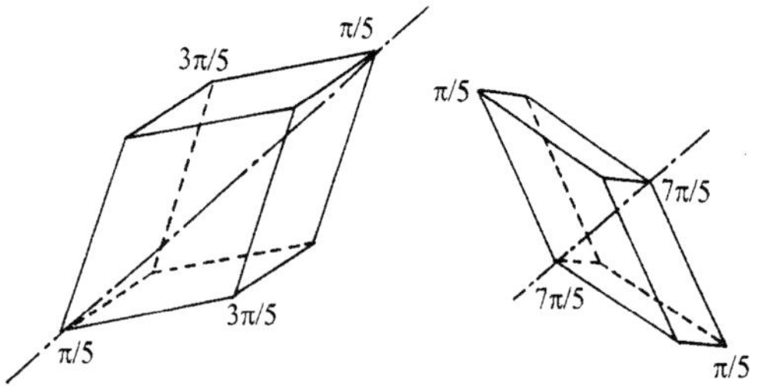

図 1.5　3 次元ペンローズ格子を構成する 2 種類の菱面体
左は扁長菱面体，右は扁平菱面体で，それぞれ立方体を対角線の軸に沿って引き伸ばしまたは圧縮することによって得られる．頂点の値は立体角を示す．

b.　物質科学へのインパクト

高分子のような巨大分子の集合体については，液晶のように結晶とは異なるある種の秩序構造を形成することはよく知られている．しかし，無機物の構造については，準結晶が発見されるまでは結晶かアモルファスのいずれかであると信じられてきた．中には結晶構造に変調が加わった非整合構造（incommensurate structure）をもつ結晶の存在は知られていたが，5 回対称のような結晶の対称性と矛盾する秩序構造物質の存在を信じる者はいなかった．準結晶の発見は結晶と異なる新しい秩序構造をもつ無機物の存在を初めて明らかにした点で，結晶学，金属学，物性科学の研究者に大きなインパクトを与えるものであった．その大きなインパクトの表れが，1992 年に「国際結晶学連合（International Union of Crystallography)」において「結晶」の定義を改定するに至ったことに見られる．それまで「結晶」は“特定の原子集団が並進秩序配列した物質”として物質の実空間の属性で定義されていたものが，“本質的に不連続な回折図形を示す物質”というようにフーリエ空間の属性で定義しなおされたのである．したがって，現在では準結晶も結晶の範疇に含まれるのであるが，まだ一般的には結晶と準結晶は区別して用いられているので，本書でも区別して記述する．

固体物理の分野では，「準結晶」が新しい秩序構造物質として認知され，有名な Kittel の固体物理の教科書“Introduction to Solid State Physics”にも第 6 版に記述がなされている．熱力学的安定相として多くの準結晶が発見されると，それまで“物質の基底状態は量子効果の顕著な He を例外としてすべて結晶状態である”とアプリオリに信じられていたパラダイムが誤りである可能性が生じた（ただしある物質で準結晶構造が基底状態であることを実験的に証明することは原理的に不可能である）．多くの物性はその物質の構造に依存する．そのため，準結晶の発見以降，準結晶の特異な構造に付随する物性の研究も盛んに行われるようになった．

1.4　本書の要約

この節では以下の各章の内容を要約する．

第 2 章では準結晶の構造の骨格をなす準結晶格子について解説している．固体を，回折強度関数が δ 関数のセットからなる「広義の結晶」と連続関数からなる「非結晶」に分類し，さらに，広義の結晶を，逆格子点を記述する逆格子基本ベクトルの数が空間の次元数と等しい「狭義の結晶」と空間の次元数以上の逆格子基本ベクトルを要する「準周期結晶」に分類している．「非周期結晶」のうちで，狭義の結晶で許される回転対称性（1, 2, 3, 4, 6 回対称性）をもつものは「非整合結晶」と名づけられ，狭義の結晶では許されない回転対称性（5 回や 10 回対称性）をもつものが「準結晶」と定義されている．次に「準周期秩序性」について解説し，狭義の結晶で許されない回転対称性と原子構造の非整合性との関連を示し，非整合結晶と準結晶の準周期性の物理的起源の相違について解説している．続いて，代表的な準結晶格子である1次元フィボナッチ格子，2次元ペンローズ格子，3次元ペンローズ格子を紹介し，それらの格子点が，収縮変換法，裏格子法，高次元の周期結晶格子から「帯・射影法」とよばれる方法で構成されることを詳しく解説している．

第3章では，これまでに発見された代表的な準結晶の種類について解説している．準結晶相には準安定相と安定相が存在することを紹介し，これらの相の生成過程を示している．続いて，2次元準結晶と3次元準結晶の存在が紹介されている．これらの2次元，3次元準結晶は，それぞれ局所構造の違いからさらにいくつかの型に分類されることを述べ，各型に属する準結晶合金の例を示している．また，それぞれの型の準結晶合金が e/a（電子数対原子数比）の値が一定の条件で形成される電子化合物（ヒューム-ロザリー（Hume-Rothery）化合物ともよばれる）である事実を示し，相の安定性の起源に重要な示唆を与えると共に，準結晶の探索の指針となっていることを解説している．また，準結晶と局所構造が類似している「近似結晶」とよばれる巨大単位胞合金結晶の存在について言及，最後に合金以外のさまざまな準結晶構造の存在についても触れている．

第4章は準結晶の構造決定法と現実の準結晶の原子構造を決定した例について記述し，最後に準結晶の表面の原子構造の研究結果を紹介している．準結晶の構造を決定するということは，実験的に測定される回折強度関数をもとに，高次元周期関数を決定することであることを述べ，その定式化を行っている．回折実験からの結晶構造決定法に付随する位相問題について記述し，準結晶のような複雑な構造については，高分解能電子顕微鏡を利用した原子構造の実空間情報の利用がきわめて有効であることに言及している．準結晶格子が高次元結晶の実空間断面構造であることから，準結晶格子点の変位には実空間に平行な成分（フォノン変位）と実空間と直行する成分（フェイゾン変位）の2つの成分があり，近似結晶は準結晶格子に一定のフェイゾン歪を導入することによって得られることが示される．

回折実験から，具体的にどのようなプロセスで準結晶の構造決定が行われるかについて，回折図形の指数付けと空間群の決定法，高次元空間の単位胞の初期モデルの構築，高次元クラスターモデルの構築ならびに構造精密化のプロセスが詳細に述べられている．続いて，具体的な準結晶の原子構造の決定例として，Cd-Yb 正20面体準結晶およびAl-Ni-Co 正10角形準結晶が取り上げられ，その構造決定のプロセスが詳細に記述されている．最後に，走査トンネル顕微鏡を用いて観察される準結晶表面構造に関して，正20面体準結晶の5回対称面と正10角形準結晶の10回対称面の実験結果が紹介され，いずれもそれぞれの準結晶について決定された原子構造モデルの断面として予測される構造とよく一致することが示されている．

第5章は準結晶の電子物性に関する研究が記述されている．前半では，準結晶の電子状態に関する研究が紹介されている．まず，準結晶の発見以前から行われていた準周期系の電子状態に関する興味ある理論研究の結果が述べられている．現実の準結晶合金はいわば無限大の単位胞の結晶なのでバンド計算は行えないが，近似結晶についての電子状態の計算結果は，いずれも状態密度がフェルミレベルで大きく落ち込む擬ギャップを形成し，それが準結晶や近似結晶の相の安定性をもたらしている事実が紹介されている．そして，擬ギャップの存在を示すさまざまな実験事実が紹介されている．続いて，擬ギャップの起源について，第3章で記述されているヒューム-ロザリー化合物としての機構について解説している．さらに，Al 遷移金属系準結晶においては，正20面体クラスターを形成するAl 原子が外側の遷移金属とspd 混成により共有結合的な結合をしている事実を原子構造の電子密度分布測定結果などで示し，遷移金属を含む準結晶ではヒューム-ロザリー機構に加えて共有結合性の増大が相の安定化に寄与し，擬ギャップを深くしていることが述べられている．また，組成の変化により擬ギャップが真のギャップへ変化する可能性が論じられている．

第5章の後半では，結晶とアモルファスの電気伝導の一般論について述べた後，準結晶合金の物性の中で最も大きな特徴といえる準結晶の電気伝導の挙動について解説している．従来の金属合金で最も高い電気抵抗率をもつアモルファス合金が10^3 μΩcm 程度であるのに対し，秩序構造をもつ準結晶の室温の電気抵抗はそれを上回る$10^{3\sim6}$ μΩcm と異常に高く，金属結晶試料とは逆に，フェイゾンなどの欠陥の多い準結晶性の悪い試料（近似結晶に近い）ほど抵抗率が低く，同一合金では準結晶状態の方がアモルファス状態よりも高抵抗であるという事実が紹介されている．また，電気抵抗の温度係数は通常の金属性物質と異なり負の値（低温ほど抵抗が増大する）をもち，Al-Pd-Re 正20面体準結晶では抵抗値の値がドープした半導体に近い値で，低温で発散する傾向もあり金属—絶縁体転移とも解釈される．準結晶の低温の電気伝導の温度依存性や磁気抵抗効果の挙動は，Al-Pd-Re 以外は電子の弱局在効果でよく説明できることが示され，準結晶中では本章の前半で述べたように伝導に寄与するフェルミレベルの状態密度が小さいことに加え，深い擬ギャップ中の（バンド端の）弱局在状態にある電子の低い移動度が高抵抗をもたらしていることを述べている．Al-Pd-Re の特異性は，バンド構造の組成依存性をもとに解釈されている．一方，2000年に発見された化学的不規則性のない2元系準結晶の低温の電気抵抗が金属的挙動を示すことから，それまでの3元系準結晶では化学的不規則性が局在効果に大きな役割を果たしている可能性も指摘されている．最後に，2次元準結晶の電気抵抗の異方性について述べている．なお，超伝導準結晶はまだ発見されていない．

第6章は準結晶の力学的性質に関して記述されている．準結晶の変形の自由度には，第4章で述べているように結晶の歪に対応するフォノン歪のほかにフェイゾン歪成分が存在することにより，準結晶の弾性にはフォノン弾性，フェイゾン弾性，フォノン-フェイゾン結合弾性という3種類の弾性が存在することが大きな特徴である．本章では，まずこれらの弾性の定式化を行い，フォノン弾性は結晶と同様に記述できるのに対し，フェイゾン歪の伝播は原子拡散によるエネルギー散逸を伴う過程であるため，フェイゾン弾性は高温でのみ存在する減衰波であることが示される．続いて，現実の準結晶のフォノン弾性の特徴として，結晶では必ず存在する弾性異方性が，高い構造対称性をもつ正20面体準結晶では理論的にも実験的にもゼロであることが明らかになっていること，準結晶合金のポアソン比が，共有結合性を反映して，0.2～0.25 と金属としては異常に小さい事実が紹介されている．フェイゾン弾性に関しては，フェイゾン弾性エネルギーの表式が，準結晶が構造エネルギーで安定化している完全準結晶状態（locked state）にあるか，構造エントロピーで安定化しているランダムタイリング状態（unlocked state）にあるかで異なることについて解説している．実験的には，高温における X 線散漫散乱実験が unlocked state で説明されていることについて述べている．また，フォノン-フェイゾン結合弾性の物理的起源を示し，その結合定数を計算機シミュレーションで求めた結果および近似結晶への相転移の際のフォノン歪などから見積もられた結果を紹介している．第6章後半では，準結晶の塑性について解説している．まず，準結晶のマクロな塑性の実験結果について，室温ではきわめて硬くて脆いが，高温では大きな加工軟化を伴う塑性変形を示す実験結果が紹介されている．準結晶中にも転位が存在するという事実が理論的にも実験的にも確認されているが，準結晶の転位にはフォノン歪と共にフェイゾン歪を伴っていることが結晶転位と異なる点であることについて述べられている．転位にフェイゾン歪を伴うために原子拡散なしには転位が保存運動できないこと，すなわち，拡散が起こらない条件では，転位のすべり抵抗にフェイゾン欠陥を形成するための大きな応力が必要である．複雑な構造に起因してパイエルスポテンシャルが大きく，すべり運動よりも上昇運動の方が容易で，転位の上昇運動が高温の塑性を律速することが実験的にも理論的にも明らかになっていることなどが紹介されている．高温ではフェイゾンフォールトの緩和によって転位の運動抵抗が減じ，また，変形によって導入されたフェイゾン欠陥のために転位速度を律速するジョグ形成エネルギーが減少する機構によって加工軟化が説明されている．

第7章は準結晶の磁性，フォノン物性と熱物性について記述されている．現実の準結晶中に含まれる磁性原子の割合は10%以下と小さく，強磁性準結晶は実現しておらず，とくに興味ある磁性は見つかっていない．Mnや希土類磁性元素を含む準結晶のマクロな磁性がスピングラス的な振る舞いを示し，マクロな長距離秩序は生じないが，中性子散乱実験によって反強磁性的な短距離磁気秩序が形成されていることが明らかにされている．準結晶中のフォノンの状態密度に関する計算結果は，電子状態密度と同様に，密なギャップとスパイキーな構造を示す．実験的には計算で得られる細かいギャップは分解されないが，擬ブリルアン境界に対応する散乱強度分布が観測されている．準結晶の低温比熱はおおむね結晶の挙動と類似しているが，高温比熱に関してはフェイゾン励起の比熱への寄与によると解釈されるデュロン-プティの値から大きく外れて上昇する結果が得られている．結晶では熱伝導度のフォノン成分が低温でピークを示すのに対して，準結晶ではその逆格子構造の特徴から小さな波数ベクトルに対してもフォノンの反転過程が生じるので，低温まで熱伝導度が小さいのが特徴である．

最後の第8章では，準結晶のさまざまな応用の可能性について述べられている．まず，ある種の準結晶はフェルミレベル近くの電子状態密度の特異性からゼーベック係数が大きく，かつ準結晶共通の小さい熱伝導率の性質から，熱電材料としての可能性を追求する研究が紹介されている．続いて，準結晶がきわめて硬く高温まで安定であることを利用して，AlやMgなどの軟らかい金属中に準結晶粒子を分散させて，準結晶分散強化合金を作成する研究が紹介されている．また，Al-Cu-Fe正20面体準結晶を出発物質として，粉砕処理，Alの浸出処理を行うことにより，Cu粒子が微細に表面に分散したメタノール水蒸気改質（$CH_3OH+H_2O \rightarrow 3H_2+CO_2$）の触媒として高温でとくに優れた特性を示す材料開発について報告されている．準結晶合金が金属としてはきわめて小さい摩擦係数をもち撥水性が高く，さらに耐熱性，熱遮蔽性が大きいことから，金属材料にAl-Cu-Fe準結晶をプラズマ溶射でコーティングを行った新材料開発について述べられている．また，人工的な準結晶構造を利用する応用として，準結晶構造のフォトニック結晶の利用の研究が行われており，準結晶はその構造の高い対称性のために完全バンドギャップが形成されることが示され，その応用が期待されている．〔竹 内　伸〕

引用文献

1）D. Shechtman and C. I. Lang：*MRS Bulletin* **22** (1997) 40.
2）D. Shechtman, I. Blech, D. Gratias and J. W. Cahn：*Phys. Rev. Lett.* **53** (1984) 1951.
3）D. Levine and P. J. Steinhardt：*Phys. Rev. Lett.* **53** (1984) 2477.
4）L. Bendersky：*Phys. Rev. Lett.* **55** (1985) 1461.
5）K. Chattopadhyay, K. S. Lele, S. Ranganathan, G. N. Subbanna and N. Thangaraj：*Current Science* **54** (1985) 895.
6）T. Ishimasa, H.-U. Nissen and Y. Fukano：*Phys. Rev. Lett.* **55** (1985) 511.
7）N. Wang, H. Chen and K. H. Kuo：*Phys. Rev. Lett.* **59** (1987) 1010.
8）A. P. Tsai, A. Inoeu and T. Masumoto：*Jpn. J. Appl. Phys.* **26** (1987) L1505.
9）R. Penrose：*Bull. Inst. Math. Appl.* **10** (1974) 266.
10）A. L. Mackey：*Sov. Phys. Crystallogr.* **26** (1981) 517.

参　考　書

「結晶としての固体」バーンズ著，寺内　暉，中村輝太郎共訳，東海大学出版会（2006）.
「X線結晶解析」桜井敏雄，裳華房（2006）.
「固体物理入門（第8版）」キッテル著，宇野良清，津屋昇，新関駒二郎，森田　章，山下次郎訳，丸善（2008）.
「結晶・準結晶・アモルファス（改訂新版）」竹内　伸，枝川圭一，内田老鶴圃（2008）.
専門的な参考書として
「物理学論文選集II　準結晶」二宮敏行，竹内　伸，藤原毅夫責任編集，日本物理学会（1992）.

2. 準結晶の定義とその秩序性

「準結晶」の定義や概念は，Shechtman ら[1)] による準結晶物質の発見直後に，Steinhardt ら[2~5)] によって確立された．本章では，基本的にこれに従って，2.1 節で準結晶の定義を述べ，2.2 節で準結晶の構造秩序の特徴について解説する．続いて 2.3 節で基本的な準結晶格子について解説する．

2.1 準結晶の定義

準結晶は，通常の結晶がもつ原子配列秩序とは異なる新しいタイプの原子配列秩序をもった固体物質である．一般に固体の原子配列秩序，とくに長距離秩序，すなわち最近接原子間距離に比べて十分長い距離にわたって存在する秩序は，X 線や電子線の回折スペクトルに端的に現れる．そこで本節では，まず固体の回折スペクトルを与える一般式を導出し，それを用いて準結晶を含めてさまざまな固体物質を原子配列秩序の観点から分類する．他の固体の原子配列秩序との違いを明確にすることにより準結晶がどのように定義されるかを明らかにする．

図 2.1 は，固体に入射した平面波が固体中の原子により散乱される様子を示した模式図である．ここで，各原子からの散乱波の足し合わせの方向依存性を調べよう．入射方向を $\boldsymbol{s}_0$ とし，$\boldsymbol{s}$ 方向遠方での散乱強度を測定する．$|\boldsymbol{s}_0|=|\boldsymbol{s}|=1$ とする．$\boldsymbol{s}$ 方向遠方では，各原子から球面波状に発生する散乱波は平面波と近似でき，それらの足し合わせが測定される散乱強度を与える．各原子からの散乱波は波源から検出器に至るまでの行路長の差に対応する位相差をもつ．原点 O を通る行路と位置 $\boldsymbol{r}$ にある原子を通る行路の差 Δl は図より，

$$\Delta l=\boldsymbol{r}\cdot(\boldsymbol{s}-\boldsymbol{s}_0) \qquad (2.1)$$

である．このとき位相差 $\Delta\theta$ は波長を λ として，

$$\Delta\theta=\frac{2\pi}{\lambda}\Delta l=\frac{2\pi}{\lambda}\boldsymbol{r}\cdot(\boldsymbol{s}-\boldsymbol{s}_0)=2\pi\,\boldsymbol{S}\cdot\boldsymbol{r} \qquad (2.2)$$

となる．ここで，

$$\boldsymbol{S}=\frac{\boldsymbol{s}-\boldsymbol{s}_0}{\lambda} \qquad (2.3)$$

は散乱ベクトルとよばれ，$|\boldsymbol{S}|$ は長さの逆数の次元をもつ．散乱波の足し合わせは，

$$F(\boldsymbol{S})=\sum_j \exp(-2\pi i\,\boldsymbol{S}\cdot\boldsymbol{r}_j) \qquad (2.4)$$

となる．ここで，$\boldsymbol{r}_j$ は j 番目の原子の位置である．ここまでの議論では簡単のため散乱体が原子であり，すべての原子が等しい散乱能をもち，それらが点で近似できると仮定した．実際には，例えば X 線の散乱体は電子であり，電子線の散乱体は静電ポテンシャルである．電子密度，静電ポテンシャルの大きさ等を $\rho(\boldsymbol{r})$ と置くと，これは各原子の位置でピークをもち，原子間で小さくなるような連続関数となる．このとき原子種によってそのピーク高さは異なる．$\boldsymbol{r}$ のまわりの微小体積 $d\boldsymbol{r}$ からの散乱波成分は $\rho(\boldsymbol{r})\exp(-2\pi i\boldsymbol{S}\cdot\boldsymbol{r})\,d\boldsymbol{r}$ と表され，これをすべての $\boldsymbol{r}$ に対して足し合わせることで式（2.4）の積分形の次式が得られる．

$$F(\boldsymbol{S})=\int\rho(\boldsymbol{r})\exp(-2\pi i\boldsymbol{S}\cdot\boldsymbol{r})\,d\boldsymbol{r} \qquad (2.5)$$

数学的には，この形の関数 $F(\boldsymbol{S})$ は，原子配列構造を与える関数 $\rho(\boldsymbol{r})$ のフーリエ変換に対応する．ここで $\boldsymbol{r}$ がはる実空間に対比して，$\boldsymbol{S}$ がはる空間

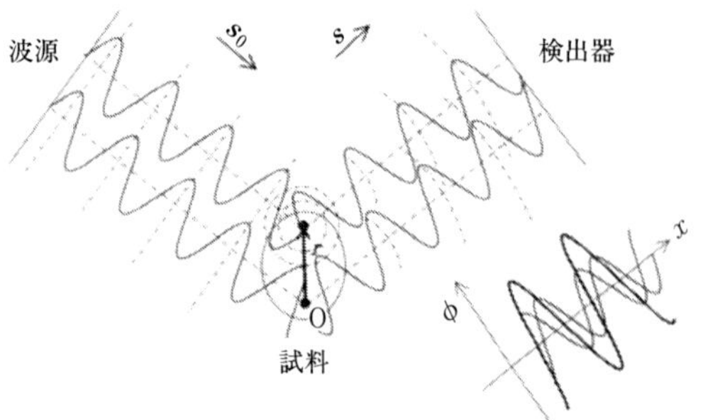

図 2.1　固体の回折スペクトル測定の模式図[6)]

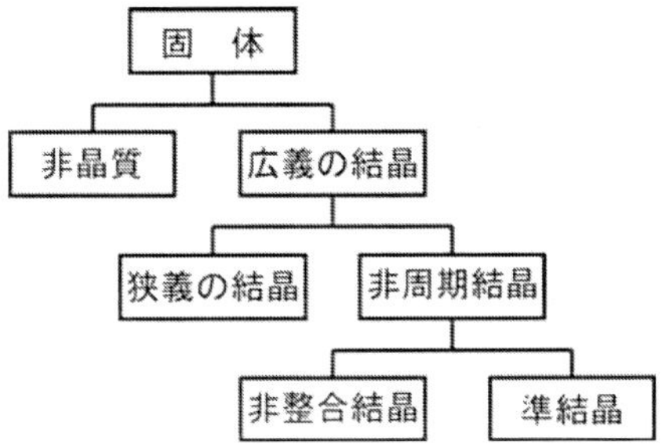

図 2.2 原子配列の秩序性の観点からの固体の分類

を逆空間またはフーリエ空間とよぶ.

散乱強度 $I(\boldsymbol{S})$ は,

$$I(\boldsymbol{S})=|F(\boldsymbol{S})|^2 \qquad (2.6)$$

で与えられる. 実験条件 $(\boldsymbol{s}, \boldsymbol{s}_0, \lambda)$ を変化させることで $\boldsymbol{S}$ を逆空間内で走査して散乱強度を測定することにより, $I(\boldsymbol{S})$ が実験的に求められる.

図 2.2 に原子配列の秩序性の観点からの固体の分類を示す. この分類は, 上述の関数 $I(\boldsymbol{S})$ の性質に基づいている. したがって, 対象とする固体物質がどれに属するかは実験的に決めることができる. 以下に, a.「広義の結晶」と「非晶質」, b.「狭義の結晶」と「非周期結晶」, c.「非整合結晶」と「準結晶」, の区別について順に述べる.

a. 「広義の結晶」と「非晶質」

$I(\boldsymbol{S})$ が δ 関数のセットとなるものを「広義の結晶」とよぶ. すなわち

$$I(\boldsymbol{S})=\sum_i |A_i|^2\,\delta(\boldsymbol{S}-\boldsymbol{G}_i) \qquad (2.7)$$

の形の回折スペクトルを与える固体物質が「広義の結晶」である. ここで $\delta(\boldsymbol{x})$ は, $\int\delta(\boldsymbol{x})d\boldsymbol{x}=1$, $\boldsymbol{x}\neq\boldsymbol{0}$ に対して $\delta(\boldsymbol{x})=0$ を満たす δ 関数である. δ 関数の位置の集合 $\{\boldsymbol{G}_i\}$ を逆格子とよぶ. 式 (2.7) は「広義の結晶」が何らかの長距離秩序をもつことを意味する. これに対して,「非晶質」は長距離秩序をもたず, その $I(\boldsymbol{S})$ は連続的な関数となる.

b. 「狭義の結晶」と「非周期結晶」

逆格子 $\{\boldsymbol{G}_i\}$ のあらゆる要素がある有限個のベクトルの組 $\boldsymbol{a}_i^*$ $(i=1,2,\cdots,N)$ の整数係数線型結合で表されるとき $\boldsymbol{a}_i^*$ $(i=1,2,\cdots,N)$ を逆格子基本ベクトルとよぶ. 逆格子基本ベクトルをその数 N が最少になるように選んだとき, その数が空間次元の数 d と一致する場合, そのような構造を「狭義の結晶」とよび, $N>d$ の場合, そのような構造を「非周期結晶」とよぶ. 後に示すように $N=d$ という条件は実空間において d 次元の周期性をもつという条件と等価である. したがって,「狭義の結晶」は空間次元の周期性をもつ構造として定義される. ここで「d 次元の周期性をもつ」とは d 個の独立な格子並進基本ベクトルをもつという意味である.「非周期結晶」は空間次元の周期性をもたず,「準周期性」とよばれる特殊な並進秩序をもつ.

c. 「非整合結晶」と「準結晶」

2 次元または 3 次元の「狭義の結晶」に許される回転対称性は 2, 3, 4, 6 回に限られる. すなわち, それら以外の回転対称性は 2 次元, 3 次元の周期性と両立しない.「非周期結晶」においては, この限りではない.「非周期結晶」のうちで, $I(\boldsymbol{S})$ が「狭義の結晶」に存在し得ない回転対称性, すなわち 2, 3, 4, 6 回以外の回転対称性をもつ場合, そのような構造を「準結晶」とよび, そうでないものを「非整合結晶」とよぶ.

1991 年に国際結晶学連合 (International Union of Crystallography) が「非周期結晶委員会」(Commission on Aperiodic Crystals) を設置し, この委員会で「結晶」(crystal) の定義を "any solid having an essentially discrete diffraction diagram" とすることが提唱された. これは式 (2.7) の「広義の結晶」の定義と同じである. 従来,「結晶」は実空間において空間次元の周期性をもつものとして定義されていた. 現状では, 新しい定義は広く受け入れられているとは言い難く, 依然として結晶は実空間において空間次元の周期性をもつものと一般に認識されている. そこで本章では, 新しい定義を満たす「結晶」を「広義の結晶」とよび, 従来の定義を満たす「結晶」を「狭義の結晶」とよぶ.

本章の「非周期結晶」は上述の「非周期結晶委員会」が定めた「非周期結晶」(aperiodic crystal）の定義と同じである．「非周期結晶」のうちで「非整合結晶」は「準結晶」発見以前から知られていた．これは空間次元の周期性はもたないので従来の「結晶」の定義は満たさないものの，後述するように結晶に変調を加えた構造であったり，2 種類の結晶を組み合わせたような構造であったりするので，一般的にはちょっと変わり者の結晶であると認識されている．

以上，a，b，c より，「準結晶」は，

1. $I(\boldsymbol{S})$ が δ 関数のセットとなる．すなわち，長距離秩序をもつ．
2. 逆格子 $\{\boldsymbol{G}_i\}$ を指数付けするのに必要最少な逆格子基本ベクトルの数が次元の数より大きい．すなわち，準周期性をもつ．
3. $I(\boldsymbol{S})$ が 2, 3, 4, 6 回以外の回転対称性をもつ．

の 3 条件を満たす構造として定義される．

2.2　周期秩序，準周期秩序，準結晶秩序

本節では前節で述べた 3 種類の長距離原子配列秩序，すなわち周期秩序，準周期秩序，準結晶秩序をより詳しく説明する．

「広義の結晶」では式（2.7）より，

$$F(\boldsymbol{S})=\sum_i A_i\,\delta(\boldsymbol{S}-\boldsymbol{G}_i) \qquad (2.8)$$

と書ける．逆格子基本ベクトルを $\boldsymbol{a}_i^*$ $(i=1,2,\cdots,N)$ とすると，

$$\boldsymbol{G}_{m_1,\cdots,m_N}=\sum_{i=1}^{N} m_i\boldsymbol{a}_i^* \qquad (2.9)$$

である．ここで $\boldsymbol{a}_i^*$ $(i=1,2,\cdots,N)$ は，その数 N が最少になるように選ばれているものとする．このとき「狭義の結晶」では $N=d$，「非周期結晶」では $N>d$ である．d は空間次元の数である．式（2.9）を式（2.8）に代入して，

$$F(\boldsymbol{S})=\sum_{m_1,\cdots m_N} A_{m_1,\cdots m_N}\delta(\boldsymbol{S}-\sum_{i=1}^{N} m_i\boldsymbol{a}_i^*) \qquad (2.10)$$

を得る．これをフーリエ逆変換すると，次式の実空間原子配列 $\rho(\boldsymbol{r})$ が得られる．

$$\rho(\boldsymbol{r})=\sum_{m_1,\cdots,m_N} A_{m_1,\cdots m_N}\exp\left[2\pi i\left(\sum_{i=1}^{N} m_i\boldsymbol{a}_i^*\cdot\boldsymbol{r}\right)\right] \qquad (2.11)$$

ここで実数変数 x_i $(i=1,2,\cdots,N)$ を，

$$x_i=\boldsymbol{a}_i^*\cdot\boldsymbol{r} \quad (i=1,2,\cdots,N) \qquad (2.12)$$

と定義すると，

$$\begin{aligned}\rho(\boldsymbol{r})&=P\ (x_1,\cdots,x_N)\\&=\sum_{m_1,\cdots,m_N} A_{m_1,\cdots m_N}\exp\left[2\pi i\left(\sum_{i=1}^{N} m_ix_i\right)\right]\end{aligned} \qquad (2.13)$$

と書ける．ここで N 変数関数 $P\ (x_1,\cdots,x_N)$ は各変数について周期 1 の周期関数であることがわかる．

このとき $\boldsymbol{r}$ の次元数 d が変数の数 N と一致する「狭義の結晶」では式（2.12）を通して d 次元ベクトル $\boldsymbol{r}$ の集合の各要素と N 個の実数の組の集合 $R^N=\{[x_1,\cdots,x_N]\}$ の各要素は一対一に対応する．実際この場合，d 次元の実空間内に

$$\boldsymbol{a}_i\cdot\boldsymbol{a}_j^*=\begin{cases}1 & (i=j)\\0 & (i\neq j)\end{cases} \qquad (2.14)$$

を満たす $N=d$ 個の 1 次独立なベクトル $\boldsymbol{a}_i$ $(i=1,2,\cdots,N)$ が定義でき，式（2.12）と式（2.14）より

$$\boldsymbol{r}=\sum_{i=1}^{N} x_i\boldsymbol{a}_i \qquad (2.15)$$

と書けることがわかる．したがって $\rho(\boldsymbol{r})$ は，この $\boldsymbol{a}_i$ $(i=1,2,\cdots,N)$ を基本並進ベクトルとする d 次元の周期性をもつ．

一方，$N>d$ である「非周期結晶」では d 次元ベクトル $\boldsymbol{r}$ の集合は $R^N=\{[x_1,\cdots,x_N]\}$ の部分集合に対応するにすぎない．このことは $\rho(\boldsymbol{r})$ が N 次元周期関数の d 次元部分空間断面として記述できることを示している．この N 次元周期関数は以下のように表される．いま式（2.10）の d 次元関数 $F(\boldsymbol{S})$ に対して，N 次元関数 $F^h(\boldsymbol{S}^h)$ を

$$F^h(\boldsymbol{S}^h)=\sum_{m_1,\cdots,m_N} A_{m_1,\cdots m_N}\delta\left(\boldsymbol{S}^h-\sum_{i=1}^{N} m_i\boldsymbol{d}_i^*\right) \qquad (2.16)$$

と定義する．ここで N 次元逆空間 $\{\boldsymbol{S}^h\}$ の d 次元部分空間 $\{\boldsymbol{S}\}$ を $E_{\parallel}^*$，これと直交する $(N-d)$ 次元部分空間を $E_{\perp}^*$ と名づける．$\boldsymbol{d}_i^*$ $(i=1,2,\cdots,N)$ は N 次元逆空間内で 1 次独立で，それぞれの $E_{\parallel}^*$ 成分が $\boldsymbol{a}_i^*$ $(i=1,2,\cdots,N)$ であるものとする．つまり $F(\boldsymbol{S})$ は $F^h(\boldsymbol{S}^h)$ の $E_{\parallel}^*$ 上への正射影に対応する．式（2.16）の $F^h(\boldsymbol{S}^h)$ を逆フーリエ変換し

て得られる N 次元実空間関数を $\rho^h(\boldsymbol{r}^h)$ とおくと，

$$\rho^h(\boldsymbol{r}^h)=\sum_{m_1,\cdots,m_N} A_{m_1,\cdots m_N}\exp\left[2\pi i\left(\sum_{i=1}^{N} m_i\boldsymbol{d}_i^*\cdot\boldsymbol{r}^h\right)\right] \quad (2.17)$$

となり，これは N 次元周期関数である．このときの格子並進ベクトル $\boldsymbol{d}_i$ $(i=1,2,\cdots,N)$ は，

$$\boldsymbol{d}_i\cdot\boldsymbol{d}_j^*=\begin{cases}1 & (i=j)\\ 0 & (i\neq j)\end{cases} \quad (2.18)$$

で与えられる．N 次元実空間 $\{\boldsymbol{r}^h\}$ 内で $E_\parallel^*$ と平行な d 次元空間を $E_\parallel$，$E_\perp^*$ と平行なそれを $E_\perp$ とおく．d 次元関数 $F(\boldsymbol{S})$ を逆フーリエ変換して得られる d 次元関数 $\rho(\boldsymbol{r})$ は，フーリエ変換の基本的な性質から $\rho^h(\boldsymbol{r}^h)$ の $E_\parallel$ 断面として与えられることがわかる．各関数の関係を図 2.3 に模式的に示す．このように $N>d$ である「非周期結晶」の構造 $\rho(\boldsymbol{r})$ を高次元周期構造 $\rho^h(\boldsymbol{r}^h)$ の断面として記述する方法を断面法（section method）とよぶ．この方法については後に具体例を挙げてもう一度説明する．

$N>d$ の場合，$\rho(\boldsymbol{r})$ の周期性は $(d-1)$ 次元以下となり，代わりに「準周期性」とよばれる並進秩序が現れる．「準周期性」を周期性と対比して定性的に理解するために，簡単な周期関数と準周期関数の例を図 2.4（a)，（b）に示す．これらは滑らかな連続関数であり，原子配列を表すものではないが，単純なため各並進秩序の本質を理解するには好都合である．

図 2.4（a)，(b）の関数は，それぞれ $(N,d)=(1,1)$，$(2,1)$ の $\rho(\boldsymbol{r})$ の単純な例である．$(N,d)=(1,1)$ の場合，式（2.11）は

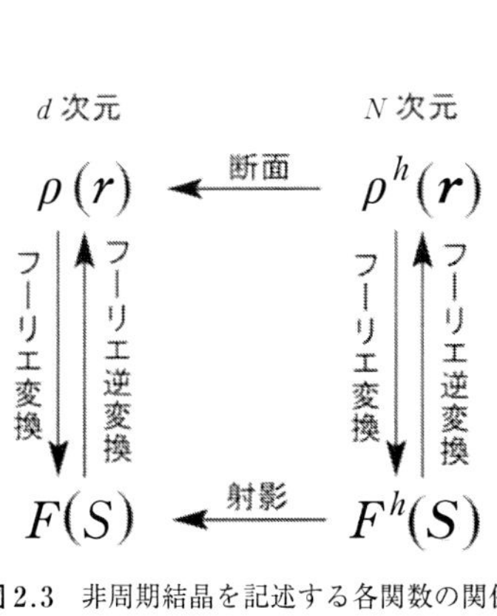

図 2.3　非周期結晶を記述する各関数の関係

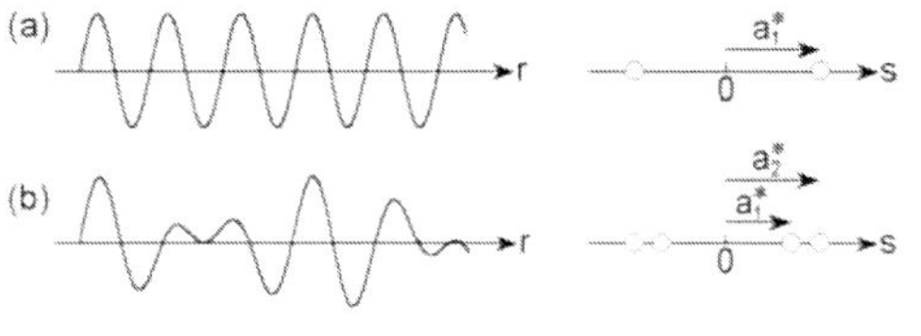

図 2.4　単純な周期関数（a）と準周期関数（b）の例

$$\rho(r)=\sum_{m_1} A_{m_1}\exp(2\pi i m_1 a_1^* r) \quad (2.19)$$

となる．$A_1=A_{-1}=1/2$，それ以外の m_1 に対して $A_{m_1}=0$ ととると，

$$\rho(r)=\cos(2\pi a_1^* r) \quad (2.20)$$

これは周期 $a_1=1/a_1^*$ の周期関数となる．高次の係数 A_{m_1} が 0 でない場合でも得られる関数 $\rho(r)$ が周期 a_1 の周期性をもつことはフーリエ変換の性質から明らかである．一方，$(N,d)=(2,1)$ の場合，式（2.11）は

$$\rho(r)=\sum_{m_1,m_2} A_{m_1,m_2}\exp(2\pi i(m_1a_1^*+m_2a_2^*)r) \quad (2.21)$$

となる．$A_{1,0}=A_{-1,0}=A_{0,1}=A_{0,-1}=1/2$，それ以外の (m_1,m_2) に対して $A_{m_1,m_2}=0$ ととると，

$$\rho(r)-\cos(2\pi a_1^* r)+\cos(2\pi a_2^* r) \quad (2.22)$$

となり，周期 $a_1=1/a_1^*, a_2=1/a_2^*$ の 2 つの cosine 関数の和となる．ここで $\sigma=a_1/a_2=a_2^*/a_1^*$ は無理数である．なぜならこれを有理数とすると，すべての逆格子点 $\{m_1a_1^*+m_2a_2^*\}$ はある適当な 1 つの基本ベクトルを用いて指数づけし直すことができるので必要な基本ベクトルの最少数は 2 ではなく 1 となり，$(N,d)=(1,1)$ の場合に帰着する．つまり，$(N,d)=(2,1)$ であるためには σ は無理数でなければならない．図 2.4（b）では $\sigma=\sqrt{2}$ である．$a_1=\sqrt{2}, a_2=1$ ととった関数

$$\rho(r)=\cos(2\pi r/\sqrt{2})+\cos(2\pi r) \quad (2.23)$$

を以下にさらに解析する（図 2.5)．

t_n を

$$t_n=\sqrt{2}\cdot n-\lfloor\sqrt{2}\cdot n\rfloor \quad (n=\cdots,-1,0,1,\cdots) \quad (2.24)$$

と定義する．ここで $\lfloor x\rfloor$ は x を越えない最大の整数を示す．つまり t_n は $n\geq 0$ では $\sqrt{2}\cdot n$ の小数部

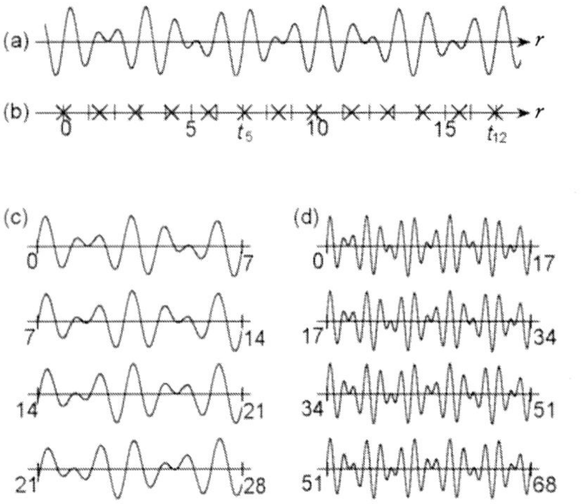

図 2.5　準周期関数がもつ並進秩序の説明図

分，$n<0$ では $\sqrt{2}\cdot n$ の小数部分を 1 から引いた値をもつ．つまり t_n は図 2.5（b）に示した，整数に目盛が入ったものさし上で，n 番目の×が 1 目盛の間のどこにいるかを示すものである．ここで，×は間隔 $\sqrt{2}$ で配列している．任意の整数 n_1，$n_2\,(\neq n_1)$ について $t_{n1}\neq t_{n2}$ である．なぜならもしある n_1，$n_2\,(\neq n_1)$ に対して $t_{n_1}=t_{n_2}$ とすると $\sqrt{2}\cdot(n_1-n_2)=m$（整数），つまり $\sqrt{2}=m/(n_1-n_2)$ となり，$\sqrt{2}$ が無理数であることと矛盾する．いま $t_0=0$ であり，これは式（2.22）の $\rho(r)$ の 2 つの cosine 関数の位相が原点 $r=0$ で一致していることに対応する．$t_n=0$ となる n は $n=0$ 以外に存在しないので $\rho(r-q)=\rho(r)$ がすべての r で成り立つような並進 q が存在せず，$\rho(r)$ は並進対称性，周期性をもたない．一方，値 t_n は区間［0,1）を密に均一に埋める．このことは，t_n の値が 0 か 1 にきわめて近くなる場合があることを意味する．たとえば図 2.5（b）に示すように $t_5\approx 0.07$，$t_{12}\approx 0.97$ などである．これらに対応して $5\sqrt{2}\approx 7$，$12\sqrt{2}\approx 17$ である．したがって，$q=7$ や 17 の並進は対称操作に近いものになっている．図 2.5（c），（d）ではこれらの間隔で $\rho(r)$ を順次切り取ったものを比較している．区間［0,7］［7,14］［14,21］［21,28］の $\rho(r)$ を比較すると，隣り合う区間での $\rho(r)$ の変化は小さく，区間が離れるに従って変化が大きくなっている．17 間隔の $\rho(r)$ においても同様である．このような不完全な周期性を「準周期性」とよぶ．なお，17/12＝1.416… の方が 7/5＝1.4 よりも $\sqrt{2}$ に近いので $q=17$ の方が完全な周期性に近い．7/5，17/12 は $\sqrt{2}$ の連分数展開の最初の数項に対応する．$\sqrt{2}$ の近似有理数は，連分数展開の項を順次増やすことにより，以下 41/29，99/70，… と続き $\sqrt{2}$ に近づいていく．関数 $\rho(r)$ は，$q=7, 17, 41, 99\cdots$ の間隔の不完全な周期性をもち，q が増えるに従って完全なものに近づく．このような準周期性は式（2.23）のような 2 つの cosine 関数の和のような単純な関数だけでなく式（2.21）における高次項が加わった一般的な関数においても存在する．さらに一般的に $(N, d)=(2, 1)$ のみならず，$N>d$ の場合には，特定の方向に 2 つ以上の非整合な周期関数が重畳して準周期性が生ずる．

不完全な並進対称性，周期性に関連して，次の問題を考えよう．いま式（2.23）の関数 $\rho(r)$ を少し変えて関数 $\rho'(r)$ を，

$$\rho'(r)=\cos\left(2\pi\,(r-p)\big/\sqrt{2}\right)+\cos\,(2\pi r) \tag{2.25}$$

とおく．簡単のため $0<p<1$ とする．式（2.24）に対応する量 t'_n は，

$$t'_n=(\sqrt{2}\cdot n+p)-\lfloor\sqrt{2}\cdot n+p\rfloor \quad (n=\cdots,\,-1,\,0,\,1,\,\cdots) \tag{2.26}$$

であり，$t'_0=p$ である．つまり，図 2.5（b）において $\sqrt{2}$ 周期の×の並びが原点から始まっていたものが $\rho'(r)$ に対しては p だけずれた値から始まっている．このとき $\rho(r-q)=\rho'(r)$ がすべての r で成り立つような並進 q が存在するだろうか．存在すれば両構造は q だけずれて置かれてはいるが完全に同じものである．明らかに $t_n=p$ なる n が存在すれば，そのような並進 q は存在し，そうでなければ存在しない．前述したように値 t_n は区間［0,1）を密に均一に埋める．このことから $t_n=p$ なる n は必ず存在すると思うかもしれないが，そうではない．区間［0,1）を埋める可算無限個の実数の集合 $\{t_n\}$ は同区間の全実数の集合の部分集合にすぎない．したがって p の値によって $t_n=p$ なる n が存在する場合とそうでない場合（たとえば $p=1/2$ の場合）の両方がある．しかしながら，後者の場合でも適当な n を選べば

$|t_n - p|$ をいくらでも 0 に近づけることができるので両関数は「ほとんど完全に」同じものである．後述する原子配列に対応するような $\rho(\boldsymbol{r})$ でも本質的に同じ議論が成り立ち，「ほとんど完全に」同じ一連の構造が存在する．そのような一連の構造は同じ Local Isomorphism Class（以下 L.I. クラス）に属するといわれる．同じ L.I.クラスに属する任意の2つの構造では，置かれている相対的な位置を変えても変わらない物性量，たとえば系のエネルギーは等しく，同様に位置に依存しない回折強度関数 $I(\boldsymbol{S})$ のようなものは完全に同一である．したがって，同じ L.I.クラスに属する一連の構造は物理的には同じものとして扱ってよい．

さて，実際の物質において回折実験から得られる a_1^*/a_2^* のような量が厳密に無理数であることを証明することができるであろうか．答えは否である．なぜならば無理数の近傍には，必ず有理数がいくらでも近くに隣接して存在するので実験誤差がどんなに小さくても 0 でない限り，比 a_1^*/a_2^* が無理数であること，したがって準周期性が存在することを厳密に証明することはできない．それでもなお，準周期性の概念は，以下のような理由で有意義であり，有用である．まず「非整合結晶」においては，比 a_1^*/a_2^* はしばしば温度等の熱力学パラメータの変化に伴って連続的に変化する．したがって，この比がある温度に対しては無理数となっていると考えるのが自然である．しかしながらこのような場合でも連続的変化のように見えるものが，実は隣接する有理数を渡り歩いている可能性もあり，実際にそのような例が実験的に見いだされている．そのような場合でも，準周期性の概念を援用して基本ベクトルを a_1^*, a_2^* の2つにとって構造を記述することは，比 a_1^*/a_2^* をパラメータとして一連の構造を統一的に記述できるという意味で有用である．渡り歩く有理数ごとに，無理に正しい1つの基本ベクトルで記述すれば，その大きさは有理数ごとに不連続的に大きく変わる．

準結晶においては比が無理数であるということには別の重要な意味がある．この点をやはり単純な連続関数の例を挙げて説明しよう．「準結晶」は準周期性に加え，前節の定義の3番目の条件，すなわち，$I(\boldsymbol{S})$ が 2, 3, 4, 6 回以外の回転対称性をもつことによって特徴づけられる．図 2.6 に「準結晶」の定義を満たす2次元関数を模式的に示す．準結晶における準周期性は実はこの回転対称性と密接に関連している．ここでは $F(\boldsymbol{S})$ は図 2.6（c）の 10 個の $\{\boldsymbol{G}_i\}$ に大きさ 1/2 の δ 関数をもつものとする．この場合，逆格子基本ベクトルは図の5つのベクトル $\boldsymbol{a}_i^*$ $(i=0, \cdots, 4)$ にとることができるが，$\sum_{i=0}^{4} \boldsymbol{a}_i^* = \boldsymbol{0}$ なので，これは必要最少の組ではない．たとえば $\boldsymbol{a}_i^*$ $(i=1, \cdots, 4)$ とすると，これが必要最少な逆格子基本ベクトルの組となる．したがってこの構造は $N=4, d=2$ の非周期結晶である．さらに $I(\boldsymbol{S}) = |F(\boldsymbol{S})|^2$ が 10 回対称性をもつので準結晶の条件を満たしている．対応する実空間構造は，

$$\rho(\boldsymbol{r}) = \sum_{i=0}^{4} \cos(2\pi \boldsymbol{a}_i^* \cdot \boldsymbol{r}) \qquad (2.27)$$

である．すなわち $\rho(\boldsymbol{r})$ は $\boldsymbol{a}_i^*$ $(i=0, \cdots, 4)$ の5方向に向かう平面波の足し合わせからなる．図 2.6（a）では各平面波を等間隔の平行線群で表現している．ここで間隔は平面波の周期を示す．また図 2.6（b）には実際に式（2.27）を計算してその値を白黒コントラストで表現してある．さて，この2次元関数の特徴を理解するために，これを次のように3つの成分に分けてみよう．

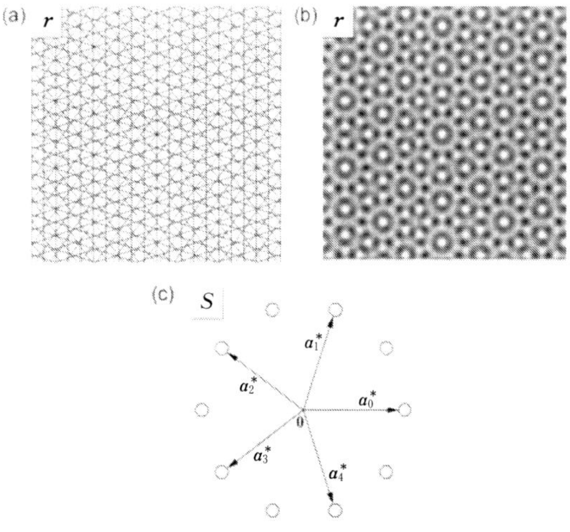

図 2.6 「準結晶」の定義を満たす2次元関数の例

$$\rho(\boldsymbol{r})=\rho_1(\boldsymbol{r})+\rho_2(\boldsymbol{r})+\rho_3(\boldsymbol{r})$$
$$\rho_1(\boldsymbol{r})=\cos(2\pi\boldsymbol{a}_0^*\cdot\boldsymbol{r})$$
$$\rho_2(\boldsymbol{r})=\cos(2\pi\boldsymbol{a}_1^*\cdot\boldsymbol{r})+\cos(2\pi\boldsymbol{a}_4^*\cdot\boldsymbol{r})$$
$$\rho_3(\boldsymbol{r})=\cos(2\pi\boldsymbol{a}_2^*\cdot\boldsymbol{r})+\cos(2\pi\boldsymbol{a}_3^*\cdot\boldsymbol{r}) \quad (2.28)$$

図 2.7 にこれら 3 関数を平行線群表示する．$\rho_1(\boldsymbol{r})$ は x 方向に 1 次元的な周期性をもち，$\rho_2(\boldsymbol{r})$ と $\rho_3(\boldsymbol{r})$ はそれぞれ 2 次元周期関数で図はそのまま周期格子を表している．まず，$\rho_2(\boldsymbol{r})$ と $\rho_3(\boldsymbol{r})$ の 2 次元格子どうしは非整合である．つまり 2 つの格子の格子点は原点で一致しているが，他に一致する格子点は存在しない．2 つの非整合な周期関数 $\rho_2(\boldsymbol{r})$ と $\rho_3(\boldsymbol{r})$ の和は図 2.5（a）の 2 つの非整合な 1 次元周期関数の和の 2 次元版である．このとき和 $\rho_2(\boldsymbol{r})+\rho_3(\boldsymbol{r})$ はどの方向にも周期性をもたない．重畳する 2 つの周期の比は図の x 方向で τ^2，y 方向で τ である．ここで τ は $\tau=(1+\sqrt{5})/2$ なる無理数で，黄金比とよばれる．$\rho_2(\boldsymbol{r})+\rho_3(\boldsymbol{r})$ にさらに $\rho_1(\boldsymbol{r})$ を加えると x 方向にさらに周期変調が加わる．この周期は，$\rho_2(\boldsymbol{r})+\rho_3(\boldsymbol{r})$ の同方向の周期と，やはり τ に関連した比をもっている．ここで強調すべき点はそのような τ に関連した重畳する周期の無理数比が 10 回対称性の図形的性質から決まっていることである．このように非整合な比が回転対称性と直結していることが「準結晶」の準周期性の大きな特徴であり，これが「非整合結晶」の準周期性と異なる点である．したがって準結晶の場合，系が 10 回対称性をとるような物理的要請があると仮定すると，準周期性はそれに付随して実現することになる．また，「非整合結晶」と異なり，τ のような重畳周期の比が温度等の熱力学パラメータの変化に伴って変わるようなことがあれば，それは回転対称性の破れを生み，そのような構造はもはや準結晶ではない．重畳周期の比の変化は準結晶相から別の相への相転移を引き起こすのである．なお，図の x 方向，y 方向は同等でない鏡映軸に対応し，それぞれ 36 度間隔の 5 本の同等な鏡映軸がある．当然上述の準周期性はそれらすべての鏡映軸方向に存在する．

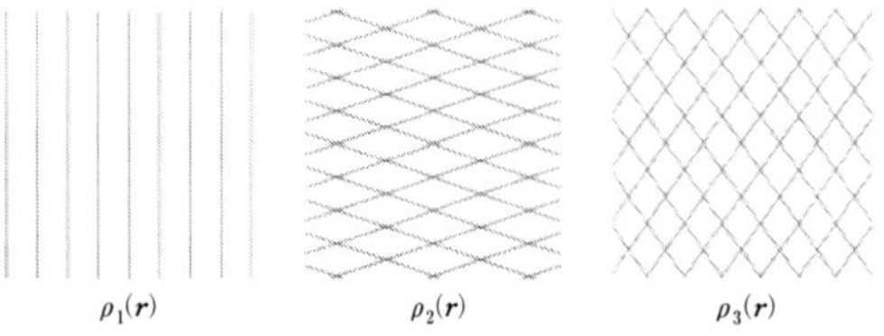

図 2.7　図 2.6 の 2 次元関数の各要素

「準結晶」においても「非整合結晶」の場合と同様に重畳周期の比が厳密に無理数であることを実験的に証明することはできない．実際，準結晶発見当初は，回折ピーク幅の広い質の悪い試料しか得られなかったため，比を有理数にとることで生ずる周期構造として，実験データが説明できることが示され，準結晶の存在を否定する主張がなされた．しかしながら，その後の研究で段々と良質の準結晶が種々の合金系で発見されるようになり，いまでは最も良質なものは回折ピークの幅が最良質の結晶と変わらず，ピーク位置は実験精度の範囲内で完全に準結晶の定義を満たすものであることがわかっている．もちろん，それでもなお原理的には周期構造でも説明できるわけだが，比が特定の無理数にきわめて近い有理数は，$\sqrt{2}$ の例で示したように必ず分子，分母が大きな数となり，したがって周期構造の単位胞はきわめて大きなものとなる．たとえば，現在最良質の試料の回折実験結果を周期構造で説明するためには 100 nm にもなる単位胞サイズが必要となる．そのような巨大単位胞は非物理的であり，現在では「準結晶」の概念は広く受け入れられている．

さて実際の物質では $F(\boldsymbol{S})$ は高次のフーリエ係数まで含み，$\rho(\boldsymbol{r})$ は原子配列に直接対応したものとなる．「非整合結晶」と「準結晶」の実際の原子配列と回折図形の模式図を図 2.8 に示す．「非整合結晶」はさらに「非整合変調構造」と「非整合複合結晶」の 2 種類に大別される．前者は周期構造にその周期と無理数の比をもった周期の変調が加わった構造であり，後者は，互いに無理数比の周期の周期構造が入り組んだ構造である．図 2.8（a）の「非整合変調構造」は 2 次元周期格子に波の方向が y 方向，変位の方向が x 方向の変調が加わったものである．この構造は x 方向に周期性をもち，y 方向に準周期性をもつ．「非整合変調構造」には，このように変位の形で変調が加わったものだけではなく，ある原子サイトの占有確率が変化する形で変調が加わったものなどがある．図 2.8（b）の「非整合複合結晶」では白丸の周期構造と黒丸の周期構造が入り組んだものとなっている．ここでは，x 方向の周期は両構造で等しく，y 方向の周期が互いに無理数の比をもっている．その結果やはり x 方向に周期性をもち，y 方向に準周期性をもつ．図 2.8（c）には典型的な 2 次元準結晶構造として知られるペンローズ格子を示す．これは 2 種類の菱形単位胞が隙間なく平面を埋めた構造をもつ．この構造は図 2.6 に示した構造と同様に 5 本ずつ 2 種類の鏡映軸の方向に準周期性をもつ．この構造の準周期性の現れ方は図 2.8（a），（b）の「非周期結晶」のそれと比べて複雑である．図 2.8（a）の「非整合変調構造」の y 方向の準周期秩序では元となる周期的な原子の並びとそれに加わる周期的な変調が容易に確認できる．図 2.8（b）の「非整合複合結晶」の y 方向の準周期秩序においても 2 つの重畳する周期的な原子の並びが容易に確認できる．これらに比べて図 2.8（c）のペンローズ格子では，たとえば図中灰色で示した y 方向に伸びる菱形の配列に注目すると 2 種類の菱形の非周期配列が見てとれるが，その配列に，準周期性の元となる重畳する 2 つの周期構造を顕わに見いだすことはできない．このような準周期性の現れ方の違いも「非整合結晶」と「準結晶」の間の重要な相違点の 1 つである．

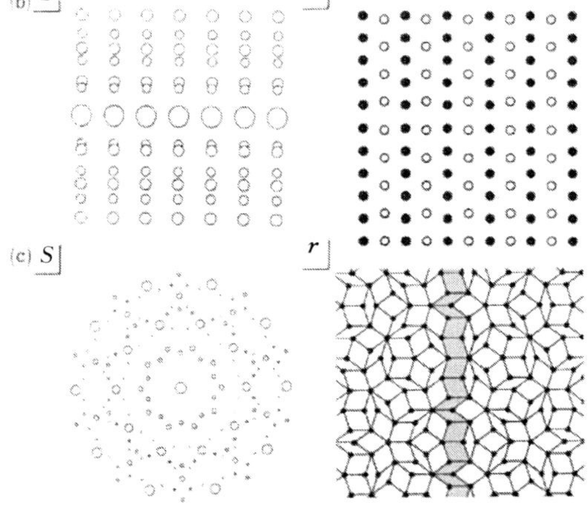

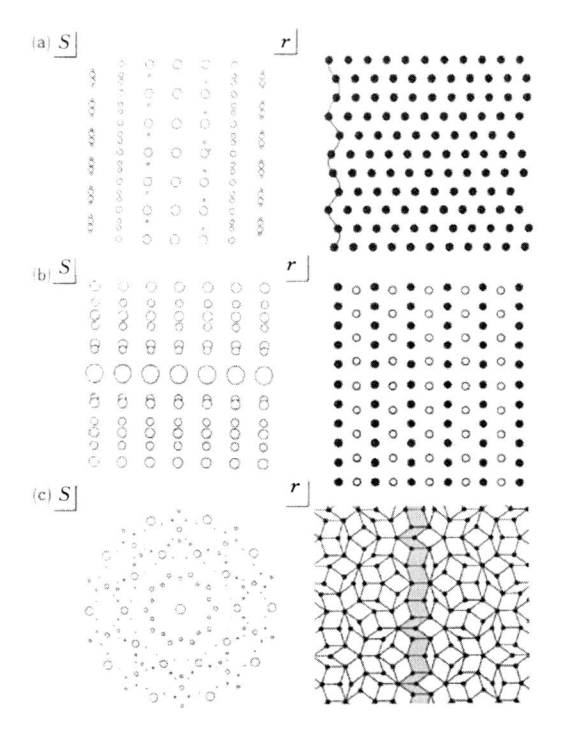

図 2.8 （a）非整合変調構造，（b）非整合複合結晶，（c）準結晶の例．回折パターン（左）と実空間構造（右）

2.3 準結晶格子

典型的な 2 次元準結晶構造であるペンローズ格子を図 2.8（c）に示した．この構造は 2 種類の菱形単位胞を隙間なく敷き詰めたものになっている．このように 2.1 節の準結晶の定義を満たす構造のなかで，少数個の単位胞の充填構造からなるものを一般に「準結晶格子」とよぶ．準結晶格子は，実際の準結晶物質の原子配列構造を記述する上で重要な役割を果たすものである．本節では，典型的な準結晶格子である 2 次元ペンローズ格子，3 次元ペンローズ格子について説明する．その前に，厳密には「準結晶格子」とはいえないが，2 次元，3 次元のペンローズ格子と密接に関連する 1 次元フィボナッチ格子についてまず解説する．1 次元フィボナッチ格子は次元が低いので，準結晶格子やそのフーリエ変換の一般的な記述法，またそれらに関連した種々の重要な概念を説明するのに好都合である．

a. 1 次元フィボナッチ格子

1 次元では，1.1 節の末尾で述べた「準結晶」の定義の 3 番目「$I(\mathbf{S})$ が 2, 3, 4, 6 回以外の回転対称性をもつ」という条件を満たす構造が原理的に存在しないので「1 次元準結晶構造」とか「1 次元準結晶格子」は原理的に存在しない．しかしながら，少数個の単位胞の配列からなる 1 次元準周期構造は存在し，ここではそれらを「1 次元準周期格子」とよぶことにする．1 次元準周期格子のような構造は，図 2.8（c）で説明したように 2 次元の典型的な準結晶格子である 2 次元ペンローズ格子や，後述する 3 次元の典型的な準結晶格子である 3 次元ペンローズ格子の中に見いだすことができるので，それらの構造を理解する上で重要である．とくに黄金比 $\tau=(1+\sqrt{5})/2$ の基本長さの比をもつ1次元準周期格子「フィボナッチ格子」の構造は2次元，3次元のペンローズ格子の構造と密接に関係している．ここではこのフィボナッチ格子について述べる．なお，本章の定義に従うと誤用となるが，上述したような理由でフィボナッチ格子が「1次元準結晶」の例として紹介されることが多いことを注記する．

フィボナッチ格子は長さの比が τ の2種類の間隔LとS（longとshortの意味）がいわゆるフィボナッチ配列をした構造をもつ．フィボナッチ配列は次のように定義される2種類のもの（たとえば○と×）の配列である．まず○1つから始めて，○→○×，×→○なる変換を1世代ごとに行っていく．第1世代（○）に対してこの変換を行うと（○×）なる第2世代が得られる．これにさらに上記変換を施すと最初の○が○×，2番目の×が○に変わって（○×○）なる第3世代が得られる．第4世代は（○×○○×）である．これを無限に繰り返してできる配列がフィボナッチ配列である．長さの比が τ のLとSの配列の場合，上記変換操作は図2.9に示すようにLを $\tau:1$ に内分する位置に新たに点を加える操作に対応する．Lを第1世代としてこれを $\tau:1$ に内分する位置に点を加えると第2世代の配列LSが得られる．これのLをさらに $\tau:1$ に内分すると第3世代の配列LSLが得られる．ここで第2世代のSの長さを1とすると第2世代のLは τ であり，これを $\tau:1$ に内分すると $\tau\cdot\tau/(\tau+1)$ と $\tau\cdot 1/(\tau+1)$ の2つの長さが生ずる．$\tau^2=\tau+1$ なのでこれらは1と $1/\tau$ になり，第2世代のSはそのまま第3世代のLになる．このような変換を無限に繰り返すことによりLとSからなるフィボナッチ配列が得られる．図2.9では世代が進むごとにLSの長さが $1/\tau$ に縮小される一方，全体の長さは保存されているが，各変換ごとに全体を τ 倍する操作を入れれば，LSの長さは保存され，全体の長さが τ 倍となる．これを無限に繰り返すことにより無限長のフィボナッチ格子が得られる．この作り方から，フィボナッチ格子が τ 倍のスケール変換に関する自己相似性をもつことがわかる．つまり，フィボナッチ格子の点列の部分集合からなる点列で元の τ 倍のフィボナッチ格子が作れる．このとき抜くべき点は左にL，右にSがある点である．逆にフィボナッチ格子の点列に点を加えることにより，元の $1/\tau$ 倍のフィボナッチ格子を作ることができる．このとき点を加えるべき位置はLを $\tau:1$ に内分する場所である．これに関連して図2.9に示したフィボナッチ格子の生成法を自己相似変換法とよぶ．

フィボナッチ配列では第 n 世代（$n\geq 3$）は，第 $(n-1)$ 世代の後ろに第 $(n-2)$ 世代をくっつけたものになっている．たとえば第4世代の（○×○○×）は第3世代の（○×○）の後ろに第2世代の（○×）をつけて得られる．いま第 n 世代のLSの総数を F_n とおくと，このような関係から $F_n=F_{n-1}+F_{n-2}$（$n\geq 3$）が成り立つことがわかる．$F_1=1$，$F_2=2$ としてこの漸化式で定義される数列1, 2, 3, 5, 8, 13,…はフィボナッチ数列とよばれる．

後に明らかとなるようにフィボナッチ格子は準周期性をもち，したがって1次元準周期格子の一種である．フィボナッチ格子のような2種類の単

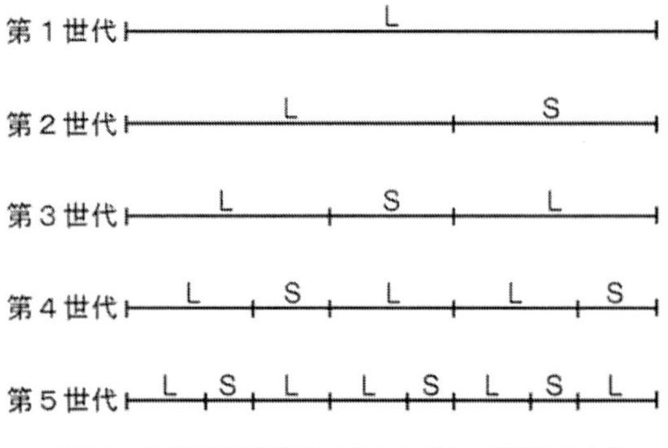

図2.9　自己相似変換法によるフィボナッチ格子の生成

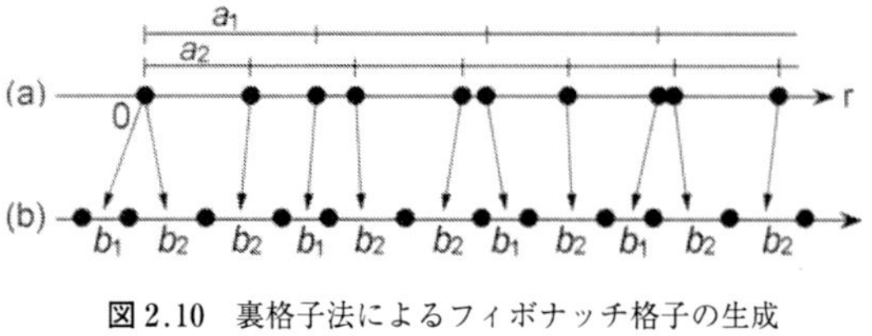

図2.10　裏格子法によるフィボナッチ格子の生成

位胞からなる1次元準周期格子，つまり2種類の間隔からなる1次元準周期点列を作る一般的な方法を考えよう．図2.10（a）に図2.5（b）に示した構造と同様な，無理数比の2つの間隔の点列を重ねた構造を示す．$\sigma=a_1/a_2$ とおく．この点列構造は「非周期結晶」つまり準周期構造である．この構造のフーリエ変換は2つの周期配列のそれぞれのフーリエ変換の和となるので，それが δ 関数の組からなり，それらの位置を指数付けするために必要な逆格子基本ベクトルの数が2であることは明らかである．この点列はある種の「格子」ではあるが，少数個の単位胞の充塡構造ではないので本節冒頭で定義した「準周期格子」ではない．隣り合う点の間の線分で与えられる単位胞は無数に存在する．いま，図2.10（b）に示すように a_1 の間隔の点列に属する各点に長さ b_1 を，間隔 a_2 の点列に属する各点に長さ $b_2(\neq b_1)$ を対応させ，それらを順に並べて新しい点列を作る．このとき2点がたまたま一致する場合は2つの周期点列を任意の微小距離ずらして一致を解く．図では原点で2点が一致している．このような一致はあっても1点のみである．このようにして作った図2.10（b）の点列の点間の各線分は元の図2.10（a）の点列の各点に，（b）の点列の各点は（a）の点列の点間の各線分に対応する．このような2つの格子を互いが相手の裏格子である，という．（b）の点列はやはり準周期性をもち，かつ2種類の単位胞からなるので，1次元「準周期格子」である．このような準周期格子の生成法を裏格子法（dual method）とよぶ．（b）の準周期格子の逆格子基本ベクトルの長さの比 a_2^*/a_1^* は $\sigma=a_1/a_2$ である．このようにして作られた（b）の点列が図2.5で説明したような不完全な周期性をもつことも明らかである．図2.10では a_1/a_2 と b_2/b_1 を黄金比 $\tau=(1+\sqrt{5})/2$ にとっている．この場合の（b）の準周期格子は1次元フィボナッチ格子と一致する．

前節で，一般に「非周期結晶」の構造，すなわち準周期構造は高次元の周期構造の断面として記述できることを示した．ここでは $(N,d)=(2,1)$ についてこの記述法を具体的に示し，この方法でフィボナッチ格子を記述する．$(N,d)=(2,1)$ の場合，式（2.10）〜(2.13）は，

$$F(S)=\sum_{m_1,m_2} A_{m_1,m_2}\delta(S-(m_1a_1^*+m_2a_2^*)) \tag{2.29}$$

$$\rho(r)=\sum_{m_1,m_2} A_{m_1,m_2}\exp(2\pi i(m_1a_1^*+m_2a_2^*)r) \tag{2.30}$$

$$\begin{cases} x_1=a_1^*r \\ x_2=a_2^*r \end{cases} \tag{2.31}$$

$$\begin{aligned}\rho(r)&=\mathrm{P}(x_1,x_2)\\ &=\sum_{m_1,m_2} A_{m_1,m_2}\exp(2\pi i(m_1x_1+m_2x_2))\end{aligned} \tag{2.32}$$

となる．関数 $\mathrm{P}(x_1,x_2)$ は変数 x_1, x_2 のそれぞれについて周期1の周期関数である．式（2.31）より，

$$x_2=\sigma\cdot x_1 \tag{2.33}$$

ここで，$\sigma=a_2^*/a_1^*$ は一般に無理数で，フィボナッチ格子の場合は黄金比 τ である．よって $(N,d)=(2,1)$ の準周期関数 $\rho(r)$ は2次元周期関数 $P(x_1,x_2)$ の式（2.31）で与えられるような無理数の傾きの直線上の値として得られることがわかる．

式（2.16）に対応する高次元関数は，

$$F^h(\boldsymbol{S}^h)=\sum_{m_1,m_2} A_{m_1,m_2}\delta(\boldsymbol{S}^h-(m_1\boldsymbol{d}_1^*+m_2\boldsymbol{d}_2^*)) \tag{2.34}$$

ここで，$F^h(\boldsymbol{S}^h)$ は2次元逆空間で定義され，$F(S)$ はその部分空間である1次元逆空間上の関数である．この1次元逆空間を $E_{\parallel}^*$，それと直交する1次元空間を $E_{\perp}^*$ と名づける．$\boldsymbol{d}_1^*$，$\boldsymbol{d}_2^*$ は2次元逆空間内で1次独立で，それぞれの $E_{\parallel}^*$ 成分が a_1^*，a_2^* であるものとする．つまり $F(S)$ は $F^h(\boldsymbol{S}^h)$ の $E_{\parallel}^*$ 上への正射影に対応する．このような条件を満たす $\boldsymbol{d}_1^*$，$\boldsymbol{d}_2^*$ の決め方には任意性があるが，余計な煩雑さを入れないように $|\boldsymbol{d}_1^*|=|\boldsymbol{d}_2^*|$，$\boldsymbol{d}_1^*\perp\boldsymbol{d}_2^*$ を満たすようにとることにする．このようなとり方は $\sigma=a_2^*/a_1^*$ の値によらず，いつでも可能である．式（2.34）を逆フーリエ変換して，

$$\rho^h(\boldsymbol{r}^h)=\sum_{m_1,m_2} A_{m_1,m_2}\exp\left[2\pi i\left(\sum_{i=1}^{2} m_i\boldsymbol{d}_i^*\cdot\boldsymbol{r}^h\right)\right] \tag{2.35}$$

を得る．これは式（2.17）に対応する2次元周期関数である．このときの格子並進ベクトル $\boldsymbol{d}_1$, $\boldsymbol{d}_2$ は，$\boldsymbol{d}_1^*$, $\boldsymbol{d}_2^*$ と次式の関係をもつ．

$$\boldsymbol{d}_i \cdot \boldsymbol{d}_j^* = \begin{cases} 1 & (i=j) \\ 0 & (i \neq j) \end{cases} \qquad (2.36)$$

2次元実空間内で $E_\parallel^*$ と平行な1次元空間を $E_\parallel$，$E_\perp^*$ と平行なそれを $E_\perp$ とおく．1次元関数 $F(S)$ を逆フーリエ変換して得られる1次元関数 $\rho(r)$ は，式（2.35）の $\rho^h(\boldsymbol{r}^h)$ の $E_\parallel$ 断面として与えられる（図2.3）．2次元空間の正規直交基底を $\boldsymbol{e}_1$, $\boldsymbol{e}_2$ とし，$\boldsymbol{e}_1$ が $E_\parallel$（$E_\parallel^*$）をはり，$\boldsymbol{e}_2$ が $E_\perp$（$E_\perp^*$）をはるとすると，$\sigma=\tau$ の場合，

$$\boldsymbol{d}_i = \sum_{j=1}^{2} M_{ij} \boldsymbol{e}_j$$

$$M = \frac{a}{\sqrt{1+\tau^2}} \begin{bmatrix} 1 & -\tau \\ \tau & 1 \end{bmatrix} \qquad (2.37)$$

$$\boldsymbol{d}_i^* = \sum_{j=1}^{2} {}^t M_{ij}^{-1} \boldsymbol{e}_j$$

$${}^t M^{-1} = \frac{a^*}{\sqrt{1+\tau^2}} \begin{bmatrix} 1 & -\tau \\ \tau & 1 \end{bmatrix} \qquad (2.38)$$

である．ここで a, a^* は実格子，逆格子の格子定数で $a^*=a^{-1}$ である．${}^t M^{-1}$ は，M の転置行列の逆行列である．

図2.11はフィボナッチ格子を断面法で記述した図である．ここでは2次元周期関数 $\rho^h(\boldsymbol{r}^h)$ は正方格子の周期性をもち，図のような $E_\perp$ 方向に伸びた線分状の単位構造をもつものである．つまり $\rho^h(\boldsymbol{r}^h)$ はこの線分上で δ 関数的に値をもち，他では値が0である．このとき $\rho^h(\boldsymbol{r}^h)$ の $E_\parallel$ 断面として得られる1次元関数 $\rho(r)$ は δ 関数の組からなり，点配列を表す．これは実際の準結晶物質では原子配列に対応し，図の線分は超空間（物理空間より高い次元の空間：superspace or hyper space）にある原子という意味で超原子（super-atom or hyperatom）とよばれる．超原子の長さはちょうど2次元正方格子の正方形単位胞を $E_\perp$ に射影した長さになっている．こうすれば $E_\parallel$ 上の点の間隔は2種類のみとなる．図では超原子は，その中点が格子点に一致するように置かれている．超原子を $E_\perp$ 方向にシフトすることは，2つの重畳周期の初期位相をずらすことに対応し，同じL.I.クラスの構造を生成する．$E_\parallel$ の2次元正方格子に対する傾きは τ であるので，2種類の間隔の比は τ となる．

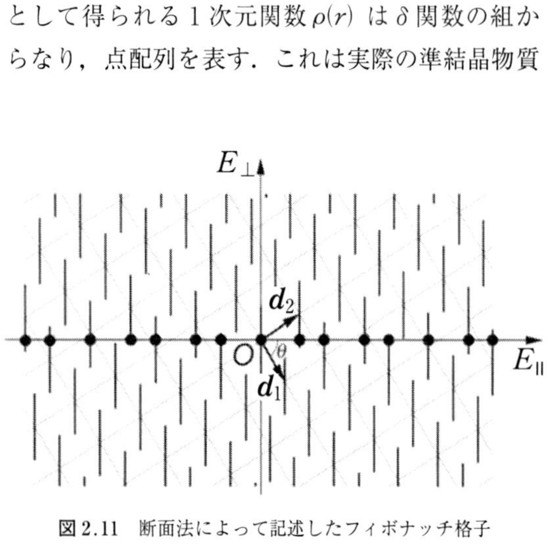

図2.11　断面法によって記述したフィボナッチ格子

フィボナッチ格子の構造 $\rho(r)$ のフーリエ変換 $F(S)$ は図2.3の関係から図2.12のようになることがわかる．いま $\rho(r)$ を与える2次元関数 $\rho^h(\boldsymbol{r}^h)$ がわかっているので，まず $\rho^h(\boldsymbol{r}^h)$ のフーリエ変換 $F^h(\boldsymbol{S}^h)$ を計算し，それを $E_\parallel^*$ 上へ射影すれば $F(S)$ が求まる．図2.12に示したように関数 $\rho^h(\boldsymbol{r}^h)$ は2次元周期格子と単位構造である超原子のたたみ込み（convolution）である．このときフーリエ変換の基本定理より $\rho^h(\boldsymbol{r}^h)$ のフーリエ変換 $F^h(\boldsymbol{S}^h)$ は格子のフーリエ変換と超原子のフーリエ変換の積で与えられる．まず2次元実格子のフーリエ変換は式（2.38）の $\boldsymbol{d}_1^*$, $\boldsymbol{d}_2^*$ がはる2次元逆格子である．一方，線分のフーリエ変換は $E_\perp^*$ 方向に $L\cdot\sin(\pi\cdot S_\perp\cdot L)/(\pi\cdot S_\perp\cdot L)$（$L$：線分の長さ，$S_\perp$：$\boldsymbol{S}$ の $E_\perp^*$ 成分）の形で依存し，$E_\parallel^*$ 方向に一定な関数となる．この関数は $S_\perp$ が0に近いところで大きな値をもち，$|S_\perp|$ が増大するにつれ振動しつつ減衰する．これらの積として図のように関数 $F^h(\boldsymbol{S}^h)$ が得られ，これを $E_\parallel^*$ 上に射影することにより関数 $F(S)$ が求まる．

図2.11に断面法で記述した構造と図2.10に裏格子法で記述した構造が同じものであることは図2.13に示した作図からわかる．図2.13（a）では図中の $E_\parallel$ と平行な帯状の領域に入る2次元格子点のみを $E_\parallel$ 上に射影することにより点列構造を作成している．このような点列の作成法を帯・射影法（strip-projection method）とよぶ．ここで帯と $E_\perp$ が交わった領域を窓（window）とよぶ．

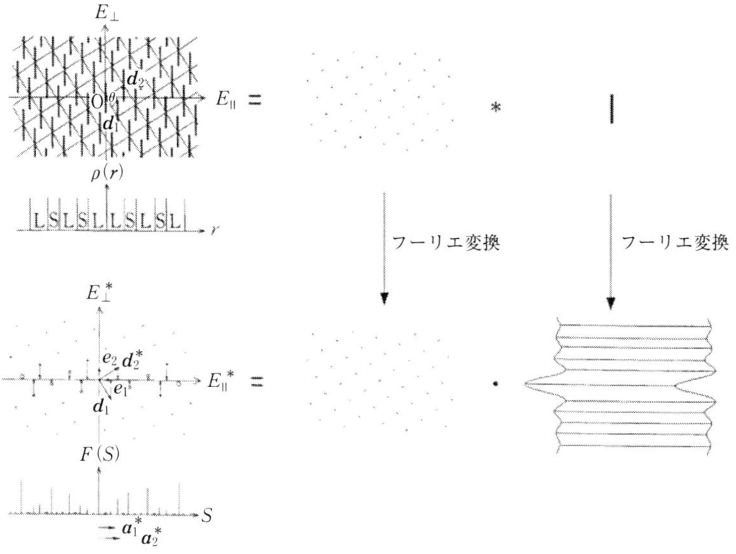

図 2.12　フィボナッチ格子とそのフーリエ変換の関係の説明図[6)]

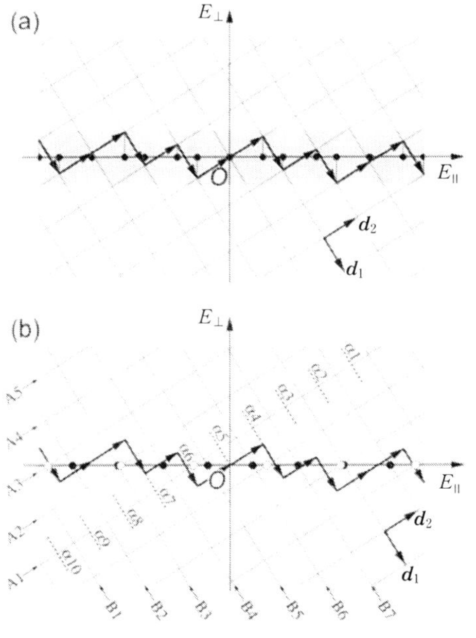

図 2.13　(a) 帯・射影法によるフィボナッチ格子の生成と (b) 裏格子法との対応の説明図

帯・射影法と断面法が等価であることは明らかである．帯・射影法で生成する点列は，窓を $E_\perp$ 内で原点に関して反転したものを超原子として用いたときの断面法で得られる点列と一致する．もちろん窓を $E_\perp$ 内でシフトすると同じ L.I.クラスに属する一連の構造が得られる．図 2.13 (a) において射影される 2 次元格子点を結ぶと図のような階段状の構造ができる．この階段は 2 次元正方格子の基本並進ベクトル $\boldsymbol{d}_1$ と $\boldsymbol{d}_2$ で構成され，$\boldsymbol{d}_1$ が S，$\boldsymbol{d}_2$ が L を生成する．

図 2.13 (b) では (a) の図を少し変えて描いてある．(b) 中の 2 次元格子は (a) の格子を $(\boldsymbol{d}_1+\boldsymbol{d}_2)/2$ だけずらしたものである．説明のためにこの格子を構成する各直線を図のように A1, A2, …, B1, B2,…とよぶことにする．A1, A2, …と $E_\parallel$ の交点を白丸，B1, B2,…と $E_\parallel$ の交点を黒丸で示す．白丸の間隔と黒丸の間隔の比は τ であり，これら白丸と黒丸を合わせた点列は図 2.10 (a) の点列と同じものである．階段の各要素の線分は直線 A1, A2, …, B1, B2, …のどれかと直角に交わっており，各線分と A1, A2, …, B1, B2, …の間には一対一の対応関係がある．たとえば A1 に対応する線分は図の $\alpha 6$ の線分である．ここで A1, A2, …は $\boldsymbol{d}_1$ の要素，B1, B2, …は $\boldsymbol{d}_2$ の要素と対応している．A1 に直交する線分は $\alpha 6$ のほかに図の $\alpha 1, \alpha 2$,…などがあるが $\alpha 6$ と A1 の交点が，その他の線分と A1 の交点のどれよりも A1 と $E_\parallel$ の交点に近い．つまり，なるべく $E_\parallel$ から離れないように $\boldsymbol{d}_1$ と $\boldsymbol{d}_2$ の線分をたどることで階段が作られている．このようなルールで階段が決まるとき，階段の順番 $\boldsymbol{d}_1\boldsymbol{d}_2\boldsymbol{d}_1\boldsymbol{d}_1$…は $E_\parallel$ 上の白丸，黒丸の順番，白黒白白…と一致することがわかる．以

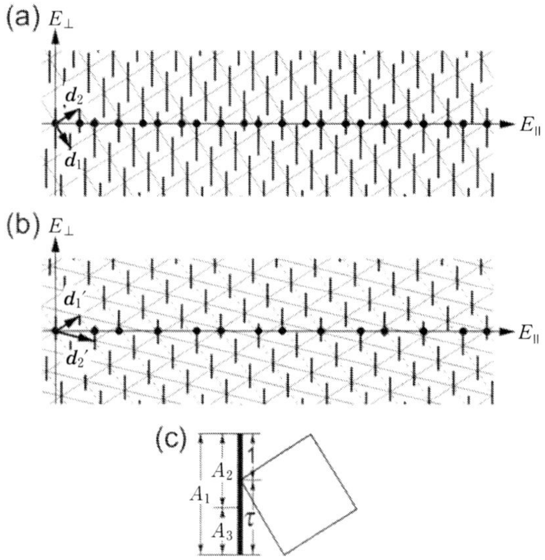

図 2.14　(a) 断面法によって記述したフィボナッチ格子と (b) それに自己相似変換を施した構造，(c) は変換前後の超原子の説明図

上より，図 2.10 (b) の準周期格子と図 2.11 または図 2.13 (a) の準周期格子が同じものであることがわかる．

図 2.9 で示したフィボナッチ格子の τ 倍のスケール変換に関する自己相似性は，断面法の枠組みでは以下のように記述される．図 2.14 (a) に断面法で記述したフィボナッチ格子を示す．ここでは図 2.14 (c) に拡大して示すように便宜的に超原子の位置を図 2.11 の場合とは変えてある．図 2.11 では線分が，その中点と格子点が一致するように置かれているのに対し，ここでは $\tau:1$ に内分する点と格子点が一致するように置かれている．前述したようにこの違いは構造の属する L.I. クラスを変えない．

さて，$\boldsymbol{d}_1', \boldsymbol{d}_2'$ を

$$\boldsymbol{d}_i' = \sum_{j=1}^{2} S_{ij}\boldsymbol{d}_j$$

$$S = \begin{bmatrix} 0 & 1 \\ 1 & 1 \end{bmatrix} \qquad (2.39)$$

とし，$\boldsymbol{r} = x_1\boldsymbol{d}_1 + x_2\boldsymbol{d}_2 \to \boldsymbol{r}' = x_1\boldsymbol{d}_1' + x_2\boldsymbol{d}_2'$ の変換を施すと図 2.14 (b) の構造が得られる．ここで S は整数行列で，S の行列式の絶対値が 1 なので $\boldsymbol{d}_1, \boldsymbol{d}_2$ がはる格子は $\boldsymbol{d}_1', \boldsymbol{d}_2'$ がはる格子と一致する．また S の固有空間は $E_\parallel$ と $E_\perp$ で対応する固有値は τ と $-1/\tau$ である．すなわちこの変換は $E_\parallel$ 方向に τ 倍し，$E_\perp$ 方向に $-1/\tau$ 倍する変換である．以上から，

i) 変換後の $E_\parallel$ 上の点列は元のフィボナッチ格子を τ 倍したフィボナッチ格子である．

ii) 変換後も元のすべての格子点と同じ位置に超原子が存在する．

iii) その変換後の超原子は図 2.14 (c) の領域 A_2 であり，元の超原子 A_1 と比べて長さは $1/\tau$ 倍に縮小している．

ii), iii) から変換後の (b) の点列は (a) の点列の部分集合になっていることがわかる．また (c) に示す超原子の中の領域 A_3 すなわち変換前の超原子に存在して変換後の超原子に存在しない領域は図 (a) の点列において左に L，右に S をもつ点を生成する．したがって変換後の (b) の点列は (a) の点列からそのような点を除いたものになっている．これは図 2.9 で説明したフィボナッチ格子がもつ τ 倍のスケール変換に関する自己相似性に他ならない．このことは，図 2.9 のように自己相似変換によって生成した点列と図 2.14 (a) のように断面法で生成した点列が同じものであることの証明にもなっている．

図 2.15 (a), (b) に図 2.14 (a), (b) の構造のフーリエ変換を示す．図 2.14 (a) から (b) の実空間の変換は逆空間では，

$$\boldsymbol{d}_i^{*\prime} = \sum_{j=1}^{2} {}^tS_{ij}^{-1}\boldsymbol{d}_j^*$$

$${}^tS^{-1} = \begin{bmatrix} -1 & 1 \\ 1 & 0 \end{bmatrix} \qquad (2.40)$$

と表される．${}^tS^{-1}$ は整数行列で，${}^tS^{-1}$ の行列式の絶対値が 1 なので $\boldsymbol{d}_1^{*\prime}, \boldsymbol{d}_2^{*\prime}$ がはる格子は $\boldsymbol{d}_1^*$,

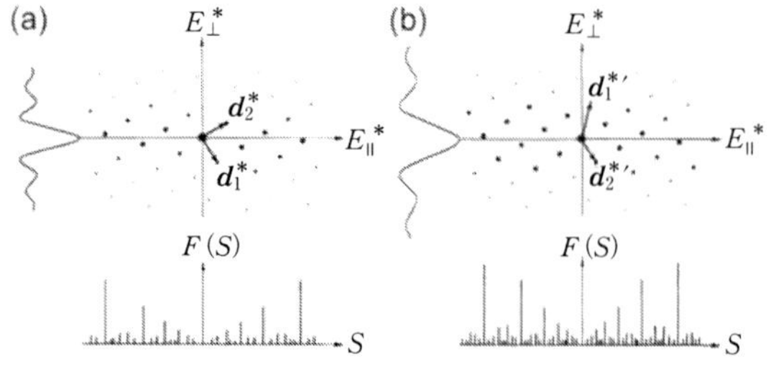

図 2.15　自己相似変換前後の構造 (図 2.14 (a), (b)) のフーリエ変換

$\boldsymbol{d}_2^*$ がはる格子と一致する．また ${}^tS^{-1}$ の固有空間は $E_\parallel^*$ と $E_\perp^*$ で対応する固有値は $1/\tau$ と $-\tau$ である．すなわちこの変換は $E_\parallel^*$ 方向に $1/\tau$ 倍し，$E_\perp^*$ 方向に $-\tau$ 倍する変換である．2 次元逆格子の $E_\parallel^*$ 射影として得られる関数 $F(S)$ または回折強度関数 $I(S)=|F(S)|^2$ は変換前後で単に $1/\tau$ 倍される．また，変換前後で 2 次元逆格子は一致し，各逆格子点の値は，関数 $L\cdot\sin(\pi\cdot S_\perp\cdot L)/(\pi\cdot S_\perp\cdot L)$ が受ける $-\tau$ 倍のスケール変換に伴って変化する．しかしながら，いずれにしてもこの関数は $S_\perp$ が 0 に近いところで大きな値をもち，$|S_\perp|$ が増大するにともなって振動しつつ減衰するので $E_\parallel^*$ 上に得られる関数は図のように似通ったものとなる．これが逆空間におけるスケール変換に対する自己相似性である．

以上，典型的な 1 次元準周期格子であるフィボナッチ格子について 3 種類の生成法（記述法）とそれらの間の関係を説明した．それら 3 種類の方法は，自己相似変換法（図 2.9），裏格子法（図 2.10），断面法（図 2.11）である．また，それらの生成法（記述法）の枠組みと関連して，逆空間の構造を記述し，自己相似性の概念について説明した．

b. 2 次元ペンローズ格子

2 次元ペンローズ格子は 10 回対称性をもつ 2 次元準結晶格子の典型的なものである．ここでは，まず 5 回対称性または 10 回対称性をもつ準結晶格子を生成する一般的な方法を示す．10 回対称性をもつ構造は必ず 5 回対称性をもち，10 回対称構造は 5 回対称構造の中の特別なものと見なせる．よって，ここでは 5 回対称の準結晶格子を議論し，その特別な場合として 10 回対称の準結晶格子を扱う．

まず，2.2 節で述べた式（2.27）の関数と関連した次の関数を調べよう．

$$\rho(\boldsymbol{r})=\sum_{i=0}^{4}\cos(2\pi(\boldsymbol{a}_i^*\cdot\boldsymbol{r}-p_i)) \quad (2.41)$$

ここで $\boldsymbol{a}_i^*$ $(i=0,\cdots,4)$ は図 2.6 の 5 つのベクトルである．p_i $(i=0,\cdots,4)$ は $(0\leq p_i<1)$ とする．式（2.28）と同様に，この関数を次のように 3 つに分ける．

$$\begin{aligned}
\rho(\boldsymbol{r})&=\rho_1(\boldsymbol{r})+\rho_2(\boldsymbol{r})+\rho_3(\boldsymbol{r})\\
\rho_1(\boldsymbol{r})&=\cos(2\pi(\boldsymbol{a}_0^*\cdot\boldsymbol{r}-p_0)\\
\rho_2(\boldsymbol{r})&=\cos(2\pi(\boldsymbol{a}_1^*\cdot\boldsymbol{r}-p_1))+\cos(2\pi(\boldsymbol{a}_4^*\cdot\boldsymbol{r}-p_4))\\
\rho_3(\boldsymbol{r})&=\cos(2\pi(\boldsymbol{a}_2^*\cdot\boldsymbol{r}-p_2))+\cos(2\pi(\boldsymbol{a}_3^*\cdot\boldsymbol{r}-p_3))
\end{aligned} \quad (2.42)$$

図 2.7 に $p_i=0$ $(i=1,\cdots,4)$ の場合の $\rho_i(\boldsymbol{r})$ $(i=1,2,3)$ を示した．式（2.42）において p_i $(i=1,\cdots,4)$ の値を変えると，$\rho_2(\boldsymbol{r})$ と $\rho_3(\boldsymbol{r})$ が 2 次元平面内でシフトする．両周期関数は非整合なので，相対的な位置が変わっても $\rho_2(\boldsymbol{r})+\rho_3(\boldsymbol{r})$ が属する L.I. クラスは変わらない．図 2.16 の実線は $p_i=0$ $(i=1,\cdots,4)$ とした場合の関数 $\rho_2(\boldsymbol{r})$, $\rho_3(\boldsymbol{r})$ を平行線群表示したものである．図 2.16 の破線は $\rho_1(\boldsymbol{r})$ を平行線群表示したものである．明らかに，他の 4 つの cosine 関数の位相が揃った点（ここでは原点）との相対的な位相シフト p_0 が異なる場合は異なる L.I. クラスに属する構造が生成する．このように $p_i=0$ $(i=1,\cdots,4)$ とおけば，p_0 が，異なる L.I. クラスに属する構造を生成する 1 つの自由度として残る．このような自由度は $p_i=p$ $(i=0,\cdots,4)$ として残してもよい．つまり，

$$\rho(\boldsymbol{r})=\sum_{i=0}^{4}\cos(2\pi(\boldsymbol{a}_i^*\cdot\boldsymbol{r}-p)) \quad (2.43)$$

図 2.17（a）～（c）はこの関数をそれぞれ $p=0$, 1/4, 1/2 の場合について平行線群表示したものである．式（2.43）の $\rho(\boldsymbol{r})$ は明らかに p の値によらず原点のまわりで 5 回対称性をもつ．また p $(0\leq p\leq 1/2)$ の構造と $(1-p)$ の構造は原点に関して反転対称の関係にある．とくに $p=0$ また

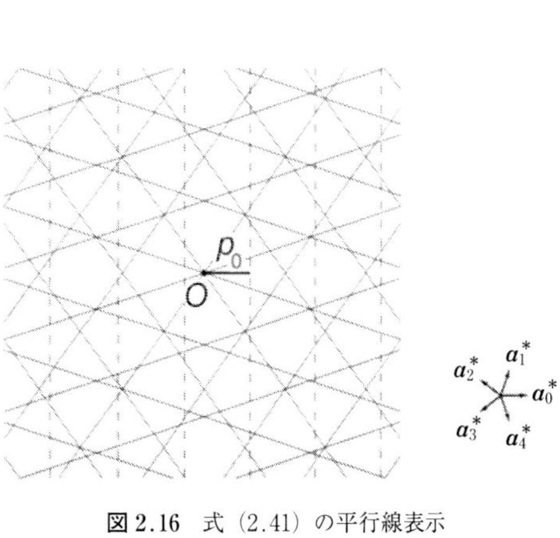

図 2.16 式（2.41）の平行線表示

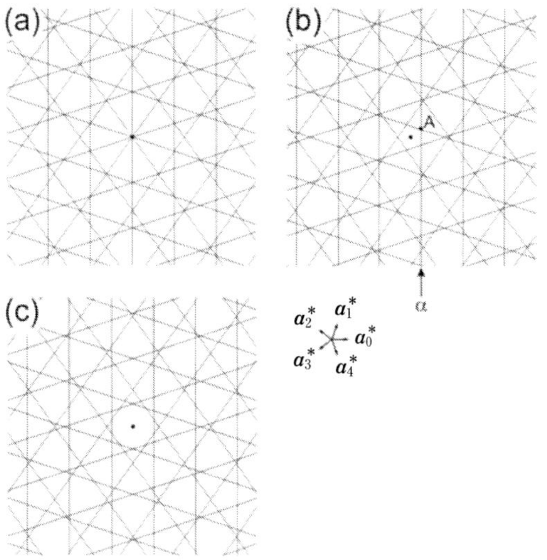

図 2.17　(a) 式 (2.43) の平行線表示. $p=0$, (b) 1/4, (c) 1/2

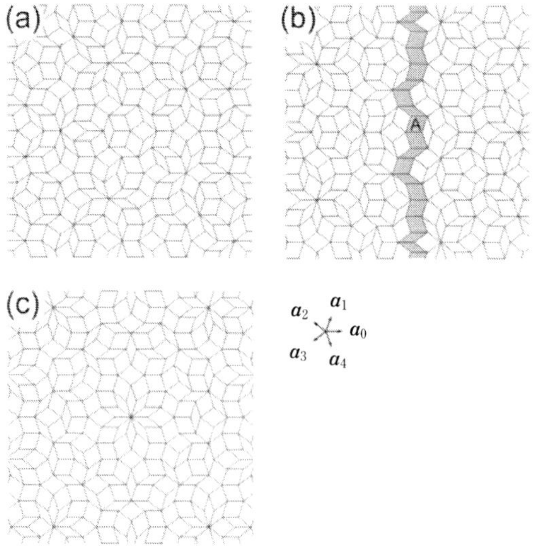

図 2.18　図 2.17 (a)～(c) の裏格子として得られる 5 回または 10 回対称準結晶格子

は 1/2 の場合は反転対称の相手が自分自身となり（すなわち反転対称性をもち）10 回対称となる.

さて, 図 2.17 (a)～(c) のような平行線群からなる構造はある種の「格子」ではあるが, 無限の種類の大きさ・形の異なるタイル状「単位胞」からなり,「準結晶格子」ではない. これは, 1 次元での図 2.10 (a) の「格子」の 2 次元版である. 図 2.18 (a)～(c) は図 2.17 (a)～(c) の裏格子を示す. これらは 2 種類の菱形単位胞の配列からなる準結晶であり, 2 次元 5 回対称または 10 回対称の「準結晶格子」の例である. ここでの裏格子の作成法は以下のとおりである. 逆格子基本ベクトル $\boldsymbol{a}_i^*$ $(i=0, \cdots, 4)$ に対応して実格子基本ベクトル $\boldsymbol{a}_i$ $(i=0, \cdots, 4)$ を図のように $\boldsymbol{a}_i \| \boldsymbol{a}_i^*$ となるようにとる. 5 組の平行線群は各ベクトル $\boldsymbol{a}_i$ $(i=0, \cdots 4)$ に垂直である. $\boldsymbol{a}_i$ に垂直なある直線と $\boldsymbol{a}_j$ に垂直なある直線が交点を作れば, その交点に $\boldsymbol{a}_i$ と $\boldsymbol{a}_j$ の 2 辺からなる菱形を対応させる. たとえば図 2.17 (b) 中の交点 A に対しては図 2.18 (b) 中 A の $\boldsymbol{a}_0$, $\boldsymbol{a}_1$ からなる菱形が対応している. 図 2.17 (b) 中の直線 α 上にある交点に対応する菱形は必ず一辺が $\boldsymbol{a}_0$ なのでこの辺をつなげることにより, 図 2.18 (b) に灰色をつけて示した菱形の配列が得られる. すべての直線に対して同様な菱形の配列ができ, 2 次元的に隙間のない菱形配列が作成できる. なお, 3 点以上が交点を作る場合は平行線群を任意の微小距離シフトさせて縮退を解く. このようにして作った図 2.18 の各菱形タイルは元の図 2.17 の構造の各交点に対応し, 図 2.18 の各菱形頂点は図 2.17 の構造の直線で囲まれた各領域に対応する. このような関係は 1 次元の場合の図 2.10 の (a), (b) の関係の拡張になっており, 互いが相手の裏格子である, という. 5 ベクトルから作られる菱形は向きを区別すると ${}_5C_2=10$ 種類あり, 向きを区別しなければ 2 種類のみである. これら 2 つを太った菱形 (obtuse rhombus), やせた菱形 (acute rhombus) とよぶ. また後述するようにこれらの構造は高次元周期構造の断面として記述でき, フーリエ変換は 2.1 節で述べた「準結晶」の定義を満たす. したがって, これらの構造は 2 次元 5 回対称または 10 回対称の準結晶格子といえる. このような準結晶格子の生成法はやはり裏格子法 (dual method) とよばれる. この方法を用いると任意の 2 次元 n 回対称準結晶格子が容易に作成できる. つまり, 図 2.17 のような平行線群を n 回対称の方向にとり, 図 2.18 と同様にその裏格子を作ればよい.

図 2.17 (a) の格子は原点が 10 回対称中心となっている. この構造では原点を含め, 3 本以上

の直線が交わる点が存在するため，p を微小量 0 からずらして，図 2.18（a）の裏格子を作成した．p を 0 からずらしたため，図 2.18（a）の構造では，原点まわりの 10 回対称性は崩れて 5 回対称性に落ちているように見える．しかしながら，p を 0 に近づけていくと，原点まわりの 10 回対称操作で重ならない格子点の数 N の全格子点の数 N_T に対する割合 N/N_T はいくらでも 0 に近づくので，$p\to 0$ のときの構造は 10 回対称性をもつとしてよい．図 2.18（a）はそのような構造に対応し，これは 2 次元ペンローズ格子とよばれるものと一致する．図 2.18（c）も 10 回対称の準結晶格子である．この場合は，裏格子に 3 重以上の交点はなく，原点が顕わに 10 回対称中心となっている．図 2.18（b）は 5 回対称の準結晶格子の例である．

図 2.11 で 1 次元フィボナッチ格子を断面法で記述した．また図 2.13（a）でこれを帯・射影法で記述し，図 2.13（b）でフィボナッチ格子とその裏格子の関係を説明した．以下に図 2.17, 2.18 に示した 5 回対称，10 回対称の 2 次元準結晶格子とその裏格子を同様な方法で記述する．この場合は，5 次元超立方格子構造を用い，その基本並進ベクトル $\boldsymbol{d}_i$ $(i=0,\cdots,4)$ を射影したときに正 5 角形の中心から各頂点に向かうベクトル（図 2.19 の $\boldsymbol{d}_i^{\parallel}$ $(i=0,\cdots,4)$）となるような 2 次元平面を物理空間 $E_{\parallel}$ として記述するのが自然であろう．$\boldsymbol{e}_i$ $(i=0,\cdots,4)$ を 5 次元空間の正規直交基底として

$$\boldsymbol{d}_i=\sum_{j=0}^{4} M_{ij}\boldsymbol{e}_j$$

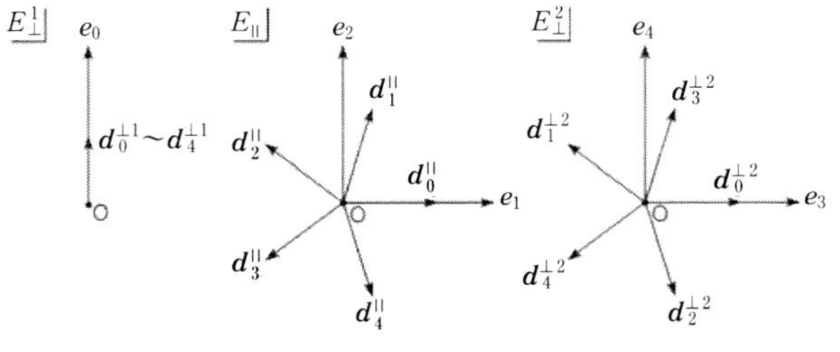

図 2.19 5 次元超立方格子の基本ベクトルの各部分空間上への射影

$$M=a\sqrt{2/5}\begin{bmatrix} 1/\sqrt{2} & c_0 & s_0 & c_0 & s_0 \\ 1/\sqrt{2} & c_1 & s_1 & c_2 & s_2 \\ 1/\sqrt{2} & c_2 & s_2 & c_4 & s_4 \\ 1/\sqrt{2} & c_3 & s_3 & c_1 & s_1 \\ 1/\sqrt{2} & c_4 & s_4 & c_3 & s_3 \end{bmatrix}$$

$$c_i=\cos(2\pi i/5),\ s_i=\sin(2\pi i/5) \tag{2.44}$$

とすると，

$$\boldsymbol{d}_i\cdot\boldsymbol{d}_j=\begin{cases} a^2 & (i=j) \\ 0 & (i\neq j) \end{cases} \tag{2.45}$$

を満たし，$\boldsymbol{d}_i$ $(i=0,\cdots,4)$ が格子定数 a の 5 次元超立方格子の基本ベクトルとなることがわかる．$\boldsymbol{d}_i$ $(i=0,\cdots,4)$ の $\boldsymbol{e}_0$ がはる 1 次元空間（$E_{\perp}^{1}$），$\boldsymbol{e}_1$ と $\boldsymbol{e}_2$ がはる 2 次元空間（$E_{\parallel}$），$\boldsymbol{e}_3$ と $\boldsymbol{e}_4$ がはる 2 次元空間（$E_{\perp}^{2}$）への射影は図 2.19 のようになる．ここで $E_{\parallel}$ が物理空間で，その直交補空間 $E_{\perp}$ は $\boldsymbol{e}_0$ と $\boldsymbol{e}_1$ と $\boldsymbol{e}_2$ がはる 3 次元空間である．$E_{\perp}$ はさらに 2 つに分けられ（$E_{\perp}=E_{\perp}^{1}\oplus E_{\perp}^{2}$），$E_{\perp}^{1}$ は $\boldsymbol{e}_0$ がはる 1 次元空間，$E_{\perp}^{2}$ は $\boldsymbol{e}_3$ と $\boldsymbol{e}_4$ がはる 2 次元空間である．$E_{\perp}^{1}$ は 5 次元立方格子の［11111］方向と一致する．したがって $E_{\parallel}\oplus E_{\perp}^{2}$ は［11111］と垂直な超平面に対応する 4 次元空間である．

フィボナッチ格子の裏格子は図 2.13（b）に示すように 2 次元格子の（10）面群 A1, A2, … と $E_{\parallel}$ の交点および（01）面群 B1, B2, … と $E_{\parallel}$ の交点によって構成される．同様に 5 回対称，10 回対称の 2 次元準結晶格子の裏格子（図 2.17）は式（2.44）の 5 次元超立方格子の（10000）面群と $E_{\parallel}$ との交わり，（01000）面群と $E_{\parallel}$ との交わりなど，で構成される．ここで（10000）面などは 5 次元空間中の 4 次元空間であり，2 次元の $E_{\parallel}$ との交わりは 1 次元直線となる．したがって上記 5 種類の面群は $E_{\parallel}$ 上で 5 組の平行線群を生成するわけである．図 2.17（a）における値 p は 5 次元超立方格子の［11111］方向，すなわち $E_{\perp}^{1}$ 方向へのシフト量に対応する．図 2.10 のフィボナッチ格子の場合 2 次元格子の $E_{\perp}$ 方向へのシフトは単に同じ L.I.クラスの構造を生成するだけであった．これに対して 2 次元 5 回対称，10 回対称準結晶格子の場合は図 2.17 で説明したように，

このシフトは異なるL.I.クラスに属する構造を生成する．この点はすぐ後に説明する．

さて，図2.18の準結晶格子は断面法を用いて5次元超立方格子点のおのおのに超原子をおいて $E_{\parallel}$ 面の断面をとることにより作成できる．ここでは，説明の便のために，図2.13（a）の帯・射影法を用いる．この方法では高次元格子点をまず $E_{\perp}$ に射影してみて，窓に入るもののみを $E_{\parallel}$ に射影して点列を生成する．窓を原点に対して反転したものを超原子とすれば断面法の記述となる．ここで窓は，フィボナッチ格子の場合と同様に高次元周期格子の単位胞の $E_{\perp}$ 上射影にとる．窓を Ω とおくと，これは $E_{\perp}$ 上で

$$\Omega=\left\{\sum_{i=0}^{4} r_i \boldsymbol{d}_i^{\perp} \middle| 0\leq r_i<1\right\} \qquad (2.46)$$

の領域となる．ここで，$\boldsymbol{d}_i^{\perp}$ $(i=0,\cdots,4)$ は $\boldsymbol{d}_i$ $(i=0,\cdots,4)$ の $E_{\perp}$ 上射影である．$\boldsymbol{d}_i^{\perp}$ $(i=0,\cdots,4)$，Ω を図2.20に示す．Ω は菱形20面体となる．このとき $E_{\parallel}$ 上に生成する点列は図の2次元ペンローズ格子（の頂点の集合）と一致する．

さて，前節図2.6で説明したように，一般に5回対称，10回対称の2次元準結晶は $(N,d)=(4,2)$ の非周期結晶なので4次元周期構造の断面として表すことができるはずである．帯・射影法では4次元周期格子の射影として準結晶格子が得られるはずである．上述のように5次元周期格子の射影として記述すれば，1次元分が余分であり，これが異なるL.I.クラスの構造を生成する自由度を生んでいるわけである．その1次元は5次元超立方格子の［11111］方向に対応する．このことをもう少し詳しく見てみよう．

式（2.44）の $\boldsymbol{d}_i$ $(i=0,\cdots,4)$ がはる5次元超立方格子の（11111）面群に注目する．これは［11111］方向，すなわち $E_{\perp}^1$ 方向に $a/\sqrt{5}$ の間隔で並んだ平行格子面群で1枚1枚の格子面は $E_{\parallel}\oplus E_{\perp}^2$ に平行な4次元超平面である．5次元格子点 $\boldsymbol{R}_{m_0,\cdots m_4}=\sum_{i=0}^{4} m_i\boldsymbol{d}_i$ を $n=\sum_{i=0}^{4} m_i$ によって分類すると $n=n_0$ の格子点の集合が，$an_0/\sqrt{5}$ の $E_{\perp}^1$ 成分をもつ格子面に対応する．ここで任意の $(m_0, m_1, m_2, m_3, m_4)$ に対して $\boldsymbol{R}_{m_0, m_1, m_2, m_3, m_4}$ と $\boldsymbol{R}_{m_0+j, m_1+j, m_2+j, m_3+j, m_4+j}$（$j$：任意の整数）は同じ $E_{\parallel}\oplus E_{\perp}^2$ 成分をもち，$E_{\perp}^1$ 成分が $5ja/\sqrt{5}$ だけ異なるので，格子面は連続する5枚あれば十分である．これを $E_{\perp}^1$ 成分が $an/\sqrt{5}$ $(n=0,\cdots,4)$ の格子面にとり，それら5つの4次元格子を L_n $(n=0,\cdots,4)$ とよぶことにする．L_n $(n=0,\cdots,4)$ に含まれる格子点を3次元の $E_{\perp}$ 上に射影すればそれぞれ図2.20に示した5枚の平面 $L_n^{\perp}$ $(n=0,\cdots,4)$ の上に落ちてくる．このとき射影点はそれら平面を密に均一に埋める．結局図2.20の菱形20面体の窓 Ω は，5枚の4次元格子に対して別々の2次元窓をとって帯・射影法を行うことと同等であることがわかる．このときそれら2次元窓は $E_{\perp}$ 中で Ω と各2次元平面の交わり部分 ω_i $(i=0,\cdots,4)$ で

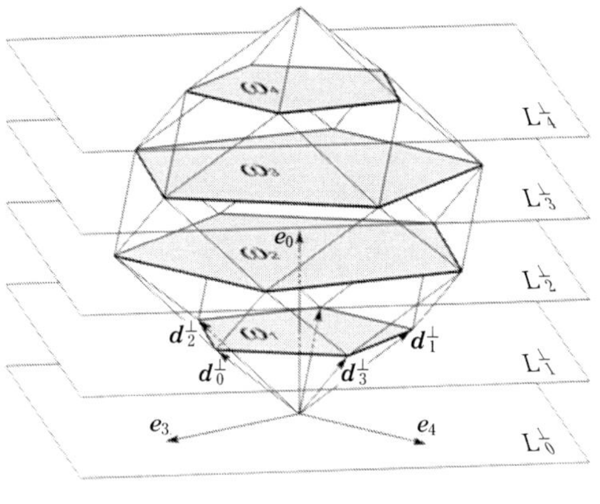

図2.20　5次元超立方格子から帯・射影法で2次元ペンローズ格子を生成する際に用いる3次元窓 Ω

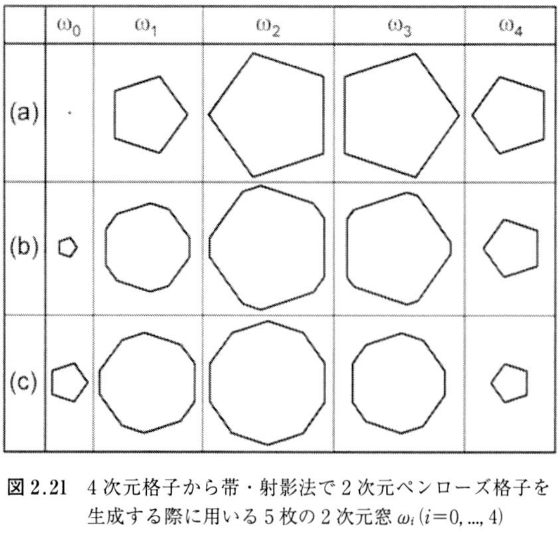

図2.21　4次元格子から帯・射影法で2次元ペンローズ格子を生成する際に用いる5枚の2次元窓 ω_i $(i=0,\ldots,4)$

与えられる．図 2.21（a）に図 2.20 の場合の ω_i $(i=0,\cdots,4)$ を示す．この場合 ω_0 は一点に縮退している．Ω を $\boldsymbol{e}_0$ 方向（$E_\perp^1$ 方向）にシフトすると 2 次元窓 ω_i $(i=0,\cdots,4)$ が変化する．$\boldsymbol{e}_0$ 方向のシフト量を $ap/\sqrt{5}$ とすると図 2.21（a）～（c）は $p=0, 1/4, 1/2$ の場合に対応する．このとき生成する準結晶格子は図 2.18（a）～（c）と一致する．窓が異なるのでこれらは異なる L.I.クラスに属する．なお，窓の $E_\perp^2$ 内のシフトはフィボナッチ格子の場合と同様に同じ L.I.クラスに属する構造を生成することは自明であろう．

窓を原点に対して反転したものを超原子とすれば断面法の記述となるが，この場合異なる $E_\perp^1$ 成分をもつ 5 枚の 4 次元格子 L_n $(n=0,\cdots,4)$ を 1 つにまとめた方がすっきりする．まず $E_\parallel \oplus E_\perp^2$ 中にある 4 次元格子 L_0 は $E_\perp^1$ 成分が 0 の 4 ベクトル $\boldsymbol{d}_i'=\boldsymbol{d}_i-\boldsymbol{d}_0$ $(i=1,\cdots,4)$ によってはられる．$E_\perp^1$ 成分が $an/\sqrt{5}$ $(n=1,\cdots,4)$ の L_n $(n=1,\cdots,4)$ を $E_\parallel \oplus E_\perp^2$ に射影すると L_0 をそれぞれ $(n/5)\sum_{i=1}^{4}\boldsymbol{d}_i'$ $(n=1,\cdots,4)$ だけシフトしたものに対応する．したがって，最初から $\boldsymbol{d}_i'$ $(i=1,\cdots,4)$ によってはられる 4 次元格子を用意し，その $(n/5)[1111]$ $(n=0,\cdots,4)$ の 5 サイトに図 2.21 の ω_i $(i=0,\cdots,4)$ を反転した形の超原子をおいて $E_\parallel$ 断面をとればよい．このとき原点に関する反転操作により $n=0$ の超原子はこのサイト上でそのまま反転され，$n=1,4$ の超原子は互いにサイトを入れ替えて反転され，$n=2,3$ の超原子も互いにサイトを入れ替えて反転される．したがって，$n=0$ の超原子が 10 回対称で，$n=1,4$ の 5 回対称の超原子，$n=2,3$ の 5 回対称の超原子が互いに反転の関係にあるとき，得られる準結晶格子は 10 回対称となる．5 サイトは同等なので原点はどこにとってもよい．したがって図 2.21 では（a）と（c）の場合が 10 回対称となり，（b）は 5 回対称しかもたないことがわかる．notation の統一のため $\boldsymbol{d}_i'$ を新たに $\boldsymbol{d}_i$ とおいて成分を書き下すと，

$$\boldsymbol{d}_i=\sum_{j=1}^{4} M_{ij}\boldsymbol{e}_j$$

$$M=a\sqrt{2/5}\begin{bmatrix} c_1-1 & s_1 & c_2-1 & s_2 \\ c_2-1 & s_2 & c_4-1 & s_4 \\ c_3-1 & s_3 & c_1-1 & s_1 \\ c_4-1 & s_4 & c_3-1 & s_3 \end{bmatrix} \qquad (2.47)$$

となる．これに対応して逆格子基本ベクトル $\boldsymbol{d}_i^*$ $(i=1,\cdots,4)$ は，

$$\boldsymbol{d}_1^*=\sum_{j=1}^{4} {}^tM_{ij}^{-1}\boldsymbol{e}_j$$

$$M=a^*\sqrt{2/5}\begin{bmatrix} c_1 & s_1 & c_2 & s_2 \\ c_2 & s_2 & c_4 & s_4 \\ c_3 & s_3 & c_1 & s_1 \\ c_4 & s_4 & c_3 & s_3 \end{bmatrix} \qquad (2.48)$$

ここで，$a^*=a^{-1}$ である．また $\boldsymbol{e}_1$ と $\boldsymbol{e}_2$ がはる 2 次元空間が $E_\parallel$（$E_\parallel^*$）であり，$\boldsymbol{e}_3$ と $\boldsymbol{e}_4$ がはる 2 次元空間が $E_\perp$（$E_\perp^*$）である．図 2.22 に $\boldsymbol{d}_i$ $(i=1,\cdots,4)$，$\boldsymbol{d}_i^*$ $(i=1,\cdots,4)$ の $E_\parallel$（$E_\parallel^*$），$E_\perp$（$E_\perp^*$）上射影を示す．この 4 次元格子は点群 10 mm をもち 4 次元 10 方格子とよばれる．

5 次元超立方格子と 4 次元 10 方格子の関係は 3 次元立方格子とその（111）面として得られる 2 次元六方格子（点群 6 mm）の関係と多くの点で類似している．高次元格子のジオメトリーをそのまま理解することは容易ではないが，低次元の類似物のジオメトリーから類推することで，理解ははるかに容易になる．そこでこの低次元の類似物のジオメトリーを簡単に説明しておく．

$\boldsymbol{d}_i$ $(i=0,1,2)$ を 3 次元立方格子の基本並進ベクトルとし，格子定数を a とする．［111］方向の 1

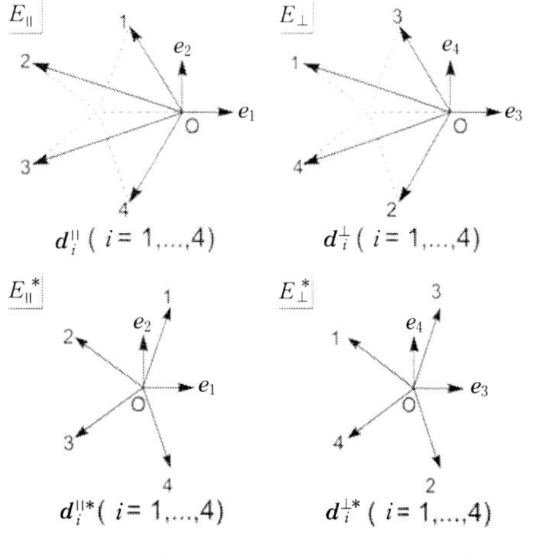

図 2.22　4 次元 10 方格子の基本ベクトルの各部分空間上射影

次元空間を E_1 とし，それに垂直な 2 次元平面を E_2 とする．この格子の（111）面群は E_1 方向に $a/\sqrt{3}$ の間隔で並ぶ．3 次元格子点 $\boldsymbol{R}_{m_0,m_1,m_2}=\sum_{i=0}^{2} m_i\boldsymbol{d}_i$ を $n=\sum_{i=0}^{2} m_i$ によって分類すると $n=n_0$ の格子点の集合が，$an_0/\sqrt{3}$ の E_1 成分をもつ格子面に対応する．ここで任意の (m_0, m_1, m_2) に対して $\boldsymbol{R}_{m_0,,m_1,m_2}$ と $\boldsymbol{R}_{m_0+j,m_1+j,m_2+j}$（$j$：任意の整数）は同じ E_2 成分をもち，E_1 成分は $3ja/\sqrt{3}$ だけ異なる．したがって独立な格子面は 3 枚ある．これを E_1 成分が $an/\sqrt{3}$ $(n=0,1,2)$ の格子面にとり，それら 3 つの 2 次元格子を L_n $(n=0,1,2)$ とよぶことにする．2 次元格子 L_0 は E_1 成分が 0 の 2 つのベクトル $\boldsymbol{d}_i'=\boldsymbol{d}_i-\boldsymbol{d}_0$ $(i=1,2)$ によってはられる．L_1,L_2 を E_2 に射影すると，L_0 をそれぞれ $(n/3)(\boldsymbol{d}_1'+\boldsymbol{d}_2')$ $(n=1,2)$ だけシフトしたものに対応する．

2 次元ペンローズ格子は 1 次元フィボナッチ格子と同様に τ 倍のスケール変換に関する自己相似性をもつ．図 2.23 に 2 次元ペンローズ格子の変換則を示す．これは図 2.9 に示した 1 次元フィボナッチ格子の生成法に対応するものであるが，その場合より複雑である．ここではまず各菱形の各辺に図 2.23（a）のような模様をつける．これに対し図 2.23（b）のように τ^{-1} 倍スケールの菱形を生成する．続いてこれを τ 倍する．太った菱形を第 1 世代とし，このような変換を繰り返すと図 2.23（c）のようなタイリングが得られ，これが 2 次元ペンローズ格子となる．この作り方から，2 次元ペンローズ格子が τ 倍のスケール変換に関する自己相似性をもつことがわかる．つまり，2 次元ペンローズ格子の点列の部分集合からなる点列で元の τ 倍のペンローズ格子を作ることができる．逆にペンローズ格子の点列に点を加えることにより，元の $1/\tau$ 倍のペンローズ格子を作ることができる．

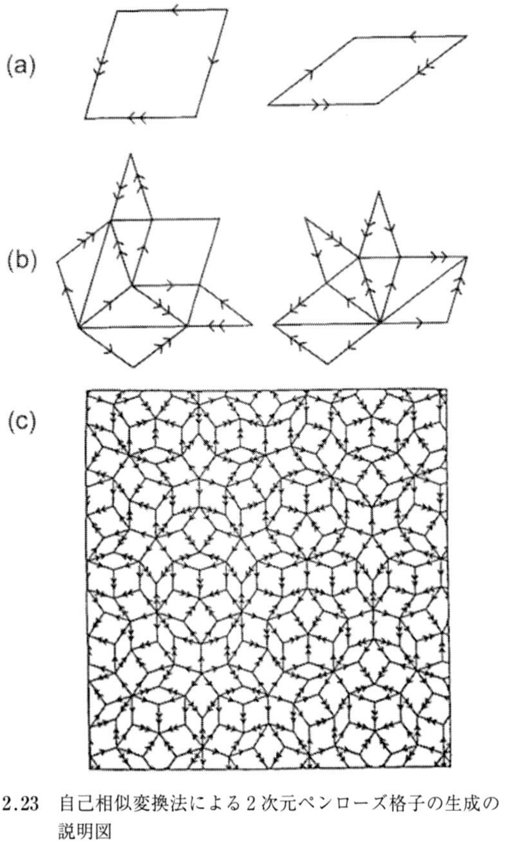

図 2.23　自己相似変換法による 2 次元ペンローズ格子の生成の説明図

図 2.14 にフィボナッチ格子のスケール変換を断面法の枠組みで記述した．このときの変換は式 (2.39) の行列 S で与えられるものであった．同様にして 2 次元ペンローズ格子のスケール変換も断面法の枠組みで記述できる．このときの変換は

$$\boldsymbol{d}_i'=\sum_{j=1}^{4} S_{ij}\boldsymbol{d}_j$$

$$S=\begin{bmatrix} 0 & 1 & 0 & -1 \\ 0 & 1 & 1 & -1 \\ -1 & 1 & 1 & 0 \\ -1 & 0 & 1 & 0 \end{bmatrix} \qquad (2.49)$$

で与えられる．ここで $\boldsymbol{d}_i$ $(i=1,\cdots,4)$ は式 (2.47) で定義された 4 次元 10 方格子の基本ベクトルである．フィボナッチ格子の場合と同様に，i）S の行列式の絶対値が 1 であり，ii）変換の固有空間が $E_{\parallel}$ と $E_{\perp}$ であり，iii）対応する固有値が τ と $-1/\tau$ である，ことを確かめることができる．またこの変換で超原子が存在する 5 つのサイ

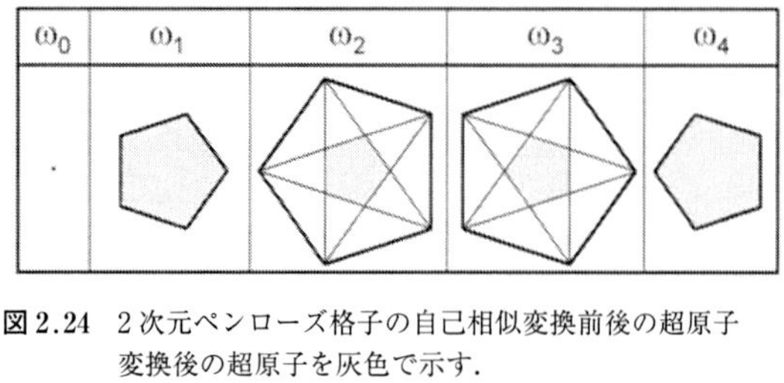

図 2.24　2 次元ペンローズ格子の自己相似変換前後の超原子
変換後の超原子を灰色で示す．

ト $(n/5)[1111]$ $(n=0, \cdots, 4)$ が $n=0\to 0$, $1\to 3$, $2\to 1$, $3\to 4$, $4\to 2$ のように変換する．以上から τ 倍のスケール変換に対応する超原子の変換は図 2.24 のようになることがわかる．これはフィボナッチ格子に対して図 2.14 で示した超原子の変換に対応するものであり，灰色で示した超原子から生成する構造は元の 2 次元ペンローズ格子を τ 倍した 2 次元ペンローズ格子となるわけである．

逆空間では，

$$\boldsymbol{d}_i^{*\prime}=\sum_{j=1}^{4}{}^tS_{ij}^{-1}\boldsymbol{d}_j^*$$

$${}^tS^{-1}=\begin{bmatrix}-1 & 0 & -1 & -1\\ 1 & 0 & 1 & 0\\ 0 & 1 & 0 & 1\\ -1 & -1 & 0 & -1\end{bmatrix} \quad (2.50)$$

のように変換する．この変換は $E_{\parallel}^*$, $E_{\perp}^*$ を固有空間とし，対応する固有値は $1/\tau$, $-\tau$ である．この変換前後の $F(S)$ または回折強度関数 $I(S)=|F(S)|^2$ は，フィボナッチ格子に対して図 2.15 に示したようによく似たものとなる．

c. 3 次元ペンローズ格子

3 次元ペンローズ格子は，正 20 面体対称性をもつ 3 次元準結晶格子の典型例であり，正 20 面体準結晶の原子配列の基本構造を与える．前述の 2 次元ペンローズ格子の説明と同様に，ここでも単純な関数

$$\rho(\boldsymbol{r})=\sum_{i=1}^{6}\cos\left(2\pi\left(\boldsymbol{a}_i^*\cdot\boldsymbol{r}-p_i\right)\right) \quad (2.51)$$

から話を始めよう．ここで $\boldsymbol{a}_i^*$ $(i=1, \cdots, 6)$ は正 20 面体の中心から頂点に向かう 6 つのベクトルである．正 20 面体は 12 個の頂点をもち，これらは中心から正反対の関係の 2 頂点の組 6 個に分けられる．各組 1 つずつからなる 6 つのベクトルのとり方はいろいろあるが，ここでは図 2.25 のようにとることにする．式（2.51）の $\rho(\boldsymbol{r})$ のフーリエ変換 $F(\boldsymbol{S})$ は $\boldsymbol{S}=\pm\boldsymbol{a}_i^*$ $(i=1, \cdots, 6)$ の 12 点のみで値をもち，その振幅は等しい．したがって $I(\boldsymbol{S})=|F(\boldsymbol{S})|^2$ は，同 12 点で等しい値の δ 関数をもつものとなり，準結晶の定義，すなわち 2.1 節末尾の 3 条件を満たす．なお，2 次元の場合の図 2.6 の $\boldsymbol{a}_i^*$ $(i=0, \cdots, 4)$ と異なり，図 2.25 の $\boldsymbol{a}_i^*$ $(i=1, \cdots, 6)$ は整数係数線型結合について独立，すなわちこれが最少の逆格子基本ベクトルの組であり，式（2.51）の $\rho(\boldsymbol{r})$ は $N=6$, $d=3$ の非周期結晶である．2 次元の場合は 5 個のベクトル $\boldsymbol{a}_i^*$ $(i=0, \cdots, 4)$ が整数係数線型独立ではなく $N=4$, $d=2$ であった．その結果，式（2.43）に示したように異なる L.I.クラスに属する構造を生成する 1 つの自由度が残った．いまの 3 次元の場合はこのような自由度は残らない．このことは，式（2.28）や（2.42）と同様に式（2.51）の $\rho(\boldsymbol{r})$ を分解すれば明らかである．前述の $N=4$, $d=2$ の場合，図 2.7 のように 2 つの非整合な 2 次元周期格子と 1 つの 1 次元格子の 3 つに分けられたが，いまの $N=6$, $d=3$ の場合は 2 つの非整合な 3 次元周期構造に過不足なく分けることができる．したがって，式（2.51）の関数 $\rho(\boldsymbol{r})$ の L.I.クラスは p_i $(i=1, \cdots, 6)$ の値によって変わることはない．

さて，式（2.51）は 3 次元空間中で平面波の重ね合わせの形をしており，2 次元の場合の図 2.17 のように平行面群表示できる．3 次元ペンローズ格子はこの平行面群からなる構造の裏格子に対応する．ここで裏格子の作成法は前述の 2 次元の場合（図 2.17, 2.18）の拡張で，以下のとおりである．逆格子基本ベクトル $\boldsymbol{a}_i^*$ $(i=1, \cdots, 6)$ に対応して実格子基本ベクトル $\boldsymbol{a}_i$ $(i=1, \cdots, 6)$ を $\boldsymbol{a}_i // \boldsymbol{a}_i^*$ となるようにとる．6 組の平行面群は各ベクトル $\boldsymbol{a}_i$ $(i=1, \cdots, 6)$ に垂直である．それぞれ $\boldsymbol{a}_i, \boldsymbol{a}_j, \boldsymbol{a}_k$ に垂直な任意の 3 平面の交点に $\boldsymbol{a}_i, \boldsymbol{a}_j, \boldsymbol{a}_k$ の 3 辺からなる菱面体を対応させる．このような菱面体の面

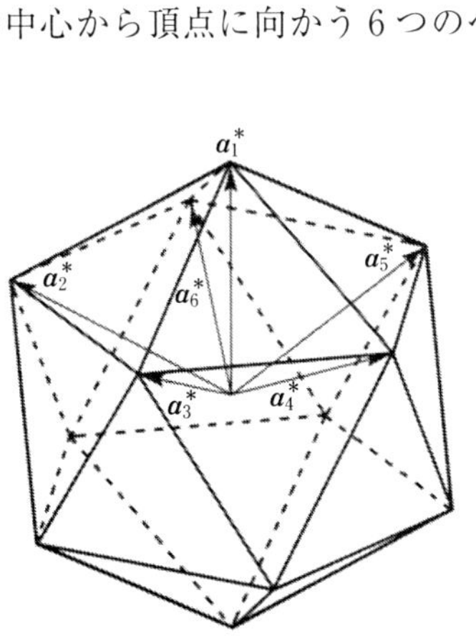

図 2.25 3 次元正 20 面体準結晶の基本ベクトル

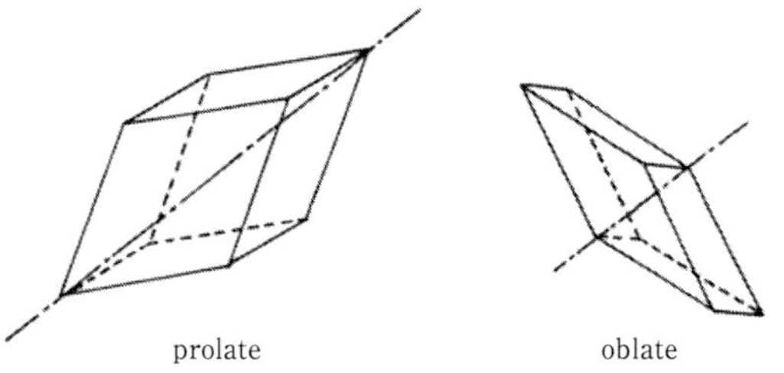

図 2.26　3 次元ペンローズ格子を構成する 2 種類の菱面体[6)]

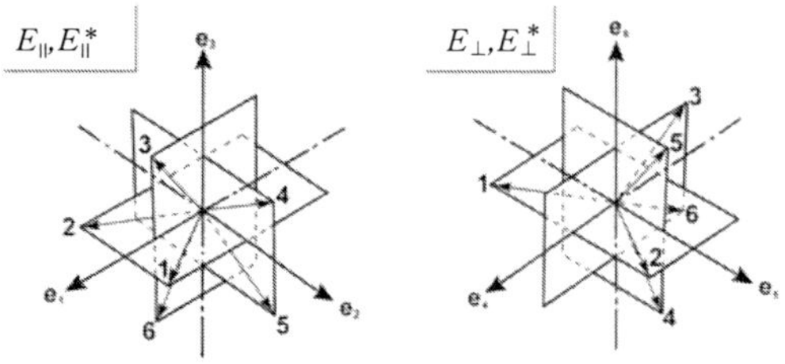

図 2.27　6 次元超立方格子の基本ベクトルの各部分空間上射影

と面を接着していくことにより 3 次元的に隙間のない菱面体配列が作成できる．なお，4 点以上が交点を作る場合は平行面群を任意の微小距離動かして縮退を解く．6 ベクトルから作られる菱面体は向きを区別すると ${}_6C_3=20$ 種類あり，向きを区別しなければ 2 種類のみである．この 2 種類の菱面体を図 2.26 に示す．左を偏長菱面体（prolate rhombohedron），右を偏平菱面体（oblate rhombohedron）とよぶ．

前述の 1 次元，2 次元の例と同様に 3 次元ペンローズ格子およびその裏格子は高次元周期格子を用いて記述することができる．この場合，6 次元超立方格子を用い，その基本並進ベクトル $\boldsymbol{d}_i$ $(i=1, \cdots, 6)$ を射影したときに正 20 面体の中心から頂点に向かう図 2.25 の 6 ベクトルとなるような 3 次元空間を物理空間 $E_\parallel$ として記述するのが自然である．実際に 6 次元超立方格子は正 20 面体点群 $\mathrm{m}\bar{3}\bar{5}$ をもち，正 20 面体準結晶格子を生成する高次元周期格子として適当である．$\boldsymbol{e}_i$ $(i=1, \cdots, 6)$ を 6 次元空間の正規直交基底として

$$\boldsymbol{d}_i=\sum_{j=1}^{6} M_{ij}\boldsymbol{e}_j$$

$$M=\frac{a}{\sqrt{2\tau^2+2}}\begin{bmatrix} \tau & 1 & 0 & 1 & -\tau & 0 \\ \tau & -1 & 0 & 1 & \tau & 1 \\ 1 & 0 & \tau & -\tau & 0 & 1 \\ 0 & \tau & 1 & 0 & 1 & -\tau \\ 0 & \tau & -1 & 0 & 1 & \tau \\ 1 & 0 & -\tau & -\tau & 0 & -1 \end{bmatrix} \tag{2.52}$$

とする．ここで τ は黄金比（$=(1+\sqrt{5})/2$）である．$\boldsymbol{d}_i$ $(i=1, \cdots, 6)$ は，

$$\boldsymbol{d}_i \cdot \boldsymbol{d}_j=\begin{cases} a^2 & (i=j) \\ 0 & (i\neq j) \end{cases} \tag{2.53}$$

を満たし，格子定数 a の 6 次元超立方格子の基本ベクトルとなることがわかる．対応する逆格子基本ベクトル $\boldsymbol{d}_i^*$ $(i=1, \cdots, 6)$ は，

$$\boldsymbol{d}_i^*=\sum_{j=1}^{6} {}^tM_{ij}^{-1}\boldsymbol{e}_j$$

$${}^tM^{-1}=\frac{a^*}{\sqrt{2\tau^2+2}}\begin{bmatrix} \tau & 1 & 0 & 1 & -\tau & 0 \\ \tau & -1 & 0 & 1 & \tau & 0 \\ 1 & 0 & \tau & -\tau & 0 & 1 \\ 0 & \tau & 1 & 0 & 1 & -\tau \\ 0 & \tau & -1 & 0 & 1 & \tau \\ 1 & 0 & -\tau & -\tau & 0 & -1 \end{bmatrix} \tag{2.54}$$

である．ここで $\boldsymbol{e}_1, \boldsymbol{e}_2, \boldsymbol{e}_3$ が 3 次元物理空間 $E_\parallel$（$E_\parallel^*$）をはり，$\boldsymbol{e}_4, \boldsymbol{e}_5, \boldsymbol{e}_6$ がそれと直交する 3 次元補空間 $E_\perp$（$E_\perp^*$）をはる．基本ベクトルの各空間への射影は図 2.27 のようになる．

3 次元ペンローズ格子の裏格子，すなわち式（2.51）の $\rho(\boldsymbol{r})$ を平行面群表示した構造は式（2.52）の 6 次元立方格子の（100000）面群と $E_\parallel$ との交わり，（010000）面群と $E_\parallel$ との交わりなど，で構成される．ここで（100000）面等は 6 次元空間中の 5 次元空間であり，3 次元の $E_\parallel$ との交わりは 2 次元平面となる．したがって上記 6 種類の面群は $E_\parallel$ 中で 6 組の平行面群を生成するわけである．

図 2.13（a）に 1 次元フィボナッチ格子を帯・射影法で生成する方法を示した．この方法では高次元格子点をまず $E_\perp$ に射影して見て，窓に入るもののみを $E_\parallel$ に射影して点列を生成する．窓を原点に対して反転したものを超原子とすれば図 2.11 の断面法の記述となる．ここで窓は，1 次元フィボナッチ格子や 2 次元ペンローズ格子の場合

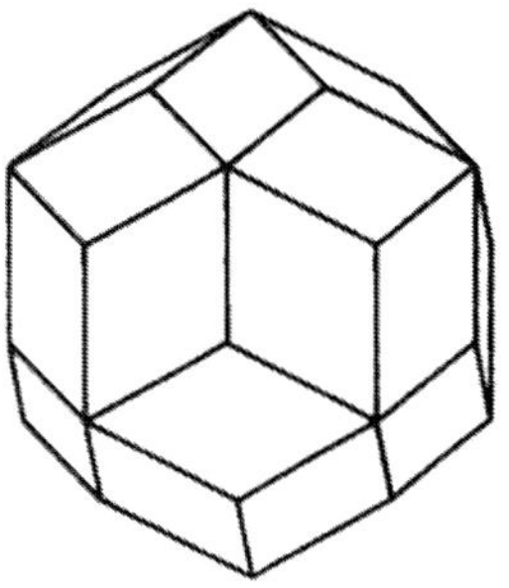

図 2.28 6次元超立方格子から帯・射影法で3次元ペンローズ格子を生成する際に用いる3次元窓 Ω

と同様に高次元周期格子の単位胞の $E_\perp$ 上射影にとる．窓を Ω とおくとこれは式（2.46）と同様に $E_\perp$ 上で

$$\Omega=\left\{\sum_{i=1}^{6} r_i \boldsymbol{d}_i^\perp | 0\leq r_i<1\right\} \qquad (2.55)$$

の領域となる．Ω を図 2.28 に示す．これは菱形30面体とよばれる多面体である．このとき $E_\parallel$ 上に生成する点列が3次元ペンローズ格子（の頂点の集合）と一致する．

3次元ペンローズ格子は，1次元フィボナッチ格子や2次元ペンローズ格子と同様にスケール変換に関する自己相似性をもつ．ただし，この場合のスケール因子は τ ではなく τ^3 である．図 2.9 や図 2.23 に対応する3次元ペンローズ格子におけるスケール変換の具体的な手順は大変複雑なため，省略する．式（2.39）や式（2.49）に対応する断面法におけるスケール変換は，

$$\boldsymbol{d}_i'=\sum_{j=1}^{6} S_{ij}\boldsymbol{d}_j$$

$$S=\begin{bmatrix} 2 & 1 & 1 & 1 & 1 & 1 \\ 1 & 2 & 1 & -1 & -1 & 1 \\ 1 & 1 & 2 & 1 & -1 & -1 \\ 1 & -1 & 1 & 2 & 1 & -1 \\ 1 & -1 & -1 & 1 & 2 & 1 \\ 1 & 1 & -1 & -1 & 1 & 2 \end{bmatrix} \qquad (2.56)$$

で与えられる．ここで，1）S の行列式の絶対値が1であり，2）変換の固有空間が $E_\parallel$ と $E_\perp$ であり，3）対応する固有値が τ^3 と $-1/\tau^3$ である，ことを確かめることができる．対応する逆空間の変換は，

$$\boldsymbol{d}_i^{*\prime}=\sum_{j=1}^{6} {}^tS_{ij}^{-1}\boldsymbol{d}_j$$

$${}^tS^{-1}=\begin{bmatrix} -2 & 1 & 1 & 1 & 1 & 1 \\ 1 & -2 & 1 & -1 & -1 & 1 \\ 1 & 1 & -2 & 1 & -1 & -1 \\ 1 & -1 & 1 & -2 & 1 & -1 \\ 1 & -1 & -1 & 1 & -2 & 1 \\ 1 & 1 & -1 & -1 & 1 & -2 \end{bmatrix} \qquad (2.57)$$

である．この変換は $E_\parallel^*$, $E_\perp^*$ を固有空間とし，対応する固有値は $1/\tau^3$, $-\tau^3$ である．

〔枝 川 圭 一〕

引用文献

1）D. Shechtman, I. Blech, D. Gratias and J. W. Cahn：*Phys. Rev. Lett.* **53**（1984）1951.

2）D. Levine and P. J. Steinhardt：*Phys. Rev. Lett.* **53**（1984）2477.

3）D. Levine and P. J. Steinhardt：*Phys. Rev.* **B34**（1986）596.

4）J. E. S. Socolar and P. J. Steinhardt：*Phys. Rev.* **B34**（1986）617.

5）P. J. Steinhardt and S. Ostlund：in "The Physics of Quasicrystals", World Scientific, Singapore（1987）Chap.1.

6）「結晶・準結晶・アモルファス」竹内　伸，枝川圭一，内田老鶴圃（2008）.

参考書

Quasicrystals――An Introduction to Structure, Physical Properties, and Applications, edited by J.-B. Suck, M. Schreiber and P. Haeussler, Springer（2002）.

Aperiodic Crystals――From Modulated Phases to Quasicrystals, T. Janssen, G. Chapuis and M. de Boissieu, IUCr Monographs on Crystallography 20, Oxford Science Publications（2007）.

3. 準結晶の種類

安定な準結晶の出現により，単準結晶を用いた物性や表面等の基礎研究が精密に行えるようになり，それをもとに準結晶の材料への展開が可能となった．現在，安定相の準結晶とその近似結晶を併せて，2 元系から 4 元系までその数は 100 を超えており，一大物質群をなしている．一連の安定な準結晶は主として“合金中の電子濃度”の制御という古典金属学の指針に基づき開発されてきた．これは，ほとんどの準結晶が金属元素を主成分として構成されているために，試料の合成法と相の安定性の理解にも金属学の知見を継承するところが多いからである．

3.1　準安定相と安定相

準結晶は金属元素を主成分とした合金であり，基本的な作製法は通常の合金とまったく同じである．ただし，準結晶には“安定”な準結晶と“準安定”な準結晶があり，合金に応じて作製法を工夫する必要がある．図 3.1 に準結晶の作製に用いられるプロセスを示す．

a. 準安定準結晶

Shechtman[1] らが最初に発見した Al-Mn 準結晶は，10^6 K/sec の冷却速度を有するアモルファス金属の作製に用いられる液体急冷法で作製された．準安定相であるために，非平衡手法が必要であり，液体急冷法のほかに，気相蒸着法，固相反応法などが用いられる．さらに，急冷で作製されたアモルファス相に熱処理を施して，準結晶を析出させる方法も有効である[2]．しかし一般に，このような非平衡手法では，1 μm 以上の大きな単準結晶粒を作製することができず，詳細な構造解析が困難であった．一例として，液体急冷した $Al_{94}Mn_6$ 合金に電解研摩を施した後の走査電子顕微鏡像を図 3.2（a）に示すが，1 つの花びらは 1 つの準結晶粒に対応しており，そのサイズは約 500 nm と非常に小さい．また，非平衡手法で作製された準結晶には多くの欠陥が含まれ，図 3.2（b）に示すように準結晶の回折ピークに位置のずれやピーク幅の広がりが観測される．さらに，図 3.2（b）に白線で記されている 5 角形の内側

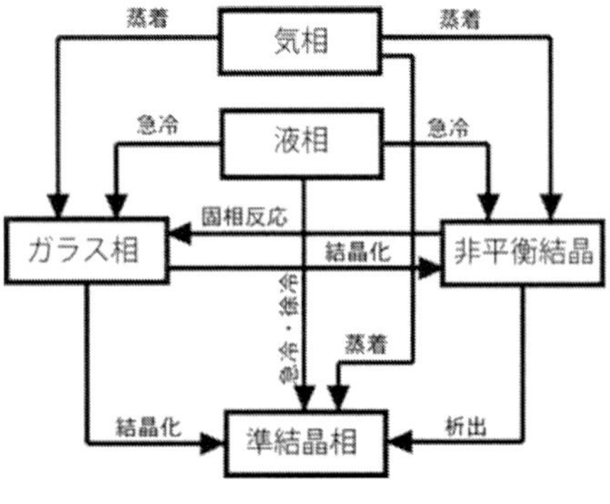

図 3.1　準結晶が形成される種々の経路

図 3.2　（a）Al-Mn 準安定準結晶の走査電顕像と（b）5 回軸入射の電子線回折図形

には，通常存在するはずの逆向きの一まわり小さな5角形が消えている．

状態図と対応させると，準安定な準結晶は特定な金属間化合物の準安定状態であるという見方もできる．たとえば，Al-Mn 合金では Al_6Mn のような金属間化合物を形成する合金に液体急冷を施すと準結晶が形成されるが，加熱すると本来の金属間化合物に戻るので，準結晶そのものは Al-Mn 系状態図には存在しない．Al_6Mn は正20面体対称性をもつ原子クラスター（20面体クラスター）を有する化合物であり，その局所構造が準結晶とよく類似している．また，Al_6Mn 融液中にも，多くの20面体クラスターが存在することが実験的に示されている[3]．したがって，長距離にわたって，正20面体対称性を示す準安定準結晶は，融液の冷却過程で生成した20面体クラスターが相互作用によって向きをそろえることによってできた構造が，固相中に保存されたものとして理解することができる[4]．Al_6Mn 以外にも，20面体クラスターを有する金属間化合物に液体急冷を施すことにより，多くの準安定準結晶相が見つかっているが，準結晶相として質，量，そして安定性が乏しいため，構造が乱れた結晶と見なすという従来の結晶の枠組で解釈することも可能であった．

b. 安定な準結晶

液体急冷法で作製し，高温で熱処理しても準結晶が安定に存在する例もあるが，ここではとくに液相から徐冷により単準結晶が形成される合金のみを安定な準結晶とする．急冷法を用いないため，凝固の際に導入される乱れが大幅に減少し，安定な準結晶の品質が格段に向上する．液相より準結晶が直接に晶出するので，一般の単結晶成長法を応用して大きな単準結晶粒を作製することもできる[5]．図3.3（a）にフラックス法で育成された Zn-Mg-Dy 単準結晶の外形を示す．安定な Zn-Mg-Dy 単準結晶の5回軸方向からの電子線回折パターンを図3.3（b）に示す．準安定相（図3.2（b））の場合と異なり，回折ピークもシャープであり白線で囲む5角形の中に一まわり小さい5角形をなすスポットが明瞭に見える．現在では，多くの安定な準結晶に半導体に使われている通常の単結晶育成方法を適用することにより，cm オーダーの高品質の単準結晶が作製されている．大きな単準結晶の育成により，準結晶の中性子散乱実験や表面研究が可能となった．

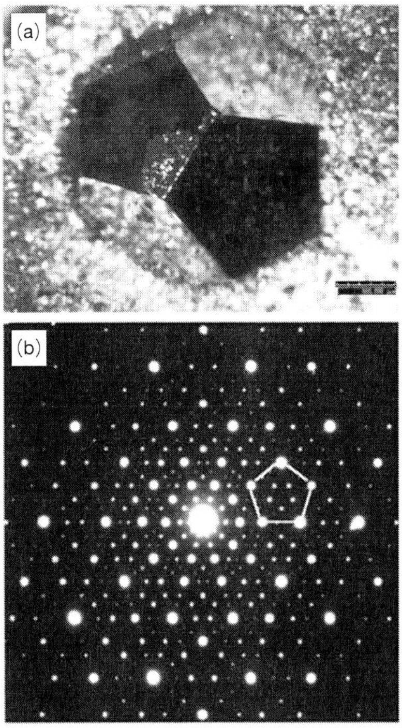

図3.3 （a）Zn-Mg-Dy 安定準結晶の走査電顕像と（b）5回軸入射の電子線回折図形

一方，自然界の鉱石の中から Al-Cu-Fe 準結晶が発見された[6]ことが興味をもたれている．この自然界の準結晶の形成機構は必ずしも明らかになっていないが，準結晶が安定相として生成することの証左であろう．

3.2 2次元準結晶と3次元準結晶

準結晶を大きく分けて，3次元準結晶と2次元準結晶とがある．前者ではあらゆる方向において原子面が準周期的に配列し，正20面体準結晶は現在知られている唯一の3次元準結晶である．その原子構造は，基本的に正20面体クラスターの3次元空間における準周期配置と考えられている．一方，2次元準結晶は，準周期に配列した原子面がこの原子面の法線方向に周期的に堆積した構造である．この法線方向の軸を周期軸（c 軸）とよぶ．2 次元準結晶は周期軸の回転対称性によって，正 12 角形，正 10 角形および正 8 角形準結晶が知られているが[2]，中でも正 10 角形準結晶が広く研究されている．これらの準結晶の構造の大枠は，準（周期）格子とそれを修飾する原子クラスターによって理解されている．準結晶は準格子の対称性で分類されるが，実験的には電子線回折図形で識別される．一方，原子クラスターは近似結晶の構造解析から決定される．

a. 正 10 角形準結晶

正 10 角形準結晶は代表的な 2 次元準結晶であり，ペンローズ格子を修飾した構造と見なすことができる．図 3.4 に Al-Ni-Co 系正 10 角形準結晶の電子線回折図形 (a)，(b)，(c) と単準結晶の走査電子顕微鏡写真（d）を示す．(a) は 10 回軸（あるいは c 軸）の回折図形であり，(b) と (c) は 10 回軸に垂直な互いに直交した 2 つの 2 回軸から得た回折図形である．(a) ではすべてのスポットが中心に対して 10 個の等価なものからなり，10 回対称性を有している．また，すべての方向においてスポットの配列が準周期的であるので，2 次元的に準周期構造をもっていると判断できる．10 回軸に垂直な方向から得た（b）と

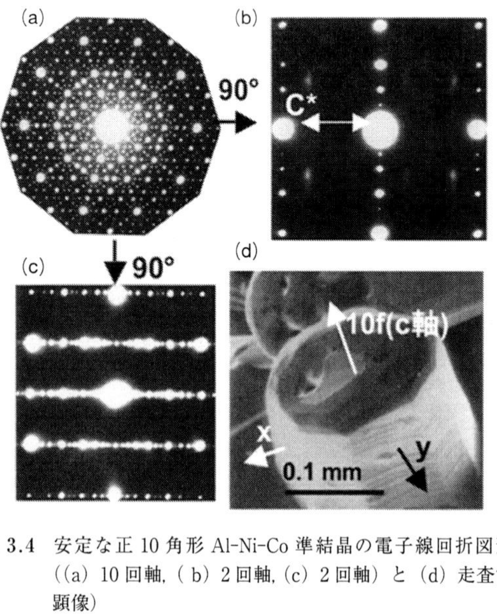

図 3.4　安定な正 10 角形 Al-Ni-Co 準結晶の電子線回折図形（(a) 10 回軸，(b) 2 回軸，(c) 2 回軸）と (d) 走査電顕像）

（c）の回折図形では，10 回対称軸方向において原子面が周期配列であることが見られる．原子構造に対応するかのように，正 10 角形準結晶は（d）に示す 10 角柱の形態を有し，正 10 角形面に垂直な軸は 10 回対称軸であり，x と y 方向から得た 2 回回折図形はそれぞれ（b）と（c）に対応し，10 回軸の回りに 18° 回転するごとに交互に現れる．（b）において中心より 10 回軸（c 軸）方向に強いスポットが周期的に現れ，その逆格子の長さは $c^*=2\pi/d$ として表される．ここで，d は原子面間隔に対応し，多くの正 10 角形準結晶では $d \fallingdotseq 0.2$ nm となっている．一方，（b）では現れないが，（c）では $c^*/2n$ の位置にも強いスポットの点列が見られる．これは，10 回軸（c 軸）方向の周期が約 0.4 nm であり，らせん軸と映進面による消滅則を示す空間群 $P10_5/mmc$（230 の結晶の空間群に準じた記法による）であることがわかる．この消滅則は多くの正 10 角形準結晶に見られ，10 回軸が 10_5 らせん軸であり，この軸（c 軸）を含む c 映進面が存在する．ペンローズ図形と消滅則との関係が調べられ，ペンローズ図形は正 10 角形準結晶の骨格構造であることが確認されている．

1）合金系

正 10 角形準結晶は 10 回軸方向に周期性をもつが，ここで例として示したのは，約 0.4 nm 周期のもので，周期が 0.8，1.2，1.6 nm のものも観測されている．積層不整のために，余分な周期が現れるものもあるが，基本的に関連結晶や近似結晶から周期の長さを推測することができる．たとえば，最初に発見された 1.2 nm 周期をもつ Al-Mn 正 10 角形準結晶の c 軸は，Al_3Mn（$a=1.483$ nm, $b=1.243$ nm, $c=1.251$ nm）の b あるいは c 軸に対応する．このほか，Al_3Ni の c 軸が 0.4 nm 周期に，$Al_{13}Fe_4$ と $Al_{13}Co_4$ の b 軸が 0.8 nm 周期に，$Al_{21}Pd_5$ の b 軸が 1.6 nm 周期にそれぞれ対応する．これら関連結晶相に共通しているのは，正 10 角形準結晶の c 軸に対応する軸に垂直な面内の原子配列には，局所的に 5 回対称性をもつ構造を有していることである．Al 系合金以外，Zn-Mg-Dy 合金系においても正 10

角形準結晶の形成が確認されている．しかし，これらはいずれも結晶が安定で，正10角形準結晶は準安定相として存在している．液体急冷法が用いられたため，欠陥やひずみによる積層不整が形成され，2回軸の電子線回折図形では $c^*/2$，$c^*/3$ とこれらの整数倍の逆格子位置に強い散漫散乱が観測される．

安定な正10角形準結晶はAl-Cu-Co，Al-Ni-(Co, Fe)，Al-Pd-Mn（Fe, Ru, Os）およびAl-Ni-Ru（Rh）系合金で確認されているが，中でもAl-Ni-Co系において広い範囲にわたって形成され，組成や温度によっていろいろなバリエーションの構造が観測されている[7,8]．とくに $Al_{72}Ni_{20}Co_8$ 合金はbase-Ni（b-Ni）正10角形準結晶とよばれ，その構造は，図3.4に示すように[2]，10回軸回折図形では多数の回折スポットが現れ，2回軸回折図形では散漫散乱による層が見られないことから，質の高いものとして構造解析等でよく用いられている．液体急冷した $B_{40}Ti_{12}Ru_{48}$ にも正10角形準結晶の形成が報告され，ボロン系準結晶として興味がもたれる[9]．

2）2次元準格子構造（基本構造と超格子構造）

Al-Ni-Co系正10角形準結晶は温度や組成によってさまざまな構造をとり得る．よく知られている規則相の例を示す．図3.5は計算で再現した600℃で熱処理した $Al_{70}Ni_{15}Co_{15}$ d相（正10角形相はd相と略記される）準結晶の10回対称回折パターンである[10]．回折ピークを指数づけるため，p_i^* $(i=1,2,3,4)$ と $p_i^{*\prime}=(i=1,2,3,4)$ との2つの基底ベクトルが用いられる．$p_i^{*\prime}$ がはる逆格子は5つの副格子にグループ化され，$np_1^{*\prime}+\sum_i h_i p_i^*$（$h_i$：指数，$n=0,1,2,3,4$）と書くことができる．$n=0$ の副格子は p_i^* がはる逆格子に一致し，この副格子に属する逆格子点は基本反射（○）に対応する．これに対し，n=1, 2, 3, 4の副格子に属する逆格子点が規則反射（●, +）に対応する．図3.5のような構造は規則格子の一種と見なすことができる．

3）10角柱原子コラム

Al系正10角形準結晶の構造は直径20 Åの大きな原子クラスターによって記述される．しかし，この原子クラスターは10回あるいは5回対称がなく，鏡面対称性しかもっていない（第4章参照）ので，原子クラスターとしてイメージするのは困難である．一方，局所の原子コラムを見る場合，原子層の堆積は図3.6の2種類が見られる．Al系正10角形準結晶に代表されるAl-Ni-Co（a）は互いに反転する5角形の積層で構成されるが，Frank-Kasper相に代表されるZn-Mg-Dy[11]（b）には5角形の層間に1つの原子が入っている．（b）は中心に原子が入っている20面体のような構造にも見え，Zn-Mg-RE系において安定な正20面体準結晶が存在することに関連すると思われる．また，電子線回折図形において，ほとんどの正10角形準結晶は10回対称性を示すP10/mmmの空間群をもっているが，急冷 $Al_{70}Ni_{15}Fe_{15}$ 正10角形準結晶の空間群は $P\overline{10}m2$ であり[12]，準結晶として中心対称をもたない．従来の正10角形（decagonal）準結晶と異

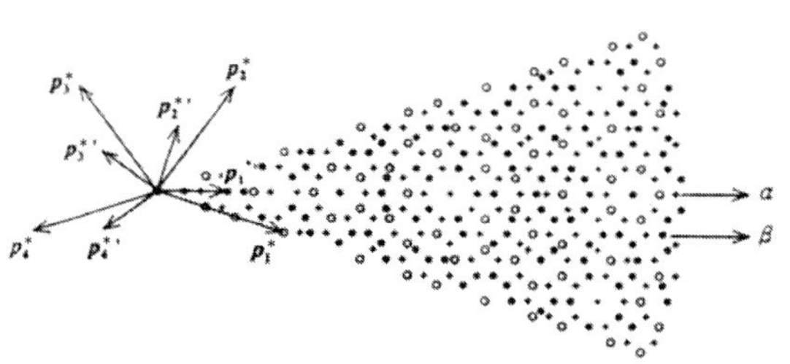

図3.5　Al-Ni-Co系準結晶の10回対称軸入射の回折図形における基本格子（○）と規則格子（+, ●）反射

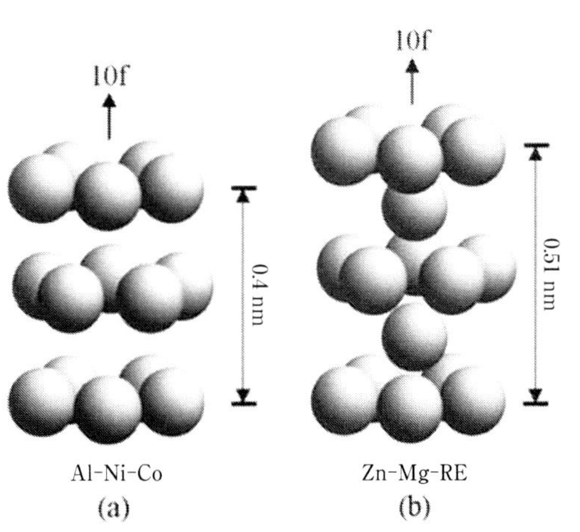

図3.6　正10角形準結晶に見られる原子コラム構造：（a）Al-Ni-Co,（b）Zn-Mg-RE

なり5回対称性をもつ2次元準結晶であるので，正5角形（pentagonal）準結晶とよばれる．

b. 正20面体準結晶

正20面体準結晶は現在知られている唯一の3次元準結晶である．3次元準結晶には図3.7に示すよう5回，3回および2回対称軸が存在するほか，多くの安定相では正12面体の形態が観測されている．正20面体準結晶が確認されている合金系は正10角形準結晶に比べて数が多く，合金系と構造のバリエーションにも富んでいる．

1）合金系

準結晶が形成される合金は準安定相を含めると数えきれないほど多いので，ここでは安定相のみについて記述する．最初に発見された準結晶がAl合金であったので，初期にはAl合金を主体として探索されてきた．最初に発見された安定相は，T_2と名づけられた1950年代から未知相として知られた$Al_{5.1}Li_3Cu$[13]合金であり，準結晶発見後の1986年に改めて準結晶相として確認された．その後，日本で蔡らによってAl-Cu-FeやAl-Pd-Mn等で多くの質の高い安定な準結晶が発見された[14,15]．また，蔡らはAl合金以外のZn-Mg-RE（RE：希土類金属）系においても多くの安定な準結晶を確認した．さらにZnをCdで置換した結果，Cd-Mg-RE系においても多くの安定な準結晶相が開発され[16]，それがCd-YbとCd-Ca系の安定な2元系正20面体準結晶[17,18]の発見につながった．その後，同じ系統の安定な準結晶がさらにZn-TM-Sc（TM：Mg，遷移金属，貴金属）合金で発見されている[19]．今まで確認された2元系と3元系安定な正20面体準結晶を構造（後述）ごとに分類して表3.1に示す．構成金属で分類すると，Al基，Zn基およびCd基の3種類に分類されていたが，3.3節で述べるように一部のZn基合金では，Cu，Al，PdによるZnの完全置換，またはCd基合金ではAg，Au，In，SnによるCdの完全置換を行っても安定な準結晶が形成されるので，主構成元素による準結晶の分類の意味がなくなっている．

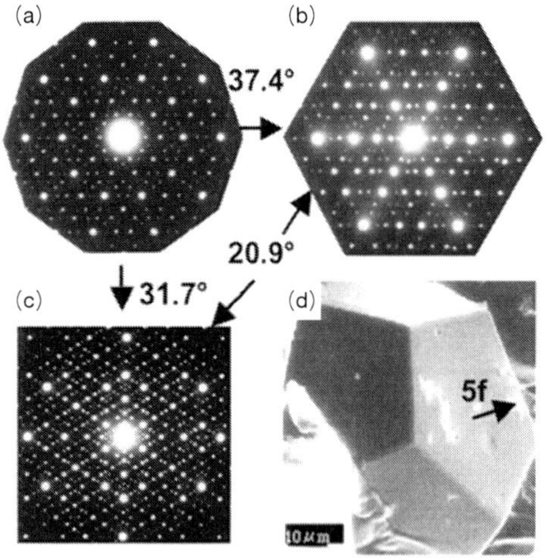

図3.7　安定な正20面体Al-Cu-Fe準結晶の電子線回折図形（(a) 5回軸，(b) 3回軸，(c) 2回軸）と（d）走査電顕像

表3.1　種々の安定な正20面体準結晶合金

	P-type	F-type
Mackay型		$Al_{63}Cu_{25}TM_{12}$ (TM：Fe, Ru, Os) $Al_{70}Pd_{20}TM_{10}$ (TM：Mn, Tc, Re)
Bergman型	Al_5Li_3Cu, $Zn_{70}Mg_{20}RE_{10}$ (RE：Er, Ho)	$Zn_{60}Mg_{30}RE_{10}$ (RE：Y, Dy,Er,Tb,Gd,Ho), $Zn_{74}Mg_{19}TM_7$ (TM：Zr, Hf)
蔡型	$Cd_{5.7}M$, $In_{42}Ag_{42}M_{16}$, $Mg_{60}Cd_{25}M_{15}$ (M:Yb,Ca) $Zn_{80}Mg_5Sc_{15}$, $Zn_{75}Ag_{10}Sc_{15}$, $Zn_{75}Pd_9Sc_{16}$, $Zn_{77}Fe_7Sc_{16}$, $Zn_{78}Co_6Sc_{16}$, $Zn_{75}Ni_{10}Sc_{15}$	

2）準格子構造

立方晶の構造に単純立方，面心立方および体心立方構造があるように，準結晶においても種々の構造のバリエーションが考えられる．6次元空間での単純立方（P型），体心立方（I型）および面心立方（F型）の構造から射影法（第2章参照）を用いて異なる正20面体準結晶構造を得ることができる．現実の正20面体準結晶はP型とF型の2種類が確認され，両者の構造の違いは電子線回折図形で識別される．図3.8に示した電子線回折図形はZn-Mg-Hf系の（a）P型と（b）F型の正20面体準結晶の2回軸から得たものであり，図中の矢印は5回対称軸を示し，その軸に沿った回折スポットを（c）に再現している．中心スポ

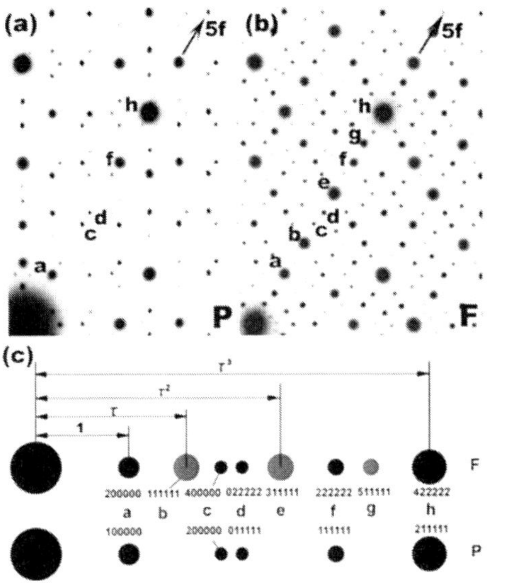

図 3.8　(a) P 型と (b) F 型正 20 面体準結晶の 2 回軸からの電子線回折図形と，(c) 5 回軸方向の回折点の指数付け

ットからの距離をそれぞれ回折スポットに付したアルファベットの文字で表すと，F 型の 5 回対称軸方向では，強い回折スポットの距離の比 b/a, e/b, h/e は黄金比 $(\tau=(1+\sqrt{5})/2)$ となっているが，P 型の 5 回対称軸方向では h/a の比は τ^3 となっている．これらの回折スポットを 6 次元指数づけした結果は図 3.8 (c) に示されている．Elser[20] の指数づけでは，P 型準結晶は 6 次元単純立方格子に対応する．一方，F 型の場合では，P 型として指数付けられない，b, e, g に対応するスポットが超格子ピークとして指数付けできる．また，F 型について格子定数を 2 倍にした場合，つまり各指数に 2 をかけると，全体の指数が非混合となり，実空間では面心立方格子（逆空間では体心立方格子）の消滅則を満たしているため，6 次元の面心立方格子に対応している．

初期の液体急冷した Al 合金は P 型正 20 面体準結晶であるのに対して，後に発見された熱的に安定で質のよい準結晶はいずれも F 型であることから，Al 系準結晶の本来の構造は F 型であり，急冷で導入された乱れによって F 型構造に対応する超格子ピークが消滅し，P 型構造のように見えたと考えられる．その後，Cd-Yb や Zn-Mg-Sc 等で質の高い安定な P 型準結晶が発見されたので，2 種類の準格子の存在が確かめられた．

3）20 面体クラスター

現在知られている安定な正 20 面体準結晶合金は，準結晶構造を構成する正 20 面体クラスターのシェル構造に基づき，図 3.9 に示す 3 つのタイプに分類される[16]．

マッカイ（Mackay）タイプ[21] のクラスターの最初の 2 つのシェルは Mackay によって提案された 20 面体のシェル構造として知られ[22]，マッカイ 20 面体クラスターとよばれている．一方，

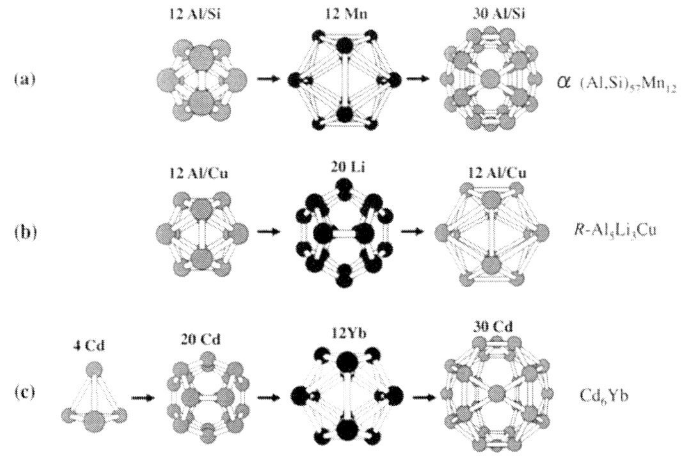

図 3.9　3 種類の正 20 面体準結晶を構成する原子クラスターとそれぞれのシェル構造，(a) Mackay クラスター，(b) Bergman クラスター，(c) 蔡クラスター

Bergman ら[23]は立方 T-相とよばれる $Mg_{32}(Zn, Al)_{49}$ の結晶構造を解き，図 3.9 (b) のようなクラスターの存在を指摘したので，このタイプはバーグマンクラスターとよばれており，その典型的な例は R-$Al_{5.1}Li_3Cu$ 相にも見いだせる[24]（ただし，20 面体クラスターの中心に $Mg_{32}(Zn, Al)_{49}$ では 1 個の原子が存在しており，R-Al_5Li_3Cu では空洞になっている）．図 3.9 (c) の Cd-Yb タイプのクラスターは蔡らによって Cd-Yb 2 元系正 20 面体が発見されたので蔡クラスターとよばれている．これは Cd_6Yb という結晶構造から導かれ，12 面体の Cd シェル内部の 12 個のサイトに 4 つの Cd 原子が占めている[25]．20 面体クラスターの中心には Cd4 面体が存在すると考えられているので，クラスター自身は正 20 面体対称をもっていない．この 3 つのタイプの近似結晶は，いずれも $Im\bar{3}$ の空間群を有し，20 面体的クラスターが原点と体心を占める体心立方構造となっている．Al-Mn-Si 系および Zn-Mg-Al 系合金では必ずしも安定な準結晶が存在しないが，その後に発見された安定な準結晶に対応する近似結晶においても同様な 20 面体クラスターが存在することが明らかにされた．図 3.9 に示す 3 種類の 20 面体クラスターは，12 面体，20 面体および切頭 20 面体の 3 種類のシェルを構成している．また，Cd-Yb タイプでは混合サイト，つまり chemical disorder が存在しないことと，20 面体的クラスター中心に 4 面体が存在することが特徴となっている．

実は 1/1 近似結晶の構造において，Cd-Yb クラスターとバーグマンクラスターの最外層に大きな菱形 30 面体が存在することが確認された．この層までクラスターに含めると，1/1 近似結晶のすべての原子が 20 面体クラスターで記述でき，クラスター間の糊付けがなくなり，構造を考える上では便利になっている．

3.3　安定な準結晶の形成とヒューム-ロザリー則

a. ヒューム-ロザリー則

ヒューム-ロザリーは 2 元系合金安定相の形成に関して 3 つの経験則を提唱した[26]．(1) 固溶体合金を形成するためには，2 種類の構成元素の原子サイズ差が 15% 以内でなければならない．(2) 2 種類の構成元素の電気陰性度に差が大きいほど化合物を形成する傾向が強くなる．(3) 特定の結晶構造をもつ合金相は特定の電子濃度で生成しやすい．

ヒューム-ロザリーは貴金属 Cu に多価金属を添加して得られる Cu-Zn，Cu-Al，Cu-Sn 合金において，bcc 構造の β 相がそれぞれ，CuZn，Cu_3Al，Cu_5Sn で生成し，1 原子当たりの平均価電子数（価電子濃度）e/a が常に $3/2=1.5$ になっていることを指摘した．e と a はそれぞれ合金の全価電子数と全原子数を表している．この e/a で Cu-Zn の状態図を見ると，貴金属 Cu の 1 次固溶体である fcc 構造の α 相の固溶限は $e/a = 1.4$，bcc 構造の β 相は $e/a = 1.5$，立方晶の γ 相は $e/a = 1.62$，hcp 構造の ε 相は $e/a = 1.75$ となっている．つまり，さまざまな結晶構造とその化学組成が，e/a によって整理できることがわかる．この経験則は，後に自由電子モデルに基づいてフェルミ球とブリルアンゾーン境界の相互作用で解釈されているが，詳細については第 5 章で述べられる．

b. 準結晶の形成と e/a 則

一般に，“e/a が一定の値の範囲内では，同じ結晶構造をもつ” という経験則を満たす金属間化合物を電子化合物という．安定な正 20 面体準結晶の開発には，この電子化合物という概念がきわめて有効である．正 10 角形（2 次元）準結晶はある程度の幅の e/a の範囲内で形成されるが，正 20 面体準結晶は決まった値でしか形成せず，e/a と 20 面体クラスターの安定性との密接な関係を示唆している．近似結晶と準結晶の e/a に明瞭な差がないことから，e/a は両者が共通にもっている 20 面体クラスターを安定化させる役割をもつと理解される．表 3.1 に示すように，マッカイクラスターは Al と遷移金属（d 電子系金属）との組み合わせであるのに対して，バーグマンクラスターと蔡クラスターの含有元素に Zn, Mg と希土類金属が含まれることから，クラスターのタイプの違いによって e/a が異なることが予想される[27]．以下にクラスター構造ごとについて述べる．

1）マッカイクラスター型

安定な準結晶が形成される $Al_{63}Cu_{25}Fe_{12}$ においては，図 3.10（a）に示すように同族の Ru あるいは Os で Fe を置換した $Al_{63}Cu_{25}Ru_{12}$ および $Al_{63}Cu_{25}Os_{12}$ も安定な準結晶である．通常，同族の元素は似通った電子構造を有しているので，これらの置換で同じ相を形成するということは準結晶の安定性が電子構造に由来することを示唆している．この 3 つの合金の価電子濃度 e/a はともに 1.75 となっている．つまり，これらの安定な準結晶は e/a=1.75 の電子化合物を見なすことができる．ここで e/a の計算に，各元素の価電子数として Al=3，Cu=1，Fe=Ru=Os=−2.66 と仮定した[27]．遷移金属の負の価電子数の値はポーリングの現象論に基づくもので，Al 基金属間化合物の予測では有効であった．この e/a = 1.75 の基準により新たに $Al_{70}Pd_{20}Mn_{10}$，$Al_{70}Pd_{20}Tc_{10}$ と $Al_{70}Pd_{20}Re_{10}$ で安定な準結晶が見いだされた．さらに，$Al_{70}Pd_{20}Mn_{10}$ の Mn を Fe と Cr で置換した $Al_{70}Pd_{20}Cr_5Fe_5$ をはじめ，$Al_{70}Pd_{20}Co_5V_5$, $Al_{70}Pd_{20}Mo_5Ru_5$ および $Al_{70}Pd_{20}W_5Os_5$ においても安定な準結晶が形成される．このような置換で新たに見いだされた準結晶を図 3.10（b）に示すが，構成元素と組成が異なるにもかかわらず，形成された安定な準結晶はすべて e/a = 1.75 に収束することは，安定な準結晶が電子化合物であることを強く示唆している．

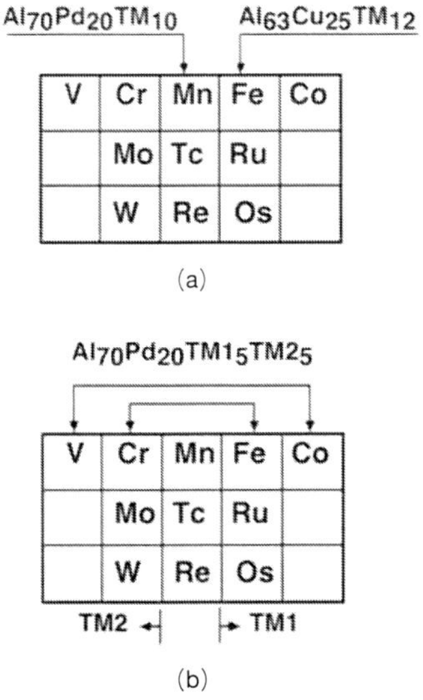

図 3.10　Al-遷移金属系における安定な準結晶の形成

2）バーグマンクラスター型

準結晶研究の初期から $Mg_{32}(Zn, Al)_{49}$ が近似結晶であることが指摘され，液体急冷法を施すことにより準結晶相（準安定）が形成された．その後，$Mg_{32}(Zn, Al)_{49}$ と同構造をもつ近似結晶 Al_6Li_3Cu のすぐ隣に存在する未知相であった $Al_{5.5}Li_3Cu$ 合金が，実は準結晶であることが判明した．この型の準結晶は希土類元素（RE）を含む合金など数多くの合金系で形成されるが，いずれも共通な e/a=2.1 で整理することができ，やはり電子化合物と見なすことができる．ただしここでは，Zn，Mg と RE の価電子数をそれぞれ 2，2 と 3 としており，マッカイクラスターと異なる e/a を有する．Zn-Mg-RE 準結晶は $Al_{5.5}Li_3Cu$ と同様にこのグループに属するが，このグループの中で最も高い構造規則性を有する．準結晶が形成される 6 つの RE 元素の原子半径を周期律表順に並べて図 3.11 に示す．この型の準結晶を形成する RE の原子半径が 0.173〜0.179 nm の間に収まることは，原子半径も準結晶の安定性を決める因子になることを示唆している．

3）蔡クラスター型

Zn-Mg-Al 型の準結晶の探索の過程で，$Cd_{65}Mg_{20}RE_{15}$ という組成近傍で新しい型の多くの安

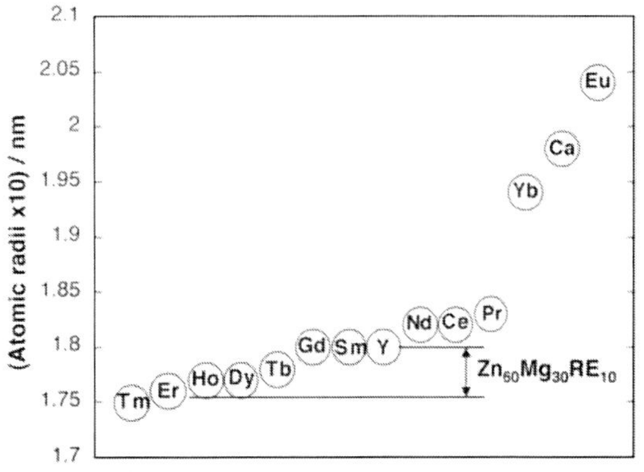

図 3.11　Zn-Mg-RE 系における安定な準結晶の形成

定な準結晶が発見された．さらに Mg を含まない $Cd_{85}Yb_{15}$ の2元合金においても安定な準結晶が形成される．実は，$Cd_{85}Yb_{15}$ は Cd-Yb 2元平衡状態図上において $Cd_{5.7}Yb$ の組成の合金が大きな格子常数を有する相として知られていたが，準結晶の概念がなかったため，未知相として扱われていた．ほぼ同じ組成を有する $Cd_{17}Ca_3$ という未知相も準結晶であると後に確認された．Cd_6Yb とまったく同じ構造をもつ Zn_6Sc という近似結晶に対しても，Mg，貴金属と遷移金属を添加することにより数多くの安定な準結晶が形成される．*e/a* の観点から，このタイプの準結晶にはいくつかの特徴が見られる．(1) $Cd_{84}Yb_{16}$ 中の Cd を順次 Mg で置換していくと，Mg が約60%まで安定な準結晶が形成される[28]．この置換では，Cd と Mg とが共に価電子数が2.0である．(2) $Cd_{84}Yb_{16}$ と $Cd_{84}Ca_{16}$ 準結晶に対して，図3.12に示すように価電子数3の In および価電子数1の Ag で半分ずつ置換した $In_{42}Ag_{42}Yb_{16}$ と $In_{42}Ag_{42}Ca_{16}$ も安定な準結晶相として存在する[29]．さらに価電子数が1の Au と価電子数が4の Sn で置換した $Au_{65}Sn_{20}Yb_{15}$ と $Au_{65}Sn_{20}Ca_{15}$ でも安定な準結晶が形成される[30]．置換前後の *e/a* はいずれも1.9～2.0である．(3) $Zn_{80}Mg_5Sc_{15}$ 準結晶に対して，Zn を Cu と Ga で，Mg を Fe, Mn, Ni, Ag, Au, Pd 等多くの遷移金属および貴金属で，一部の Sc を他の希土類金属で置換しても安定な準結晶が形成される．置換前後の *e/a* はいずれも2.0～2.1である．これらの操作ではいずれも，*e/a* を変えずに元素を変えることによって，新準結晶相が開発された．つまり，ある特定の元素でなくても，いくつかの組み合わせの元素で特定の *e/a* の値を満足しさえすれば，準結晶相が安定化される．また，このグループの準結晶は今までの合金系では最も大きなグループであり，安定な準結晶相の普遍性を裏付ける．

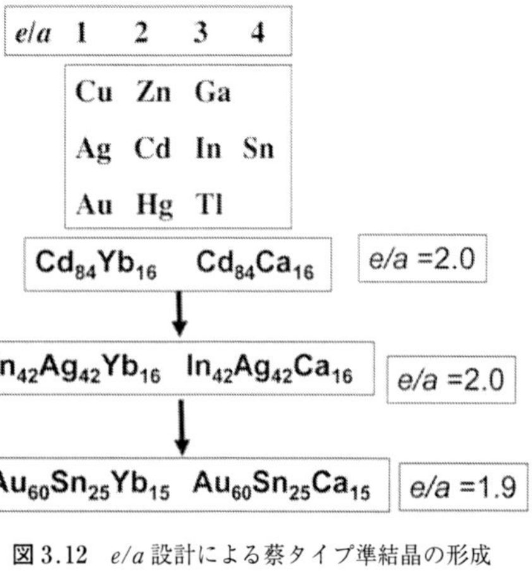

図3.12　*e/a* 設計による蔡タイプ準結晶の形成

c. 近似結晶の形成と *e/a* 則

マッカイクラスターを有する1/1近似結晶が最初に確認されたのは Al-Mn-Si であったが，この合金には安定な準結晶が存在しないので，安定性の議論はなされていない．また，マッカイクラスターを有すると思われる Al-Cu-Fe と Al-Pd-Mn 系準結晶には近似結晶が確認されたものの化学組成が準結晶と離れていることから，両者が同じクラスターを有する保証がない．一方，バーグマンクラスター型に属する Zn-Mg-RE 系準結晶にも近似結晶が発見されていないので，近似結晶の安定性について議論することはできなかった．これに対して，蔡クラスター型においては，準結晶は近似結晶とともに安定相であるほか，両者が同じ20面体クラスターから構成されることが構造解析で明らかになっているので，正20面体を介して準結晶と近似結晶の安定性を議論する理想的な系である．*e/a* と近似結晶の安定性との間にもいくつかの関係が見られる．(1) ほとんどの Cd-RE 系において $Im\bar{3}$ の空間群をもつ Cd_6RE という1/1近似結晶が存在し，いずれの *e/a* も2.0～2.15の範囲内にある．(2) Zn_6Sc 近似結晶の Zn を *e/a* を変えずに Al と Cu とで，あるいは Ga と Cu とで置換しても同じ近似結晶が生成される．この2つの事実は近似結晶も電子化合物であることを示唆している．さらに (3) 図3.13に示すように Cd-Yb 系においては，Cd_6Yb の1/1近似結晶，$Cd_{76}Yb_{13}$ の2/1近似結晶と $Cd_{5.7}Yb$ の準結晶の3つの相の化学組成の違いが2%以内であり，いずれの *e/a* もほぼ2.0である．さらに，Cd を In と Ag で置換した場合，準結晶だけでなく，2/1と1/1近似結晶も逐次生成される．

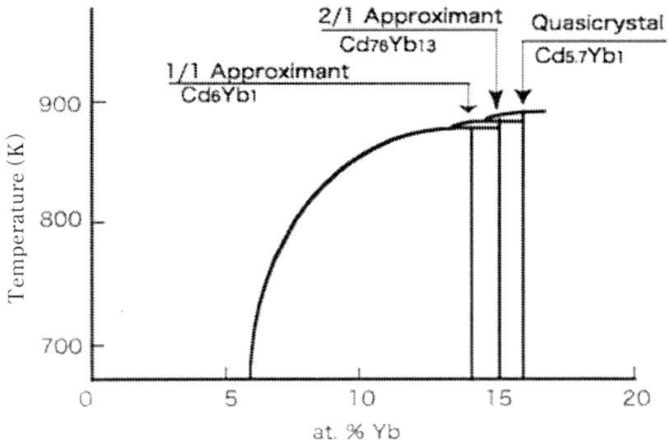

図 3.13　Cd-Yb2 元合金の部分状態図

(4) $Zn_{85}Sc_{15}$1/1 近似結晶の Zn を同じ価電子数 2 の Mg で約 5% 置換することによって安定な準結晶が形成される[31]．(3) と (4) は近似結晶が準結晶と同じ *e/a* でくくられる電子化合物であることを意味している．現実の構造では，たとえば Cd_6Yb1/1 近似結晶の場合，すべての原子が正 20 面体クラスターに含まれるが，同系の準結晶の場合も約 94% の原子が正 20 面体クラスターに含まれることから，両者の間に安定化機構に大きな違いがないと思われる．つまり，*e/a* の値は準結晶と近似結晶とが共通にもっている正 20 面体クラスターを安定化させる主要因と考えられる．したがって，*e/a* という視点では，準結晶と近似結晶は同じグループとして扱える．

なお，2 次元準結晶には 3 次元準結晶のように正 20 面体クラスターが存在しないために，厳密な *e/a* 則が存在しないと考えられる．

d. 準結晶とヒューム-ロザリー則

e/a は正 20 面体クラスターを安定化することによって，正 20 面体クラスターを構造主体とした近似結晶と準結晶の安定性をもたらす．しかし，*e/a* がどのように電子エネルギーへ寄与するかの詳細は明らかになっていない．本節の冒頭に示したヒューム-ロザリー則の 3 つの条件について，各グループの合金について個別に記述する．まず，すべての合金系は化合物を形成する傾向にあることから，いずれも電気陰性度の条件を満たしているので，ここでは *e/a* と原子サイズについて検討する．

今まで述べてきたように，*e/a* の条件を満足する準結晶や近似結晶はヒューム-ロザリー 電子化合物であることは間違いないが，ここではまず電子論の立場から検討する．結晶の場合，電子波の波数ベクトルを $\boldsymbol{k}_P$，ブラッグ反射ベクトルを $\boldsymbol{G}$ とすると，$(1/2)\boldsymbol{k}_P$ と $(1/2)\boldsymbol{k}_P-\boldsymbol{G}$ をもつ電子波の混合の結果，$\boldsymbol{k}_P\cdot\boldsymbol{G}=(1/2)\boldsymbol{G}^2$ を満たす $\boldsymbol{k}_P$ に対してエネルギーギャップが生じ，ブリルアンゾーンが形成される．結晶ではそれぞれの構造に対応する形のブリルアンゾーンが存在するので，フェルミ面は球から歪み，各金属固有のフェルミ面を形成する．準結晶の場合は結晶のような周期性がないが，電子線回折図形に見られるように約 2Å の周期に対応する多くの強いブラック反射が高い対称位置にあり，球状に近い多面体の形を有する擬似ブリルアンゾーンを形成している (図 3.14)[32]．つまり，これらの強いブラック反射ベクトルは結晶の $\boldsymbol{G}$ に対応する．準結晶においても $\boldsymbol{G}=2k_F$ 満たした場合，擬似ブリルアンゾーンがフェルミ球と接することになり，フェルミレベル近傍において状態密度に擬ギャップが開くことが考えられる．ここでは，$2k_F$ はフェルミ球の直径であり，自由電子近似モデルでは *e/a* から見積もることができる．この条件が準結晶のヒューム-ロザリー条件である．実際，正 20 面体準結晶の擬似ブルリアンゾーンはほぼ球形を有し，フェルミ球と相互作用する際，フェルミ球のぼけが少なく，フェルミレベル近くの全電子のエネルギーが小さくなる．このことは，準結晶が鋭い *e/a* 値を示すことに対応すると推察される．

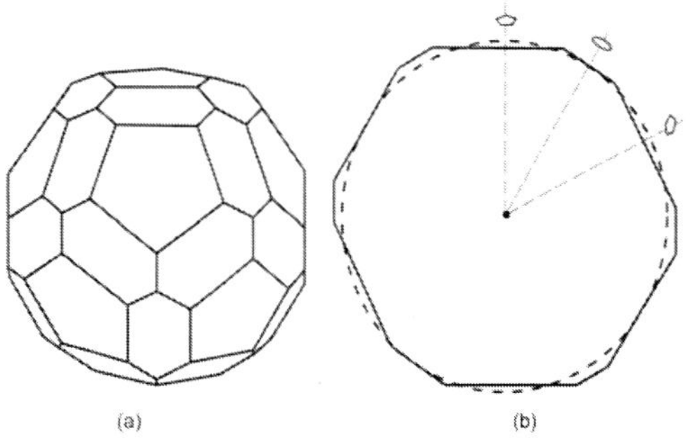

図 3.14　(a) 電子線回折パターンから見積もった正 20 面体準結晶の擬似ブリルアンゾーンと (b) フェルミ球 (破線) との相互作用の模式図[32]．

正20面体準結晶の構造は20面体クラスターが基本となっているが，20面体クラスターを構築するには，構成原子間にある程度原子サイズ差が必要である．そのために，たとえ e/a の要請を満たしていても単一元素では準結晶が形成されることはない．特定の元素の合金では原子サイズ差がおのずと決まってくる．この2つのパラメーターは常に連動しているので，独立に議論することは困難である．しかし，安定な準結晶に対して元素を置換した際の固溶量と e/a および原子サイズ因子の変化を調べると，3つのグループの準結晶に明瞭な差が見られる．ここで，原子サイズ因子を $\delta_{AB}=(r_A-r_B)/r_A$ として定義する．r_A と r_B はそれぞれA原子とB原子の原子半径である[27]．

マッカイクラスター型タイプ準結晶ではAl-Pd-MnとAl-Cu-Fe準結晶の組成がきわめて狭い範囲に限定され，とくにAl/Fe量がわずかに変わると結晶相が形成される．原子サイズ的にAl（約1.43Å）がFe（1.26Å）よりやや大きいが，前述のように遷移金属は負の価電子数（Fe：−2.66）が用いられているので，1個のAl原子をFe原子で置き換えると，約5.66個電子の減少をもたらす．したがって，原子サイズ変化以上に e/a の値への影響が大きいので，原子サイズ効果が見えにくい．このことは，遷移金属の価電子数が負であることがAl系準結晶の化学量論組成を狭くしていることを示し，同時に負の価電子数を用いることの妥当性を示している．

バーグマンクラスター型タイプを代表する準結晶の化学量論組成である $Zn_{60}Mg_{30}Y_{10}$ のZnに対して約5%のMg置換が許容され，置換による格子定数の変化からZnとMgサイト間の置換が確認された．一方，蔡クラスター型タイプの場合，$Cd_{85}Yb_{15}$ 準結晶に対してMgでCdを置換した際，60%もの固溶量に達する．CdとMgとの原子径がきわめて近く，$\delta_{Mg/Cd}$ は2%なので大きい固溶量を示すが，ZnとMgの場合 $\delta_{Mg/Zn}$ は約14%と大きいために狭い固溶量を示す．Zn，MgとCdの価電子数はいずれも2なので，置換には価電子濃度に変化を与えず，原子半径比の固溶量への影響の比較が可能である[27]．

もう1つ原子サイズがよく現れる効果は，準結晶と近似結晶との相の選択である．CdとYbはともに価電子の数が2であり，組成による価電子濃度の変化はないが，大きな原子と小さい原子の割合が変わってくるので，この割合が準結晶と近似結晶の相形成を支配すると考えられる．

したがって，安定な準結晶の形成に関して，まず価電子濃度という条件を満たした上で，原子サイズ因子についてヒューム-ロザリーの（1）の経験則の範囲内で構成元素の置換が許される．結果的に価電子濃度が安定な準結晶形成にとって最も重要な条件である．

3.4　非金属系準結晶

上述のように金属系準結晶の形成は原子同士の強い結合に起因し，そこに電子状態が寄与している．一方，相互の相関が弱い微粒子や分子を幾何学的見地から準結晶構造にする試みも行われた．この場合，構成する異なる粒子や分子間のサイズ比および数の比が決め手になる．

a. 高分子準結晶

複数の異なる高分子を化学結合させた高分子はブロック共重合体とよばれる．相関が弱いために，異なる高分子は熱力学的に固溶しないことが多い．ブロック共重合体系の溶融体では異種ブロック分子間に相分離を引き起こす．しかし，分子間にはある程度相互作用（粘性）が存在するため，長距離離的に起きることなく，高分子の大きさ程度のミクロ相分離が生じる．この相分離の現象を利用して，成分比と組成比をよく調整されたブロック共重合体ではさまざまな周期と形態に自己組織化する．通常，格子定数は数十～数百nmのスケールとなる．高分子系において[33]，Frank-Kasper σ 合金相に類似した複雑なアルキメデスタイリング（3, 3, 4, 3, 4）構造の発見をきっかけに12回対称をもつ高分子準結晶の探索が行われた． ここで，（3, 3, 4, 3, 4）は頂点まわりの正多角形を示す記号である．（3, 3, 4, 3, 4）タイリングにおいて，正3角形と正4角形の数の比（N_3/N_4）が2であるのに対して，正12角形準結晶のタイリングにおいてその比は2.31（≈$4/\sqrt{3}$）になっている．つまり，高分子混合の調整によってN_3/N_4を増やすことで，準結晶構造へ近似することができる．モンテカルロシミュレーションで正12角形準結晶の構造が安定であると確かめられた結果を踏まえて，図3.15[34]に示すような正6回対称近似結晶が調製された．タイリングに基づく高分子のデザインでメゾスコピックな準結晶を作製できたことは興味深い．

b. ナノ粒子が自己組織化した準結晶

高分子準結晶と同様にアルキメデスタイリングに基づき，2種類のナノ粒子の混合による自己組織化を引き起こすことで，正12角形準結晶が形成される[35]．準結晶が得られるナノ粒子の組み合わせは，13.4 nm-Fe_2O_3と5 nm-Au，12.6 nm-Fe_3O_4と4.7 nm-Au，5 nm-PbSと3 nm-Pdなどがある（図3.16）．これらの組み合わせはいずれも異種粒子間の相互作用が弱く，構造は剛体球充填のようにエントロピーに支配される．たとえば，13.4 nm-Fe_2O_3と5 nm-Auという組み合わせで，（b）に示すようにFe_2O_3粒子は正3角形と正4角形をなしている．粒子の成分比とアルキメデスタイリングの関係から，$N_{Au}/N_{Fe_3O_4}$が3の場合は正3角形のみ，4の場合は正4角形のみ形成されることが明らかになっている．$N_3/N_4 \approx 2.31$になるように$N_{Au}/N_{Fe_3O_4}$が約3.86のところで正12角形準結晶が形成される．用いられたナノ粒子は懸濁液中で調製されるので，コロイド準結晶ともよぶことができる．

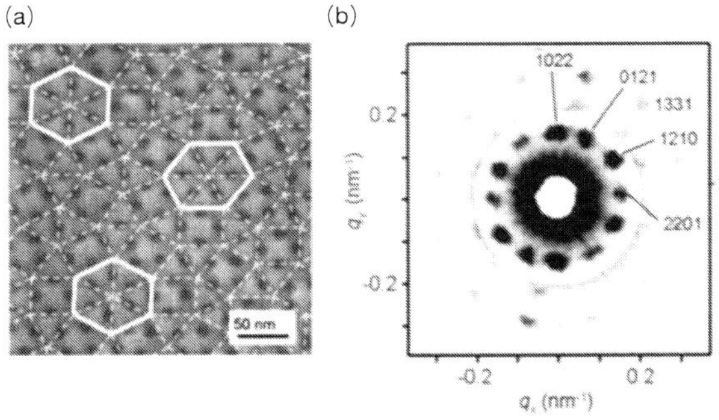

図3-15　（a）混合高分子系（$I_{1.0}S_{2.7}P_{2.5}$）で調製された正12角形準結晶の透過電顕明視野像とそれにタイリングを重ねた図と（b）その回折図形.黒（*I*）:ポリイソプレン，白（S）:ポリスチレン，灰（P）:ポリ2ピニルピリジン[34]

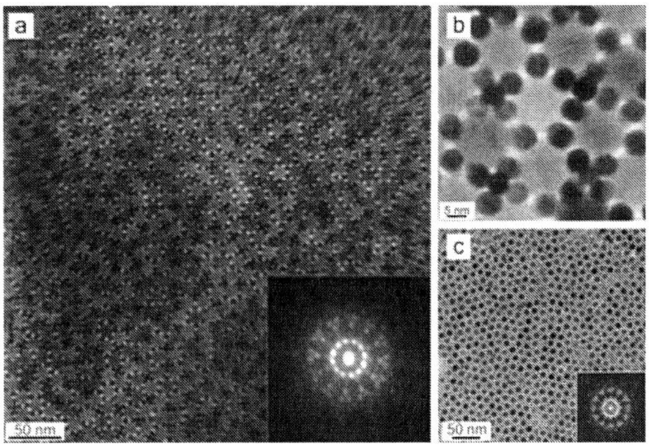

図3-16　（a），（b）自己組織化したナノ粒子準結晶の高分解能電顕像：13.4 nm-Fe_2O_3と5 nm-Au，（c）5 nm-PbSと3 nm-Pd，とそれぞれに対応する回折パターン[35]

c. コロイド準結晶

図3.17に示すように，5角形偏光レーザービームが（a）集光レンズによって薄い試料セルに絞られ，そこで（b）光学干渉パターンが得られる．この干渉パターンは10回対称性を有するポテンシャルの強度分布を形成し，基板として働く．その上に，静電ポテンシャルの影響でコロイドが（c）のように分布し，正10角形コロイド準結晶が形成される[36]．用いられた分子コロイドは，水に懸濁した半径が1.45 μmの帯電ポリス

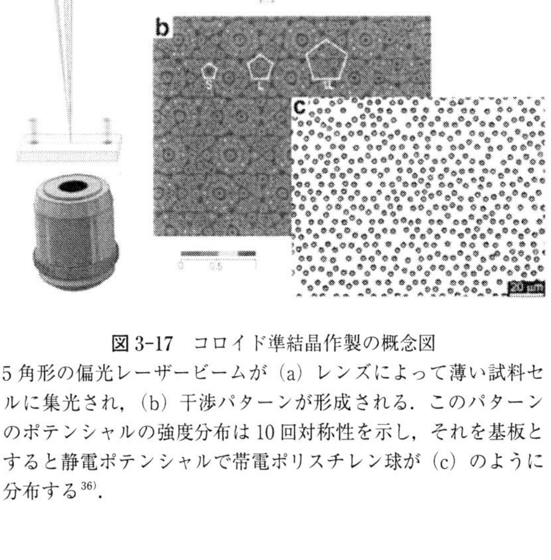

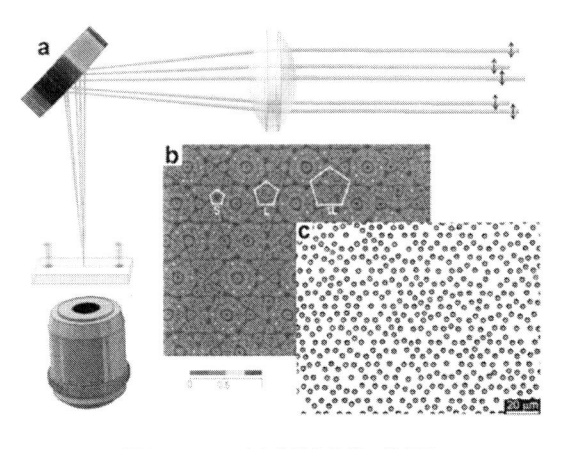

図3-17　コロイド準結晶作製の概念図

5角形の偏光レーザービームが（a）レンズによって薄い試料セルに集光され，（b）干渉パターンが形成される．このパターンのポテンシャルの強度分布は10回対称性を示し，それを基板とすると静電ポテンシャルで帯電ポリスチレン球が（c）のように分布する[36]．

チレン球である．帯電ポリスチレン球間の距離は遮蔽静電ポテンシャルによる反発で決まる．また，レーザービームの強度を変えることで，基板の静電ポテンシャルを調整し，正10角形準結晶を得る条件の最適化が行われた．

原子レベル（～0.3 nm）の結合で形成される金属系準結晶にくらべて，非金属系準結晶は数十nmから数μmの粒子で構成される．仮に金属準結晶中の原子クラスターを基本構成粒子と見なしても，その原子クラスターが孤立して存在せず，まわりの原子と強い結合力で結ばれているため，結合エネルギーで金属系準結晶はcmオーダーまで安定に存在する．一方，高分子準結晶とナノ粒子準結晶の安定性は構成粒子間の相互作用が弱いため，ある幾何学条件を満たした構成粒子間のサイズ比と成分比で決まる．この場合，配置エントロピーが支配的になり，わずかな温度のゆらぎと不純物の存在で構造に不安定化をもたらすため，準結晶の領域が小さい．コロイド準結晶の場合，外部から静電ポテンシャルが印加された特殊な環境下のみ，準結晶構造が形成されるので，厳密に言えば準安定相である．しかし，金属以外の準結晶の形成は準結晶の世界を広げ，準周期構造の応用の可能性を広げることは間違いない．

〔蔡　安邦〕

引用文献

1) D. Shechtman, I. Blech, D. Gratias and J. W. Cahn : *Phys. Rev. Lett.* **53** (1984) 1951.
2) A. P. Tsai : in *Physical Properties of Quasicrystals*, ed. Z. W. Stadnik, SpringerVerlag, Berlin (1999) p. 5.
3) V. Simonet, F. Hippert, M. Audier and R. Bellissent : *J. Non-Cryst. Solids* **250-252** (1999) 824.
4) K. F. Kelton et al. : *Phys. Rev. Lett.* **90** (2003) 195504.
5) A. P. Tsai : *Acc. Chem. Res.* **36** (2003) 31.
6) L. Bindi, P. J. Steinhardt, N. Yao and P. J. Lu : *Science* **324** (2009) 1306.
7) S. Ritsch, C. Beeli, H. U. Nissen and R. Luck : *Philo. Mag. Lett.* **71** (1995) 671.
8) A. P. Tsai, A. Fijiwara, A. Inoue and T. Masumoto : *Philo. Mag. Lett.* **74** (1996) 233.
9) Y. Miyazaki et al. : *J. Phys. Soc. Jpn.* **79** (2010) 073601.
10) K. Edagawa et al. : *Phys. Rev.* **B50** (1994) 12413.
11) E. Abe, T. J. Sato and A. P. Tsai : *Philo. Mag. Lett.* **77** (1998) 205.
12) M. Saito et al. : *Jpn. J. Appl. Phys.* **31** (1992) L109.
13) M. D. Ball. and D. J. Lloyd : *Script. Met.* **19** (1985) 1065.
14) A. P. Tsai, A. Inoue and T. Masumoto : *Jpn. J. Appl. Phys.* **26** (1987) L 1505.
15) A. P. Tsai, A. Inoue, Y. Yokoyama and T. Masumoto : *Mater. Trans. JIM* **31** (1990) 98.
16) 蔡　安邦：日本結晶学会誌 **49** (2007) 12.
17) A. P. Tsai et al. : *Nature* **408** (2000) 537.
18) J. Q. Guo, E. Abe and A. P. Tsai : *Phys. Rev.* **B62** (2000) R14605.
19) 石政　勉：日本結晶学会誌 **49** (2007) 18.
20) V. Elser, *Phys. Rev.* **B32** (1985) 4892.
21) M. Copper and K. Robinson : *Acta Cryst.* **20** (1966) 614.
22) A. L. Mackay : *Acta Cryst.* **15** (1962) 916.
23) G. Bergman, J. L. T. Waugh and L. Pauling : *Acta Cryst.* **10** (1957) 254.
24) F. E. Cherkashin, P. I. Krispyakevich and G. I. Oleksiv : *Sovit Phys. Crystallogr.* **8** (1964) 681.
25) A. Palenzona : *J. Less-Commom Met.* **25** (1971) 367.
26) W. Hume-Rothery : *J. Inst. Metals* **35** (1926) 295.
27) A. P. Tsai : *J. Non-Cryst. Solids* **334, 335** (2004) 317.
28) J. Q. Guo, E. Abe and A. P. Tsai : *Phil. Mag. Lett.* **82** (2002) 27.
29) J. Q. Guo and A. P. Tsai : *Phil. Mag. Lett.* **82** (2002) 349.
30) Y. Morita and A. P. Tsai : *Jpn.J.Appl.Phys.* **47** (2008) 7975.
31) T. Ishimasa, Y. Kaneko and H. Kaneko : *J. Non-crystalline Solids* **334, 335** (2004) 1.
32) S. Matsuo, H. Nakano, T. Ishimasa and Y. Fukano : *J. Phys. : Condens Matter* **1** (1989) 6893.
33) 堂寺知成：日本物理学会誌 **61** (2006) 598.
34) K. Hayashita, T. Dotera, A. Takano and Y. Matsushita : *Phys. Rev. Lett.* **98** (2007) 195501.
35) D. V. Talapin et al. : *Nature* **461** (2009) 964.
36) J. Mikhael, J. Roth, L. Helden and C. Bechinger : *Nature* **454** (2008) 501.

4. 準結晶の構造

4.1 準結晶の構造決定とは

一般に固体中での各原子位置は格子振動による若干のゆらぎはあるものの，ほぼ定まっている．固体の構造決定とは，そのような原子位置を実験データに基づいて決定することに他ならない．2.1 節で固体を原子配列秩序の観点から分類した（図 2.2）．この中で「非晶質」に属する固体では，上述の意味での構造決定は実質的に不可能である．この場合はアボガドロ数程度の数の原子の位置に対応したきわめて多数のパラメータを決定しなければならないからである．これに対して，「広義の結晶」すなわち長距離秩序をもった固体の場合，決めるべきパラメータの数は劇的に減少する．たとえば「広義の結晶」の中の「狭義の結晶」では周期性が存在するために決めるべきパラメータは，その周期格子を特徴づける数個のパラメータと単位胞内の数個の原子位置を与えるパラメータのみとなる．

さて，「準結晶」は，「狭義の結晶」のように周期性をもつわけではないが，それでも長距離秩序をもっているので，やはり決めるべきパラメータの数は「非晶質」に比べると圧倒的に少ない．たとえば 2.3 節で示したように典型的な準結晶格子は自己相似性をもち，図 2.9 や図 2.23 で示したような変換操作で，それらの構造を生成することができる．もし，実際の準結晶固体の構造に対して，原子位置を含んだ形の自己相似変換操作が存在したとして，それを実験データから決定することができれば，その準結晶固体の構造を決定したことになる．この場合に構造を記述するパラメータは第 1 世代の構造を与えるパラメータと変換を規定するパラメータのみである．一方，2.2，2.3 節で示したように，一般に準結晶構造は高次元周期構造の断面として記述できる．図 2.11 は，1 次元フィボナッチ格子をこの方法で記述したものである．実際の準結晶構造は図 4.1 に模式的に示すように高次元単位胞中の複数の位置に実際の原子種に対応した超原子を置いた形で記述される．結局断面法の枠組みでは，このような高次元周期構造を決定することが準結晶の構造決定に対応する．この場合，準結晶構造を記述するパラメータは，高次元の周期格子を特徴づけるパラメータと高次元単位胞内の超原子を指定するパラメータで，この点に関しては，次元は上がっているものの「狭義の結晶」と同様である．

一般に，固体の構造決定に最も有効な実験は 2.1 節で述べた回折実験であり，通常 X 線回折実験により式（2.6）の回折強度関数 $I(\boldsymbol{S})=|F(\boldsymbol{S})|^2$ を測定し，これに基づいて構造決定がなされる．ここで複素関数 $F(\boldsymbol{S})$ は実空間構造 $\rho(\boldsymbol{r})$ のフーリエ変換である（式（2.5））．準結晶の場合，断面法による記述では $\rho(\boldsymbol{r})$ と $F(\boldsymbol{S})$，および高次元周期関数 $\rho^h(\boldsymbol{r}^h)$ と $F^h(\boldsymbol{S}^h)$ が図 2.3 のような関係にある．これを図 4.2 として再掲する．このように回折実験との直接的な対応関係があるため，通常，準結晶の構造決定は断面法の枠組みでなされる．つまり，準結晶の構造決定とは，図 4.1 に示したような高次元格子と高次元単位胞内の超原子を，測定される回折強度関数 $I(\boldsymbol{S})=|F(\boldsymbol{S})|^2$ から決定することである．これは図 2.3 の関数 $\rho^h(\boldsymbol{r}^h)$

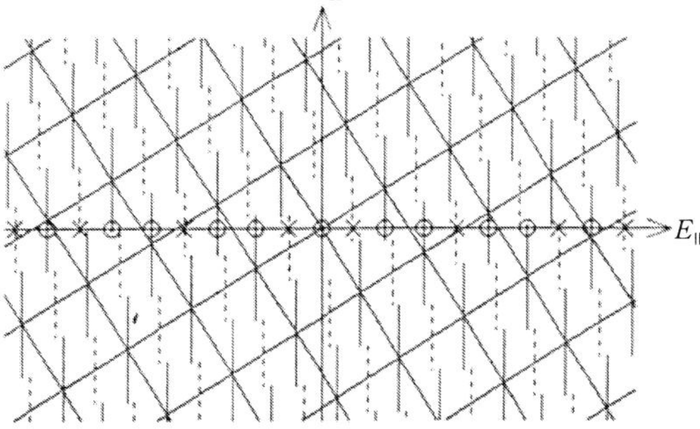

図 4.1 準結晶構造の断面法による記述の模式図

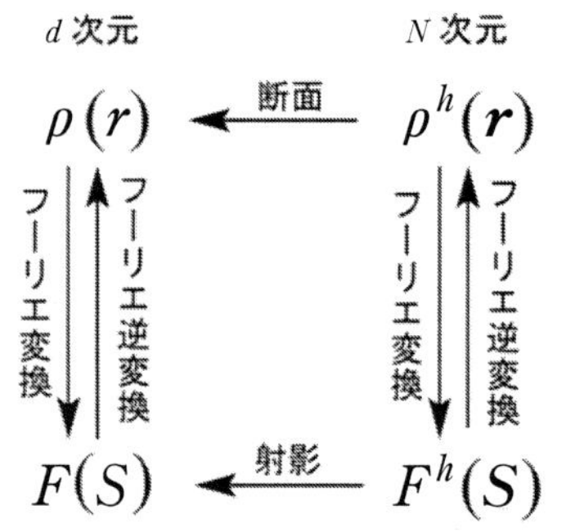

図 4.2　準結晶構造に関連した各関数の間の関係

を決めることに他ならないが，最終的にほしい実空間構造 $\rho(\boldsymbol{r})$ は $\rho^h(\boldsymbol{r}^h)$ の断面として一意的に決まるわけである．

4.2　準結晶構造決定法概論

前節で，準結晶の構造決定とは，測定される回折強度関数 $I(\boldsymbol{S})=|F(\boldsymbol{S})|^2$ から高次元周期関数 $\rho^h(\boldsymbol{r}^h)$ を決定することである，と述べた．本節では，まずこの過程を遂行する上での数学的な難点について解説し，その難点を克服するための方法の概要を述べる．この難点は，通常の結晶構造解析においてよく知られた「位相問題」と本質的に同じものである．そこで，まず，通常の結晶構造解析におけるこの問題について解説する．

通常の結晶では，逆格子基本ベクトルの数は 3（$\boldsymbol{a}_i^*$ $(i=1, 2, 3)$ とする）であり，

$$F(\boldsymbol{S})=\sum_{m_1, m_2, m_3} A_{m_1, m_2, m_3}\delta\left(\boldsymbol{S}-\sum_{i=1}^{3} m_i\boldsymbol{a}_i^*\right) \quad (4.1)$$

$$I(\boldsymbol{S})=|F(\boldsymbol{S})|^2=\sum_{m_1, m_2, m_3} |A_{m_1, m_2, m_3}|^2\delta\left(\boldsymbol{S}-\sum_{i=1}^{3} m_i\boldsymbol{a}_i^*\right) \quad (4.2)$$

と書ける．ここで実験から得られるものは，$\boldsymbol{a}_i^*$ $(i=1, 2, 3)$ とブラッグ回折強度の組 $\{|A_{m_1, m_2, m_3}|^2\}$ である．この情報から 3 次元周期構造 $\rho(\boldsymbol{r})$ を決めることが，与えられた課題である．まず $\boldsymbol{a}_i^*$ $(i=1, 2, 3)$ と回折強度 $\{|A_{m_1, m_2, m_3}|^2\}$ の消滅則から実格子の型が決まる．続いて単位胞内の構造を $\{|A_{m_1, m_2, m_3}|^2\}$ から決めることになる．ここで，複素数の組 $\{A_{m_1, m_2, m_3}\}$ が決まれば $F(\boldsymbol{S})$ と $\rho(\boldsymbol{r})$ はフーリエ変換の関係にあり，一対一に対応するので $\rho(\boldsymbol{r})$ の単位胞内の構造は一意に決まる．しかしながら，$\{|A_{m_1, m_2, m_3}|^2\}$ から $\{A_{m_1, m_2, m_3}\}$ は数学的には一意に決まらない．各複素数 $\{A_{m_1, m_2, m_3}\}$ の位相の情報が測定されないからである．この問題を結晶構造解析における位相問題とよぶ．

以上の数学的な議論では $\rho(\boldsymbol{r})$ に何ら制限をつけなかったが，実際には $\rho(\boldsymbol{r})$ は原子配列を表すものであり，種々の制限がつく．多くの場合，対象固体の構成元素はわかっており，その組成，密度もわかっている．物理的に許されないほど隣り合う原子同士が近づいてはいけない．$\rho(\boldsymbol{r})$ はそれらすべての条件に合うものでなければならない．比較的単純な結晶構造であれば，決めるべきパラメータの数は少数であり，そのような妥当な構造を与える $\{A_{m_1, m_2, m_3}\}$ の位相の組はあいまいさなしに 1 つに決まる．一方，単位胞内の原子の数が数千にもなるたんぱく質結晶のようなものの構造を決めることは一般にきわめて難しい．そのような複雑な結晶構造を決めることは結晶学の分野における重要課題であり，これまでにそのためのいろいろな方法が開発されてきた．そのような方法には

i ）同形置換法

ii ）多波長異常分散法

iii）直接法

などがある．i）では，たんぱく質結晶中に重原子を入れて回折強度 $\{|A_{m_1, m_2, m_3}|^2\}$ を測定する．このような測定を重原子の種類を変えて測定する（最低 2 種類が必要）．このとき，重原子は同じ位置に入るものとする．このような測定から，まず重原子の位置は比較的あいまいさなしに決定できる．その情報から個々の $\{A_{m_1, m_2, m_3}\}$ の位相の組を決めることができる．ii）では，原子の異常分散を利用する．X 線の波長が原子の吸収端近傍にあると，原子の散乱能が変わる．これを利用して，特定の原子の散乱能を変化させて $\{|A_{m_1, m_2, m_3}|^2\}$ を測定することができる．これにより i）の同形置換法と同様な情報が 1 つの試料から得られる．そのような情報から $\{A_{m_1, m_2, m_3}\}$ の位相の組を決めることができる．iii）は，1 つの $\{|A_{m_1, m_2, m_3}|^2\}$ のデータのみから，他の情報を使わ

ずに純粋に数学的・統計的な方法で $\{A_{m_1, m_2, m_3}\}$ の位相の組を決める方法である．これは，異なる A_{m_1, m_2, m_3} 間の位相に相関があることを利用するものである．この方法によって，あらゆる場合において位相が一義的に決まるわけではもちろんないが，最近では計算機をうまく利用することで，かなり複雑な構造でもこの方法で解けるようになっている．直接法における位相関係式の多くは，a）$\rho(\boldsymbol{r})$ は原子位置でピークをもち原子間で低いこと，b）$\rho(\boldsymbol{r})$ はいたるところ正であること，の2つの要請から導き出される．これらの2つの要請を実空間で満たすように位相を決めていく方法をとくに低密度消去法とよぶ．この方法は，実際に準結晶の構造解析に応用されている（4.4節参照）．

この他に，とくに，複雑な金属間化合物のような場合，高分解能透過電子顕微鏡法（high resolution transmission electron microscopy：HRTEM）や高角散乱環状暗視野走査型透過電子顕微鏡法（high-angle annular dark-field scanning transmission electron microscopy：HAADF-STEM）などを用いた，

iv）実空間構造情報の利用

も有効である．つまり，初期モデルの構築や構造精密化の過程で，観察された実空間構造の情報を利用する．

結晶構造解析の大まかな流れをまとめると図4.3のようになる．まず実験で得られた $I(\boldsymbol{S})$ に位相を何らかの方法で付与して $F(\boldsymbol{S})$ を決め，それを逆フーリエ変換して実構造 $\rho(\boldsymbol{r})$ を求める．$\rho(\boldsymbol{r})$ が妥当なものであるかどうかを検討し，妥当でなければ，$\rho(\boldsymbol{r})$ を修正し，フーリエ変換により $I(\boldsymbol{S})$ を計算して実験値と比較する．実験値からのずれを小さくするようにふたたび $\rho(\boldsymbol{r})$ を修正し，それから $I(\boldsymbol{S})$ をふたたび計算する．このようなサイクルを繰り返して実験値の $I(\boldsymbol{S})$ を最もよく再現し，最も妥当な $\rho(\boldsymbol{r})$ を求める．i）や ii）の方法は，条件の異なる幾つかの $I(\boldsymbol{S})$ を測定することにより，理想的には図4.3のサイクルを繰り返すことなしに，1回で正しい $\rho(\boldsymbol{r})$ を求めようとするものである．iii）はサイクルを繰り返すことによって正しい位相の組に収束させる．また図4.3のサイクルは $\rho(\boldsymbol{r})$ から出発してもよい．つまり iv）のような実空間構造情報から $\rho(\boldsymbol{r})$ の初期モデルを作って，そこから出発して図のサイクルを繰り返すこともできる．

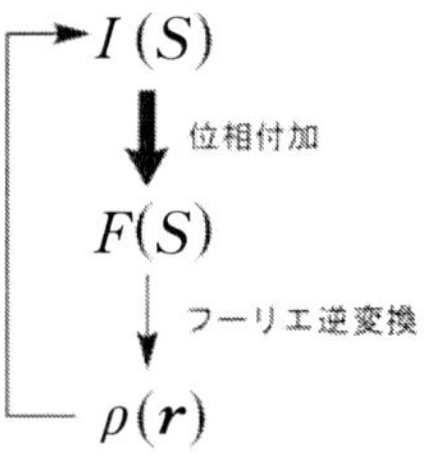

図4.3　結晶構造解析の大まかな流れ

さて，準結晶において，結晶の場合の式(4.1)，(4.2)に対応する式は，

$$F(\boldsymbol{S})=\sum_{m_1,\cdots,m_N} A_{m_1,\cdots,m_N}\delta\left(\boldsymbol{S}-\sum_{i=1}^{N} m_i\boldsymbol{a}_i^*\right) \tag{4.3}$$

$$I(\boldsymbol{S})=|F(\boldsymbol{S})|^2=\sum_{m_1,\cdots m_N} |A_{m_1,\cdots,m_N}|^2\delta\left(\boldsymbol{S}-\sum_{i=1}^{N} m_i\boldsymbol{a}_i^*\right) \tag{4.4}$$

である．ここで $N\geq 4$ である．図2.12に示した断面法の枠組みにおいて，互いにフーリエ変換の関係にある高次元関数 $F^h(\boldsymbol{S}^h)$ と $\rho^h(\boldsymbol{r}^h)$ は

$$F^h(\boldsymbol{S}^h)=\sum_{m_1,\cdots,m_N} A_{m_1,\cdots,m_N}\delta\left(\boldsymbol{S}^h-\sum_{i=1}^{N} m_i\boldsymbol{d}_i^*\right) \tag{4.5}$$

$$\rho^h(\boldsymbol{r}^h)=\sum_{m_1,\cdots,m_N} A_{m_1,\cdots,m_N}\exp\left[2\pi i\left(\sum_{i=1}^{N} m_i\boldsymbol{d}_i^*\cdot\boldsymbol{r}^h\right)\right] \tag{4.6}$$

で与えられる．また式(4.4)に対応して，

$$I^h(\boldsymbol{S})=|F^h(\boldsymbol{S})|^2=\sum_{m_1,\cdots m_N} |A_{m_1,\cdots,m_N}|^2\delta\left(\boldsymbol{S}^h-\sum_{i=1}^{N} m_i\boldsymbol{d}_i^*\right) \tag{4.7}$$

とする．ここで，$\rho^h(\boldsymbol{r}^h)$ は N 次元周期関数で，その格子並進ベクトル $\boldsymbol{d}_i$ $(i=1,2,\cdots,N)$ は，$\boldsymbol{d}_i^*$ $(i=1,2,\cdots,N)$ と，次式の関係をもつ．

$$\boldsymbol{d}_i\cdot\boldsymbol{d}_j^*=\begin{cases}1 & (i=j)\\ 0 & (i\neq j)\end{cases} \tag{4.8}$$

実験から得られるものは，$\boldsymbol{a}_i^*$ $(i=1,2,\cdots,N)$ とブラッグ回折強度の組 $\{|A_{m_1,\cdots,m_N}|^2\}$ である．これらの情報から N 次元周期関数 $\rho^h(\boldsymbol{r}^h)$ を決めるこ

とが，与えられた課題である．まず $\boldsymbol{a}_i^*$ $(i=1,2,\cdots,N)$ から $\boldsymbol{d}_i^*$ $(i=1,2,\cdots,N)$ を決める．これは図 4.2 のように射影の逆なので一意に決まらないと思うかもしれないが，$\{|A_{m_1,\cdots,m_N}|^2\}$ も含めて $I(\boldsymbol{S})$ の対称性が決まれば一意に決まる．たとえば $I(\boldsymbol{S})$ が正 20 面体対称であれば正 20 面体準結晶を記述する 6 次元基本ベクトルに $\boldsymbol{d}_i^*$ $(i=1,2,\cdots,N)$ をとる．つまり $I(\boldsymbol{S})$ から $I^h(\boldsymbol{S}^h)$ は一意に決まる．続いて N 次元単位胞内の構造を $\{|A_{m_1,\cdots,m_N}|^2\}$ から決めることになる．ここで，複素数の組 $\{A_{m_1,\cdots,m_N}\}$ が決まれば $F^h(\boldsymbol{S}^h)$ は決まり，$F^h(\boldsymbol{S}^h)$ と $\rho^h(\boldsymbol{r}^h)$ はフーリエ変換の関係なので $\rho^h(\boldsymbol{r}^h)$ の N 次元単位胞内の構造は一意に決まる．しかしながら，$\{|A_{m_1,\cdots,m_N}|^2\}$ から $\{A_{m_1,\cdots,m_N}\}$，すなわち $I^h(\boldsymbol{S}^h)$ から $F^h(\boldsymbol{S}^h)$ は数学的には一意に決まらない．各複素数 $\{A_{m_1,\cdots,m_N}\}$ の位相の情報が測定されないからである．以上が準結晶構造解析における位相問題である．通常の結晶構造解析における位相問題と本質的に同じものであることがわかる．異なる点は次元が d 次元から N 次元に上がっている点である．結晶において 3 次元単位胞内の構造を決定する問題が，たとえば 3 次元正 20 面体準結晶の場合は 6 次元単位胞内の構造を決定する問題となる．このことは位相問題の質は同じであっても，量的に異なることを意味する．結晶では 3 次元単位胞内に有限個の原子が存在するのに対し，準結晶では図 4.1 に模式的に示すように有限個の超原子が存在し，各超原子は $(N-d)$ 次元（正 20 面体準結晶では 3 次元）に広がっている．各超原子の形状やサイズを決めるパラメータの数はきわめて多く，このことが準結晶の構造解析を難しいものにしているわけである．とはいえ，位相問題の質が結晶構造解析の場合と同じであることは，そこで用いられる方法が基本的には準結晶にも適用可能であることを意味する．つまり，前述の i）から iv）の方法は準結晶にも有効である．これらに加えて準結晶の場合にとくに有効な方法がもう 1 つある．それは，

v）近似結晶構造の利用

である．近似結晶とは準結晶にフェイゾン歪とよばれる特殊な歪を導入した結果生ずる周期構造をもつ結晶群であり，実際に準結晶が生成する合金系で数多く見いだされている．近似結晶は一般に単位胞は大きいものの結晶であるので準結晶と比較すると構造解析が容易である．近似結晶の構造が決まれば，準結晶の構造はその構造からかなりの部分推測できる．たとえば正 20 面体準結晶の近似結晶は多くの場合正 20 面体対称性をもった原子クラスターが周期配列し，その間を糊付け原子（glue atom）がつなぐような構造をしている．対応する準結晶はそのクラスターが準結晶格子上に配置していると推測できる．一般に準結晶中での原子クラスターの連結の仕方は多様で，近似結晶における連結の仕方以外のものも現れるので近似結晶構造から準結晶構造がすべて決まるわけではないが，それでも近似結晶構造の利用は，準結晶構造を決めるのにきわめて有効である．次節で近似結晶に関して，より詳細に解説する．

以上，i）から v）の方法を組み合わせて準結晶構造解析がなされる．ただし，i)，ii）を用いた例はあまりない．iii）はとくに初期構造の構築に用いられる．iv）と v）は準結晶構造解析でとくに重要で初期構造の構築，構造精密化の過程で用いられる．図 4.3 に示した結晶構造解析における基本サイクルは $I(\boldsymbol{S})$, $F(\boldsymbol{S})$, $\rho(\boldsymbol{r})$ をそれぞれ $I^h(\boldsymbol{S}^h)$, $F^h(\boldsymbol{S}^h)$, $\rho^h(\boldsymbol{r}^h)$ とすれば，そのまま準結晶に適用できる．〔枝川圭一〕

4.3 近似結晶

本節では準結晶の構造決定に重要な役割を果たす近似結晶について解説する．近似結晶は準結晶にフェイゾン歪とよばれる特殊な歪を導入した結果生ずる周期構造をもつ結晶である．そこでまずフェイゾン歪について説明する．これについては 6.1 節で詳しく述べるが，ここでは近似結晶の理解に必要な部分を先取りして説明する．

準結晶はフェイゾン自由度とよばれる通常の結晶には存在しない弾性自由度をもち，それに伴ってフェイゾン歪とよばれる特殊な歪が存在する．これを断面法の枠組みでフィボナッチ格子を例にして説明した図が図 6.2 と図 6.3 である．フェイゾンの自由度は断面法の枠組みでは図 6.2（d）

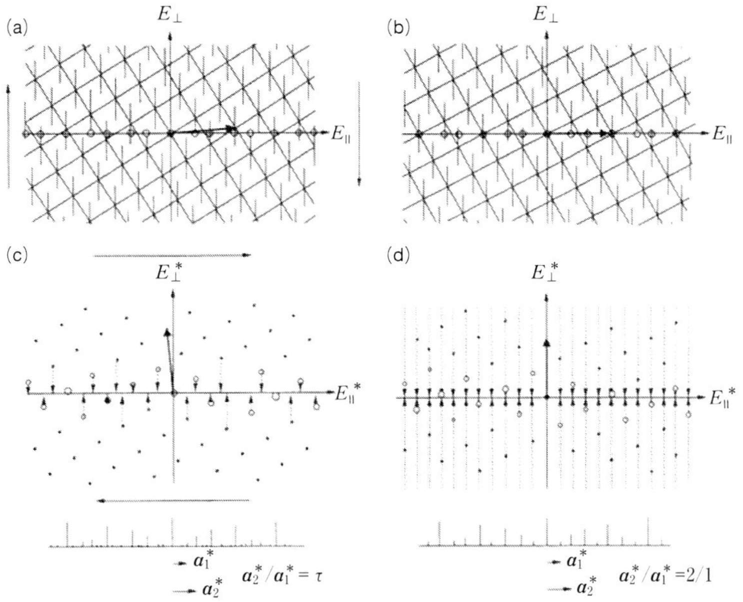

図 4.4 (a) フィボナッチ格子と (b) その近似結晶,(c) フィボナッチ格子のフーリエ変換と (d) 近似結晶のフーリエ変換

のような直交補空間 $E_\perp$ 方向の変位 $\boldsymbol{w}$ に対応する.図 6.3 (c) に示したように $\boldsymbol{w}$ が実空間 $E_\parallel$ 内の位置 $\boldsymbol{r}$ に依存して変化する場合,その変化率 $d\boldsymbol{w}(\boldsymbol{r})/d\boldsymbol{r}$ がフェイゾン歪を与える.2 次元,3 次元準結晶ではフェイゾン歪 $d\boldsymbol{w}(\boldsymbol{r})/d\boldsymbol{r}=dw_i/dr_j$ は 2 階のテンソル量となる.

図 4.4 (a) にフィボナッチ格子を示す.フェイゾン歪の導入は,この図の 2 次元構造に図の左右に描いた矢印方向のせん断歪を加えることに対応する.その結果得られた構造を図 4.4 (b) に示す.このとき 2 つの単位胞 L と S のサイズは変わらないが配列が変わっている.ここではフェイゾン歪の大きさを 2 次元格子並進ベクトル〔1,2〕が $E_\parallel$ と重なるようにとってある.このため $E_\parallel$ 上の構造に周期性が現れている.対応する逆格子空間の変化を図 4.4 (c),(d) に示す.図 2.12 で説明したように図 4.4 (c) に示したフィボナッチ格子のフーリエ変換は,まず図 4.4 (a) の 2 次元周期構造のフーリエ変換を計算してそれを $E_\parallel^*$ 上に射影することにより求まる.フーリエ変換の基本的な性質からフェイゾン歪の導入は図 4.4 (c) の 2 次元逆格子の構造に図の上下に描いた矢印方向のせん断歪を加えることに対応することがわかる.このとき元の 2 つの逆格子基本ベクトルの長さの比 $a_2^*/a_1^*=\tau$ が 2/1 に変わる.このため逆格子基本ベクトルは 1 つで十分となり,図 2.2 の分類の狭義の結晶,つまり周期構造となるわけである.これは 2.2 節で示した式 (2.22) でいえば 2 つの非整合な周期関数の周期の比が無理数から有理数に変化したことに対応する.図 4.4 のフィボナッチ格子のような準結晶格子の場合だけではなく,図 4.1 のような原子配列を含んだ準結晶構造でもまったく同様にして,適当なフェイゾン歪の導入により周期性をもった結晶構造が得られる.そのような構造をもった相は,実際に準結晶が生成する合金系で数多く見いだされ,(準結晶の) 近似結晶とよばれる.

図 2.6 で説明したように,準結晶における τ などの無理数は正 20 面体対称,正 10 角形対称などの準結晶の点群対称性と不可分の関係にある.したがって,フェイゾン歪の導入によってこのような無理数が変化すると,元の点群の要素の幾つかが系の対称操作でなくなり,点群が元の点群の部分群のどれかに落ちる.

図 4.5 に,正 20 面体対称点群 $\mathrm{m}\bar{3}\bar{5}$ とその部分群の関係を示す.正 20 面体準結晶にフェイゾ

ン歪を導入すると図の太線をたどった点群の変化が起こり得る．その他の点群へはフェイゾン歪の導入が反転対称を保存するため起こり得ない．図のうちとくに重要な点群 $m\bar{3}$, mmm, $\bar{3}$m の近似結晶を生成するフェイゾン歪について以下に説明する．図 4.6 に図 2.25 に示した正 20 面体準結晶格子の逆格子基本ベクトル $\boldsymbol{a}_i^*$ $(i=1, \cdots, 6)$ を示す．図 4.6（a）において $\beta_i/\alpha_i=\tau$ $(i=1, 2, 3)$ であり，これらは 3 つの互いに直交する 2 回軸方向（図中 x_1, x_2, x_3）の非整合な基本長さの比に対応している．図 4.4 においてフェイゾン歪の導入が $a_2^*/a_1^*=\tau$ を有理数 2/1 に変えたように，正 20 面体準結晶に $\beta_i/\alpha_i=\tau$ $(i=1, 2, 3)$ を有理数に変えるようなフェイゾン歪を導入することで，近似結晶が得られる．このとき $\beta_1/\alpha_1=\beta_2/\alpha_2=\beta_3/\alpha_3$ なら立方対称性が保存され，点群 $m\bar{3}$ となる．β_i/α_i $(i=1, 2, 3)$ の 3 つのどれか 1 つでも異なれば，さらに対称性が落ちて斜方晶の点群 mmm となる．図 4.6（b）において x_3 は 3 回軸方向であり，x_1 はそれと直交する 2 回軸，x_2 は x_1, x_3 と直交する軸である．ここで x_3 方向の非整合な基本長さの比は $\beta_3/\alpha_3=\tau^3$ であり，x_1, x_2 方向のそれは $\beta_1/\alpha_1=\tau$ である．フェイゾン歪の導入によってこれらの無理数が有理数に変われば点群 $\bar{3}m$ の三方晶（菱面体晶）の近似結晶が得られる．

2.2 節で連分数展開によって得られる無理数 $\sqrt{2}$ の有理近似値列を示したが，同様な方法で黄金比 τ の有理近似値列を求めると，1/1, 2/1, 3/2, 5/3, 8/5, $\cdots$, $F_{n+1}/F_n, \cdots$ となる．ここで F_n は $F_1=1$, $F_2=1$, $F_n=F_{n-1}+F_{n-2}$ $(n\geq 3)$ で与えられるフィボナッチ数列である．この有理近似値列は右に進むにつれて τ に近づき，$n\to\infty$ で τ に収束する．このとき近似度が上がるにつれて近似結晶の格子定数が大きくなり，準結晶構造に近づいていく．τ^3 の有理近似値列は 3/1, 5/1, 8/2, 13/3, 21/5,$\cdots$, $F_{n+3}/F_n,\cdots$ となる．

実際の物質において近似結晶の存在を最初に指摘したのは Elser と Henley である．彼らは α-Al-Si-Mn 立方晶[2]，$(Al, Zn)_{49}Mg_{32}$ 立方晶[3] の構造が近似結晶に対応することを指摘した．これらの近似結晶は図 4.6（a）において $\beta_1/\alpha_1=\beta_2/\alpha_2=\beta_3/\alpha_3=1/1$ とした近似結晶で簡単に 1/1 近似結晶とよばれている．準結晶と近似結晶がともに熱力学的平衡相として状態図に存在することが

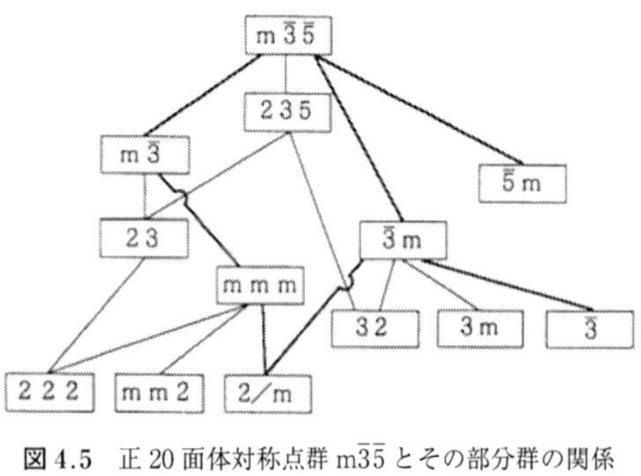

図 4.5　正 20 面体対称点群 $m\bar{3}\bar{5}$ とその部分群の関係
太線は，正 20 面体準結晶にフェイゾン歪を導入することにより起こりうる点群の変化を示す．

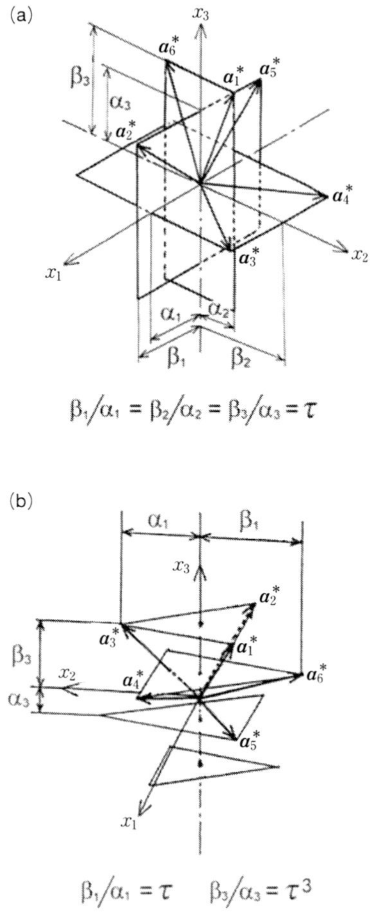

図 4.6　異なる座標系で描かれた正 20 面体準結晶格子の逆格子基本ベクトル $\boldsymbol{a}_i^*$ $(i=1, \cdots, 6)$

確認された最初の例は Al-Li-Cu 系である．R-Al_5Li_3Cu という結晶相は図 3.9（b）のような階層構造をもつ 20 面体原子クラスターを構造単位とした立方晶として古くから知られていた．準結晶が発見されてから，この立方晶のすぐ隣の組成で T_2 相とよばれている $Al_{5.1}Li_3Cu$ の組成の構造未知相が実は準結晶相であるという事実が確認された．さらに，2000 年に発見された 2 元系の $Cd_{5.7}Yb$ 正 20 面体相の場合には，$Cd_{76}Y_{13}$ という組成の 2/1 近似結晶（$\beta_1/\alpha_1=\beta_2/\alpha_2=\beta_3/\alpha_3=2/1$），$Cd_6Y$ の組成の 1/1 近似結晶が安定相として近くに存在することが明らかになっている（第 3 章参照）．1/1 近似結晶はその他にも Al-Cu-Ru 系，Al-Cu-Fe-(Si) 系，Al-Pd-Mn 系など多くの安定相準結晶を生成する合金系で見いだされている．1/1 近似結晶より単位胞の大きい高次の近似結晶は Al-Cu-Fe 系において 4/1-2/1 菱面体晶（図 4.6（b）において $\beta_3/\alpha_3=4/1$, $\beta_1/\alpha_1=2/1$，格子定数は $a\approx3.8$ nm, $\alpha\approx63$ deg），Al-Pd-Mn 系において 2/1 立方晶（$a\approx1.9$ nm）Mg-Ga-Zn 系において 2/1 立方晶（$a\approx2.2$ nm），3/2 立方晶（$a\approx3.7$ nm），3/2-2/1-2/1 斜方晶（$a\approx3.7$ nm, $b\approx2.2$ nm, $c\approx2.2$ nm）などが知られている．

前節で述べた準結晶の構造解析に利用されるのは主に 1/1 立方晶の近似結晶である．これより高次の近似結晶は良質な単結晶試料が得られない場合が多いことと，単位胞が巨大であることなどから，それ自体の構造を決定することが容易でないからである．1/1 近似結晶の構造は図 3.9 で示したような正 20 面体対称原子クラスターが bcc に配置した構造をもつ．図 4.7 に準結晶と 1/1 近似結晶の電子回折図形の一例を示す．準結晶では 5 回対称軸，2 回対称軸入射の回折図形，1/1 近似結晶では 5 回軸に対応する［530］と 2 回軸に対応する［100］入射の回折図形をそれぞれ示している．強い反射の位置と強度分布を見るかぎり，準結晶と近似結晶とはきわめて似通っており，両者の構造の類似性を示している．

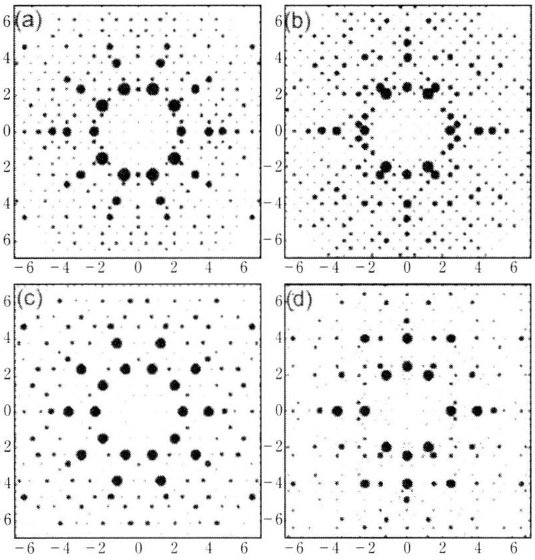

図 4.7　Cd_6Yb 1/1 近似結晶の［530］軸（a）と［100］軸（b）入射および $Cd_{5.7}Yb$ 準結晶の 5 回軸（c）と（d）2 回軸入射の電子線回折図形

正 10 角形準結晶相など 2 次元準結晶についても，準周期面にフェイゾン歪が導入されると，近似結晶が得られる．Al-Cu-Co 系，Al-Ni-Co 系などでさまざまな型の正 10 角形準結晶の近似結晶相が確認されている．

これまではフェイゾン歪 $d\boldsymbol{w}(\boldsymbol{r})/d\boldsymbol{r}$ が場所に寄らず一定である場合について論じた．この場合には $\boldsymbol{w}(\boldsymbol{r})$ が $\boldsymbol{r}$ に比例して変化し，リニアフェイゾン歪とよばれる（場所に対してリニアなのはフェイゾン歪ではなくフェイゾン変位なので，この用語はやや誤解を招く恐れがある）．それに対して，場所によってランダムに変動するフェイゾン歪が導入されて，乱れた構造の準結晶が生成する場合がある．このようなものはランダムフェイゾン歪とよばれる．急冷で得られる準安定準結晶にしばしば見られる回折ピークの広がりは，主としてこのようなランダムフェイゾン歪によってもたらされると考えられている．

〔蔡　安邦・枝川圭一〕

4.4　準結晶の構造決定のプロセス

4.1, 4.2 節で述べたように，準結晶の構造決定は回折強度関数 $I(\boldsymbol{S})$ をもとに高次空間における電子密度関数 $\rho^h(\boldsymbol{r}^h)$ を求めることによってなされる．この節では，その具体的なプロセスを，a. 回折図形の指数付けと空間群の決定，b. 初期モデルの構築，c. 高次元クラスターモデル，d.

構造精密化の4段階に分けて記述する．構造モデルの構築には，第3章で述べたように，準結晶構造が原子クラスターと糊付け原子からなることが考慮される．決定した構造の信頼性は次式で表されるR因子によって評価される．

$$R=\frac{\sum ||F_0|-|F_c||}{\sum |F_0|} \tag{4.9}$$

ここで，F_0とF_cは各回折の構造因子の観測値とモデルからの計算値で，すべての回折点で和が取られる．精密な解析ではR値は数%になるが，準結晶のように複雑な構造の物質では8%程度が目標となる．

a. 回折図形の指数付けと空間群の決定

結晶と同様に準結晶の回折データの収集には，4軸回折計やイメージングプレート，ワイセンベルグカメラが用いられる．指数付けには正20面体準結晶では6本の逆格子基本ベクトルを必要とする．正20面体準結晶の場合には，逆格子基本ベクトルとして，通常，図2.27に示す5回軸方向の等距離に生じる強い回折ベクトルを用いる．正20面体準結晶の6次元逆格子基本ベクトル$\boldsymbol{d}_i^*(i=1,\cdots,6)$は，式(2.54)のように，

$$\boldsymbol{d}_i^*=\sum_{j=1}^{6}{}^tM_{ij}^{-1}\boldsymbol{e}_j$$

$$M^{-1}=\frac{a^*}{\sqrt{2\tau^2+2}}\begin{bmatrix}\tau & 1 & 0 & 1 & -\tau & 0\\ \tau & -1 & 0 & 1 & \tau & 0\\ 1 & 0 & \tau & -\tau & 0 & 1\\ 0 & \tau & 1 & 0 & 1 & -\tau\\ 0 & \tau & -1 & 0 & 1 & \tau\\ 1 & 0 & -\tau & -\tau & 0 & -1\end{bmatrix} \tag{4.10}$$

である．ここで$\boldsymbol{e}_1, \boldsymbol{e}_2, \boldsymbol{e}_3$と$\boldsymbol{e}_4, \boldsymbol{e}_5, \boldsymbol{e}_6$はそれぞれ3次元物理空間$E_\parallel$（$E_\parallel^*$）と，それと直交する3次元補空間$E_\perp$（$E_\perp^*$）をはる基底ベクトルである．

準結晶特有の問題として，相似変換で変換される基本ベクトルは互いに等価で，その結果格子定数が一意に決まらないということがある．正20面体準結晶格子の相似変換は以下のマトリックスSで記述される．

$$S=\frac{1}{2}\begin{bmatrix}1 & 1 & 1 & 1 & 1 & 1\\ 1 & 1 & 1 & -1 & -1 & 1\\ 1 & 1 & 1 & 1 & -1 & -1\\ 1 & -1 & 1 & 1 & 1 & -1\\ 1 & -1 & -1 & 1 & 1 & 1\\ 1 & 1 & -1 & -1 & 1 & 1\end{bmatrix} \tag{4.11}$$

すなわち，$d_i^{*\prime}=\sum_{j=1}^{6}(\tilde{S})_{ij}^m d_j^*$の新たな基本ベクトルで$(h_1, h_2\cdots h_6)\xrightarrow{S}(h_1', h_2'\cdots h_6')$のように高次のブラック反射を指数づける．ここで，$\tilde{S}$は$S$の転置行列である．$S$の固有値は$\tau$と$-\tau^{-1}$であるので，$S^m$で変換されたベクトル$d_i^{*\prime}$の$E_\parallel^*$成分はこの空間内で同じ方向のベクトルで$\tau^m$の長さをもち，$E_\perp^*$成分はやはりこの空間内で同じ方向で長さが$\tau^{-m}$倍になる．このことから，格子定数が一義的に定まらないことがわかる．等価な格子定数は無理数の相似比となっている．6次元空間では面心立方格子と体心立方格子はSで相似変換され，$\boldsymbol{G}=\sum_i h_i\boldsymbol{d}_i^*$において前者では指数$h_i$がすべて奇数あるいは偶数となり，後者では指数の和$\sum_{i=1}^{6}h_i$が偶数となる．両者とも相似比は$\tau$である．正20面体の単純格子の場合，相似変換は$S^3=2S+I$であるため，相似比が$\tau^3$となる（式2.56）．

一方，正10角形準結晶の逆格子の基本ベクトルは次式で与えられる．$\boldsymbol{d}_i^*$ $(i=1,\cdots,5)$ は，

$$\boldsymbol{d}_i^*=\sum_{j=1}^{5}{}^tM_{ij}^{-1}\boldsymbol{e}_j$$

$$M=a^*\sqrt{2/5}\begin{bmatrix}c_1 & s_1 & c_2 & s_2 & 0\\ c_2 & s_2 & c_4 & s_4 & 0\\ c_3 & s_3 & c_1 & s_1 & 0\\ c_4 & s_4 & c_3 & s_3 & 0\\ 0 & 0 & 0 & 0 & (c^*/a^*)\sqrt{5/2}\end{bmatrix} \tag{4.12a}$$

$$c_i=\cos(2\pi i/5),\quad s_i=\sin(2\pi i/5) \tag{4.12b}$$

ここで，a^*，c^*は逆格子定数である．$\boldsymbol{e}_1, \boldsymbol{e}_2, \boldsymbol{e}_5$と$\boldsymbol{e}_3, \boldsymbol{e}_4$はそれぞれ物理空間$E_\parallel$（$E_\parallel^*$）とそれと直交する補空間$E_\perp$（$E_\perp^*$）の基底ベクトルを表す．式(4.12)は式(2.48)に10回軸方向の第5軸を加えたものに対応する．指数付けの際は，すべての反射になるべく小さい指数が付くようにベクトル

d_i^* $(i=1,2,3,4)$ を選ぶ．多くの場合，原点を通り10回軸に垂直な面内の強い反射を選ぶが，3.2節で示したような超構造の場合これらのベクトルで指数が付かなかった反射を新たに $\boldsymbol{d}_i^*$ として用いなければならない．正10角形準結晶の基本ベクトルの相似変換行列は次式 S で与えられる．

$$S=\begin{bmatrix} 0 & 1 & 0 & -1 & 0 \\ 0 & 1 & 1 & -1 & 0 \\ -1 & 1 & 1 & 0 & 0 \\ -1 & 0 & 1 & 0 & 0 \\ 0 & 0 & 0 & 0 & 1 \end{bmatrix} \tag{4.13}$$

この式は第5軸が加わっていることを除いて式(2.49)と同じである．この行列式の絶対値は1であり，固有値は τ と τ^{-1} であるので，相似比 τ の相似変換になる．通常，最強線で決めた格子の基本ベクトルと相似変換で結ばれるものを選んでいる場合が多いので注意が必要である．

実際4軸回折計を用いた測定では，最強線を見つけた後，格子定数を決定し，結晶の方位を決め，$\boldsymbol{G}=\sum_i h_i \boldsymbol{d}_i^*$ の指数を発生し，発生した指数の反射のみ測定する．そのため，強度が大きいと思われる反射の指数を効率よく発生させなければならない．準結晶の反射は一般に逆格子ベクトル $\boldsymbol{G}$ の $E_\perp^*$ 成分の絶対値 $|\boldsymbol{g}_\perp|$ が大きくなると弱くなる（2.3節，図2.12参照）．一方，観測できる $|\boldsymbol{g}_\parallel|$ の範囲の反射をすべて発生させなければならない．そこで，十分な指数の反射を発生させ，$|\boldsymbol{g}_\perp|$ と $|\boldsymbol{g}_\parallel|$ の範囲を指定し，それを超えたものは除外する．実際の測定では，全逆格子空間ではなく，対称性を考慮して独立な部分のみで回折強度を測定して強度データを収集する．データを収集した後，吸収などの補正を行い，5あるいは6次元指数のついた強度を得る．これが解析に用いるデータとなる[5,6]．

準結晶は高次元空間の周期構造として記述されるので，その対称性は高次元空間群で与えられる．必要な空間群の表はすでに計算されている[5,6]．準結晶は対称性が高いので，関係する空間群は多くない．正20面体準結晶の場合は11しかない．これらの空間群には消滅則を示すものが存在する．実際の準結晶が映進面やらせん軸を有すると，それらによる消滅則が生じるのは，3次元結晶の場合と同じである．回折パターンの点群から回転対称性が得られる．映進面やらせん軸は回折パターンの消滅則から得られる．

b. 初期モデルの構築

結晶と同じように，直接法を用いて構造解析の初期モデルを得ることができる．これによって，高次元空間の単位胞中の電子密度を得ることができ，クラスターの原子分布がわかる．高次元空間では電子密度は周期的であるから，これから準結晶全体の電子密度が決まる．準結晶には数多くの弱い反射が存在するので，直接法で求めた電子密度は必ずしも正確でないことを念頭におく必要がある．ただし，こうして求めた電子密度分布は重い原子と軽い原子の区別ができ，初期モデルの構築においてきわめて重要な情報になる．直接法の一種である低密度消去（low density elimination：LDE）法を高次元へ拡張したものが準結晶の構造解析においても有効であることが示されている．LDE法では，初期の電子密度分布はランダムな位相を有する構造因子から出発し，次の式で位相を再構成する[6,9]

$$\begin{aligned} \rho'(\boldsymbol{r})&=\rho(\boldsymbol{r})\left\{1-\exp\left[-\frac{1}{2}\left(\frac{\rho(\boldsymbol{r})}{0.2\rho_c}\right)^2\right]\right\} & \rho(\boldsymbol{r})\geq 0, \\ \rho'(\boldsymbol{r})&=0 & \rho(\boldsymbol{r})\leq 0 \end{aligned} \tag{4.14}$$

ここで，$\rho(\boldsymbol{r})$ と $\rho'(\boldsymbol{r})$ はそれぞれ修正前後の位置 $\boldsymbol{r}$ の電子密度を表し，ρ_c は平均電子密度である．最初にランダムな位相を発生させて得られる電子密度図は凹凸の激しいものであり，これからLDE法により負のピークを除去する．次のサイクルの位相は，修正した電子密度を用いた逆フーリエ変換によって求められる．この操作によりサイクル間の位相差が小さくなり，ある限界値（$<0.5°$）以下になるまでこの操作を繰り返す（図4.8）．この方法は，すべての場所における電子密度が正であって，原子位置およびその近傍以外の位置の電子密度分布はほぼ平坦であるという事実に基づいている．

電子密度を解釈するには，高次元空間での電子

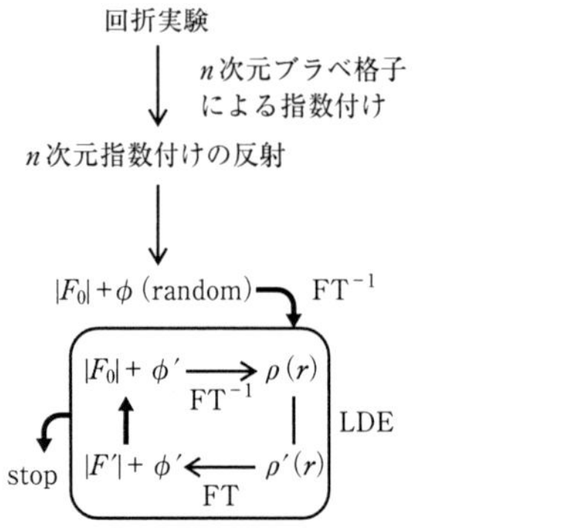

図 4.8 準結晶の構造解析における低密度消去法の流れ

密度の特徴を知っておく必要がある．高次元空間上では原子は点ではなく，正 20 面体準結晶では 3 次元（正 10 角形準結晶では 2 次元）の補空間 $E_\perp$ に広がっている．この領域は占有領域とよばれ，形状と大きさをもっている．まず，この占有領域の位置，形状と大きさを知るために，1 軸を物理空間 $E_\parallel$ に，もう 1 つを直交補空間 $E_\perp$ にとった 2 次元空間の電子密度を描く．

準結晶は対称性が高く占有領域は対称性の高い点にあることが多い．そのため原点など対称性の高い点を通る 2 次元空間を選ぶ．図 4.9 は位相の再構成を施した Zn-Mg-Ho 正 20 面体準結晶の 6 次元格子の電子密度分布の 5 回軸に垂直な 6 次元格子の原点を通る断面図である．電子密度ピーク位置の $E_\parallel$ 成分と $E_\perp$ 成分はそれぞれ原子位置と占有領域の中心の位置を表す．全方位の $E_\perp$ 成分から，占有領域の形とサイズが求まる．占有領域の中心は対称性が高いことから，一般に正 20 面体準結晶の占有領域は高対称の多面体あるいは球状であることが予測できる．この準結晶では図 4.9 の電子密度の強度分布から電子密度の高い D サイトに Ho 原子が位置することがわかる．

一方，2 つの軸を $E_\parallel$ にとった図を書くと実際の準結晶の電子密度の断面が得られる．そのような例として 2 回軸に垂直な断面を図 4.10 に示す．この図から Ho-Ho 原子間の最近接の距離は 0.544 nm, 0.769 nm と 0.88 nm であるが，0.544 nm と 0.88 nm が支配的であることがわかる．実際，同じ準結晶の磁気散乱測定が行われて[10]，上記のような Ho-Ho 原子の相関が確認されている．さらに，HADDF-STEM 観察[11] においても同様な Ho-Ho 原子間距離が確かめられていることから，この準結晶構造における Ho 原子の位置はおおむね正しいといえる．

準結晶の初期モデルを得るには，LDE 法で得られた電子密度の情報のほかに，用いた準結晶試料の密度および化学組成の情報をもとに，原子の点密度が一致するように占有領域（超原子）の大

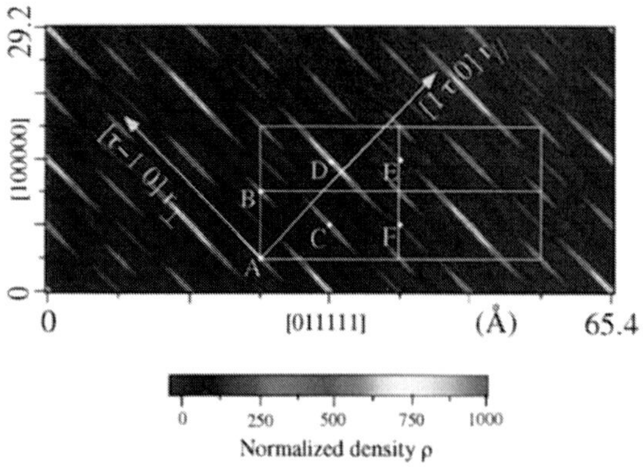

図 4.9 LDE で求めた Zn-Mg-Ho 準結晶の 6 次元空間における電子密度分布の 5 回軸方向の物理空間（‖）と補空間（⊥）成分の断面図
A, B, C, D, E と F はそれぞれ 6 次元空間の［000000］,［100000］/2,［111111］/4,［311111］/4,［322222］/4 および［122222］/4 の位置を表す[7]．

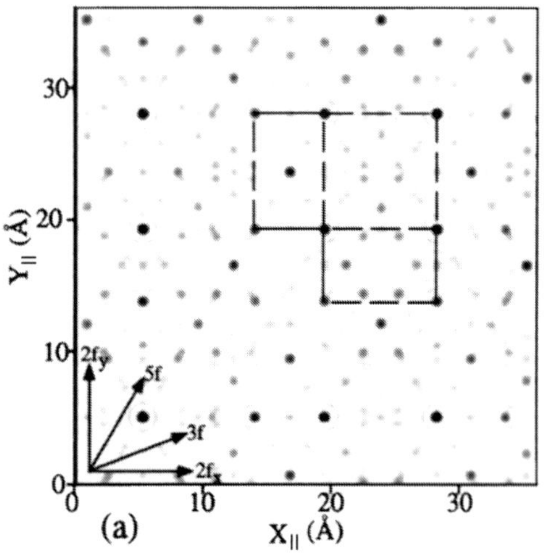

図 4.10 正 20 面体 Zn-Mg-Ho 準結晶の 3 次元空間の電子密度の外部空間における 2 回対称軸に垂直な断面
実線と破線はそれぞれ 0.544 nm と 0.88 nm の Ho-Ho 原子間距離を表す．

きさや形を調整し，全体の形を決めていく．その際，組成が準結晶に近い近似結晶の情報がきわめて重要である．組成が近いために，近似結晶の点密度は準結晶のものとほぼ同じであると考えられる．さらに近似結晶に見いだされるクラスターとその連結が準結晶中に出現するようにクラスター配列を考えて最終的なモデル（占有領域の形とその中の原子分布）を決定する．

c. 高次元のクラスターモデル

高次元のクラスターモデルでは，準結晶のクラスターの配列を仮定する．クラスターの高い対称性を考えると，対称性の高い格子点にクラスターが配列していると考えられる．したがって，適当な準周期パターンの頂点にクラスターが分布していると仮定し，近似結晶でのクラスターの連結を参考としてクラスターモデルを構築する．たとえば，正 20 面体準結晶では，20 面体クラスターを 3 次元ペンローズ格子の 12 配位頂点（twelve-fold vertex）に置く．準結晶構造の大部分はクラスターから構成されるので，クラスターの配列を決めると，おおよその構造が決まってくる．しかし，クラスター以外の隙間に糊付原子が数多く入っている．糊付原子の位置は一義的に決定することができず，その数が多くなると構造に不確定な部分が増え，精密な構造解析が難しくなる．そこで，クラスターを拡張して，より大きな原子クラスターを考えることにより糊付原子の数を減少させるというアイディアが考えられた[11]．この場合，原子クラスター同士の貫入が起きる．最近，このクラスターの貫入が準結晶中に存在すると考えて準結晶の構造を記述することによって，糊付原子の割合を劇的に減少させることに成功し，これによって準結晶構造が精度よく解明された．

d. 構造精密化

このように構築した構造モデルは構造精密化を行う必要がある．モデルから計算した準結晶の構造因子と観測値とを比較しながら精密化を行う．結晶と同じように，最小二乗法で原子位置，温度因子，占有率を精密化するが，準結晶の場合ではフェイゾンを考慮した温度因子も考えなければならないことが特徴である．実験で観測した強度に近づけるように繰り返し，これらのパラメータを精密化する．

準結晶の構造因子は断面法によって計算することができる．ここでは，回折パターンは高次元のフーリエスペクトルの $E_{\parallel}^{*}$ への投影と見なせる（2.3 節，図 2.12）．準結晶では，回折点（反射）は高次元空間における逆格子点との対応が一対一であるため，構造因子は高次元空間のフーリエスペクトルの計算により求まる．$E_{\perp}$ 内で多角形あるいは多面体で定義された占有領域はそれをフーリエ変換することにより，この占有領域の形状因子が計算される．この形状因子は高次元回折ベクトル $\boldsymbol{G}$ の $E_{\perp}^{*}$ 成分の絶対値 $|\boldsymbol{g}_{\perp}|$ が大きくなるにつれて減少する．もちろん，$\boldsymbol{G}$ の $E_{\parallel}^{*}$ 成分 $|\boldsymbol{g}_{\parallel}|$ の増大により，通常の 3 次元結晶と同じように形状因子が減少する．準結晶の構造因子 $F(\boldsymbol{G})$ は式 (4.15) のように表される．通常の X 線による原子散乱因子は原子の周りを取り囲んでいる電子密度のフーリエ変換であり，これは $E_{\parallel}$ 空間で定義される．原子のまわりの電子密度は球対称をもつため，原子散乱因子は方向依存性をもたない．一方，占有領域は $E_{\perp}$ 空間で定義され，$E_{\perp}$ 内で形と方向依存性をもっているので，それをフーリエ変換したものも方向依存性をもつことになる．この構造因子では，原子散乱因子と占有領域の形状因子の単純な掛け合わせになっている．

$$F(\boldsymbol{G})=\sum_{\mu}\sum_{\{R|t\}^{\mu}} f^{\mu}(\boldsymbol{g}_{\parallel})p^{\mu}\exp\left[-B^{\mu}|\boldsymbol{g}_{\parallel}|^{2}/4\right] \times\exp\left[2\pi i\boldsymbol{G}\cdot(R\boldsymbol{r}^{\mu}+t)\right]F_{0}^{\mu}(R^{-1}\boldsymbol{G}) \tag{4.15}$$

$f^{\mu}(\boldsymbol{g}_{\parallel})$ は通常の原子散乱因子，p^{μ} はその原子種の占有確率，B^{μ} は μ 番目の独立な占有領域で定義される独立原子の等方性温度因子である．$F_{0}^{\mu}(\boldsymbol{G})$ は座標位置 $\boldsymbol{r}^{\mu}$ にある占有領域のフーリエ積分である．$\{R|t\}^{\mu}$ は μ 番目の独立な占有領域からそれと等価な占有領域を生成する空間群の対称操作（R：回転操作，t：並進操作）である．この空間群の対称操作により単位胞内の独立な占有領域から新しい等価な占有領域が作られる．

占有領域が $E_\perp$ で多角形（正 10 角形準結晶の場合は 5 角形あるいは 10 角形等）として定義されている場合には，その占有領域のフーリエ積分は多角形をさらに基本的な三角形に分割して行う．フーリエ変換の線形性から，これらの三角形のフーリエ変換の足し合わせで多角形の形状因子が表される．占有領域がさらに三角形の領域に分割できそれらの三角形が υ 個の独立三角形を回転して得られる場合は，$F_0^\mu(\boldsymbol{G})$ は次式で表される．

$$F_0^\mu(\boldsymbol{G})=\sum_{i=1}^{\upsilon}\sum_{R'}F_{0i}^\mu(R'^{-1}\boldsymbol{G}) \qquad (4.16)$$

ここで R' は独立な三角形からそれと等価な三角形をだす対称操作である．

三角形のフーリエ変換は三角形を定義する $E_\perp$ 内のベクトルを $\boldsymbol{e}_1$ と $\boldsymbol{e}_2$ とすると（図 4.11（a）），

$$F_{0i}^\mu(\boldsymbol{G})=V\{q_1[\exp(iq_2)-1]-q_2[\exp(iq_1)-1]\}/q_1q_2(q_1-q_2) \qquad (4.17)$$

と表される．ここで，$V=|\boldsymbol{e}_1\times\boldsymbol{e}_2|$ であり，これは $\boldsymbol{e}_1$ と $\boldsymbol{e}_2$ で作られる三角形の面積の 2 倍である．また $q_j=2\pi\,\boldsymbol{g}_\perp\cdot\boldsymbol{e}_j$ $(j=1,2)$ である．$\boldsymbol{g}_\perp$ は回折ベクトル $\boldsymbol{G}$ の $E_\perp^*$ 成分を示す．

一方，正 20 面体準結晶の場合，占有領域は $E_\perp$ 内で多面体として定義されるので，占有領域のフーリエ積分の計算はこれを四面体に分割して行える．$\boldsymbol{e}_1$, $\boldsymbol{e}_2$ と $\boldsymbol{e}_3$ によって定義される四面体（図 4.11（b））のフーリエ積分は

$$F_{0i}(\boldsymbol{G})=-iV[q_2q_3q_4\exp(iq_1)+q_3q_1q_5\exp(iq_2)+q_1q_2q_6\exp(iq_3)+q_4q_5q_6]/(q_1q_2q_3q_4q_5q_6) \qquad (4.18)$$

で与えられる．ここで，$q_j=2\pi\boldsymbol{g}_\perp\cdot\boldsymbol{e}_j$ $(j=1,2,3)$, $q_4=q_2-q_3$, $q_5=q_3-q_1$, $q_6=q_1-q_2$, $V=\boldsymbol{e}_1\cdot(\boldsymbol{e}_2\times\boldsymbol{e}_3)$ はベクトル $\boldsymbol{e}_1$, $\boldsymbol{e}_2$ と $\boldsymbol{e}_3$ を辺とした菱面体の体積である．

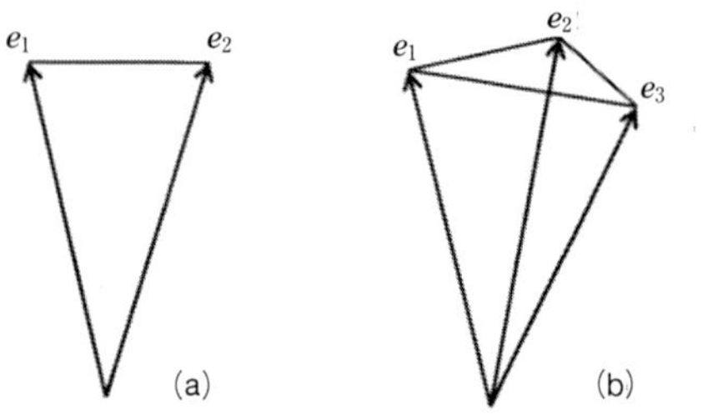

図 4.11　正 10 角形（a）と正 20 面体（b）準結晶の基本占有領域

構造精密化では式（4.15）の占有領域の座標，占有確率および温度因子を変化させ，式（4.15）の 2 乗で与えられる理論強度が観測強度に最も近くなるように決定される．〔蔡　安邦〕

4.5 準結晶原子構造

準結晶の構造解析法が確立され，単準結晶も得られるようになったにもかかわらず，構造解析はなかなか思うように精度を上げることができなかった．その原因は試料に由来する以下の 4 つの理由が挙げられる．(1) 単準結晶試料自身の質の問題：乱れが多く質の低い試料では構造解析に必要な多数の回折強度を得ることができない．(2) 試料の構成元素間の X 線に対する散乱強度差の問題：構成元素間の電子密度の差が小さいと，X 線に対してコントラストが付きにくく，異なる原子が占めるサイトの区別が困難になる．(3) 2 種類以上の原子が同じサイトを占有する：つまり，ケミカルディスオーダー（chemical disorder）が存在する場合，不確定な原子サイトが生じる．(4) 理想的な近似結晶の欠如．最近では，上記の制約をクリアした試料が得られるようになったため，構造の理解がかなり進み，結晶と同じ精度の構造モデルが提案されている．ここでは，正 20 面体準結晶と正 10 角形準結晶について，1 つずつを記述する．

a. Cd-Yb 正 20 面体準結晶の構造

$Cd_{5.7}Yb$ 正 20 面体準結晶は，単準結晶の放射光実験において質の高いことが確認されたこと，Cd と Yb の X 線原子散乱因子の差が大きい（Cd：Z=48，Yb：Z=70）こと，Cd_6Yb という構造既知の近似結晶が存在すること，図 3.9 に示す近似結晶を構成するクラスターの中で Cd と Yb が異なる原子サイトを占める，つまりケミカルディスオーダーが存在しないことなど，今までの準結晶試料上の制約をすべて克服する上，2 つの元素から形成されるという格好の条件を備えた構造解析の試料となっている．そのために，

$Cd_{5.7}Yb$ 正 20 面体準結晶構造が精度よく解析された．前述のように，準結晶の構造は基本的に準周期格子とこれを修飾する原子クラスターによって記述される．ここでは，わかりやすくするために，実空間における原子配置を中心に記述する．構造解析に用いた単準結晶は徐冷法で作製された $Cd_{85}Yb_{15}$ 合金の中から取り出された．回折実験は放射光で行われ，入射 X 線のエネルギーは 20.6 keV（$\lambda=0.60168$ Å）であり，$|\boldsymbol{g}_{\parallel}|\leq 16/2\pi$ Å^{-1}，$|\boldsymbol{g}_{\perp}|\leq 3.5/2\pi$ Å^{-1} の範囲で 5500 個の独立な反射が収集された．回折反射には系統的消滅則が存在せず，準結晶の空間群は $P\bar{5}\bar{3}m$ また，格子定数は $a=a_{6D}/\sqrt{2}=5.689$ Å であると決定された．

1）原子クラスター構造

図 3.9（c）をもう一度見ると，Cd_6Yb 近似結晶の 20 面体クラスターには，中心に 4 面体，その外側に半径が約 4.2 Å の Cd 12 面体，約 5.5 Å の Yb 20 面体，約 6.4 Å の Cd 切頭 20 面体が逐次存在し，クラスターは全部で 66 個の原子からなる．このクラスターが図 4.12（a）に示すように体心立方（bcc）配置した Cd_6Yb 近似結晶の

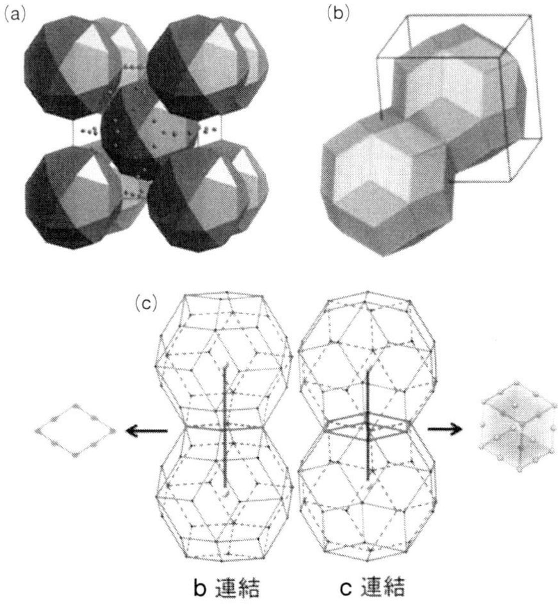

図 4.12　Cd_6Yb 1/1 近似結晶の構造
（a）クラスターを切頭 20 面体の原子層まで考えた場合，多くの糊付原子が残る．（b）原子クラスターを菱形 30 面体（RTH）の原子層まで考えた場合，貫入が生じる．（c）クラスター間の連結

格子定数 $b=15.66$ Å となっている．なお，Cd_6Yb の格子定数 b と $Cd_{5.7}Yb$ 準結晶の格子定数 a との間に $b=a(4+8/\sqrt{5})^{1/2}$ の関係が成り立っており，投影法からの予測と一致していることから，Cd_6Yb は 1/1 近似結晶であることがわかる．通常，原子クラスターの構成はこの層まで考えられ，クラスター間に残る Cd 原子は糊付原子（glue atom）とよばれ，準結晶の構造解析には厄介な存在になっていた．マッカイとバーグマンクラスターにもこのような糊付原子が存在する．しかし，Cd_6Yb 近似結晶において，これらの糊付原子は切頭 20 面体のさらに外側に，菱形 30 面体（rhombic triacontahedron：RTH）の頂点と辺央に Cd が配置した原子層（92 の Cd 原子）を考えると減少する[9]．この菱形 30 面体を構成する菱形は黄金菱形とよばれ，その対角線の長さの比が τ になっている．ここで，菱形 30 面体の菱の長さは準結晶の格子定数に対応している．Cd_6Yb 近似結晶において，すべての 20 面体クラスターにこの層まで含めて考えると図 4.12（b）のようになり，頂点と体心（111）方向（3 回対称方向）の 2 つのクラスターに貫入が発生する（図 4.12（c））．貫入する部分はちょうど扁平菱面体（oblate rhombohedron）になっている．この場合，［100］方向（2 回対称方向）におけるクラスター間の連結では黄金菱形を共有することになる（図 4.12(c)）．準結晶の構造と関連づけるため，2 回対称方向と 3 回対称方向の連結をそれぞれ，**b** 連結（長さ：b），**c** 連結（長さ：c）とよぶことにする．ここで，$c=b\sqrt{3}/2$ となっている．この大きな菱形 30 面体をクラスターとして考えることにより，Cd_6Yb 近似結晶のすべての原子が記述できる．すなわち，糊付原子がなくなる．この場合，クラスターあたりの原子数は 158 になる．なお，バーグマンクラスターを有する Al-Zn-Mg1/1 近似結晶およびマッカイクラスターを有すると思われる Al-Pd-Mn 1/1 近似結晶も 1 つの菱形 30 面体クラスターで記述できることが明らかになっている．

X 線回折の結果から $Cd_{5.7}Yb$ 準結晶の位相再構成を行うために，先に述べた低密度消去法が適

用された．計算時間を節約するため，計算は最強の約千個の反射が用いられた．こうして準結晶の6次元空間の単位胞内の電子密度分布を求めることができる[13]．図4.13は（a）5回対称軸，（b）3回対称軸および（c）2回対称軸を含む電子密度の2次元断面図である．図4.13（a）の中心にある長方形は6次元立方格子の単位胞の断面であり，電子密度が頂点V：(000000)，体心B：(111111)/2および辺央E：(100000)/2のような対称の高い位置の近傍に集中していることがわかる．また，全体として2種類の密度分布が観測され，電子密度の高いサイトはYbの位置，電子密度の低いサイトはCdの位置にそれぞれ対応している．図4.13において（a）では体心から5回対称方向 ±5.6Å の位置にYb原子，（b）では体心から3回対称方向 ±4.6Å の位置にCd原子，（c）では体心から ±6.5Å の位置にCd原子がそれぞれ存在する．ほかの5，3，2回対称軸に対して同じ操作を施し，2回軸に垂直に体心を通るように断面を切ると，図4.14（a）のような2回対称面における原子の分布が得られる．いくつかの断面から，図4.14（b）のような原子クラスター構造が構築された[14]．図4.14で明らかなように，準結晶は近似結晶と同じ原子クラスターから構成されていることがわかる．一般に準結晶のクラスターの構造を直接に確認することは難しいので，近似結晶のクラスターを仮定した構造解析が行われているが，Cd-Yb系では準結晶と近似結晶とは同じクラスターをもっていることが検証されたことになる．

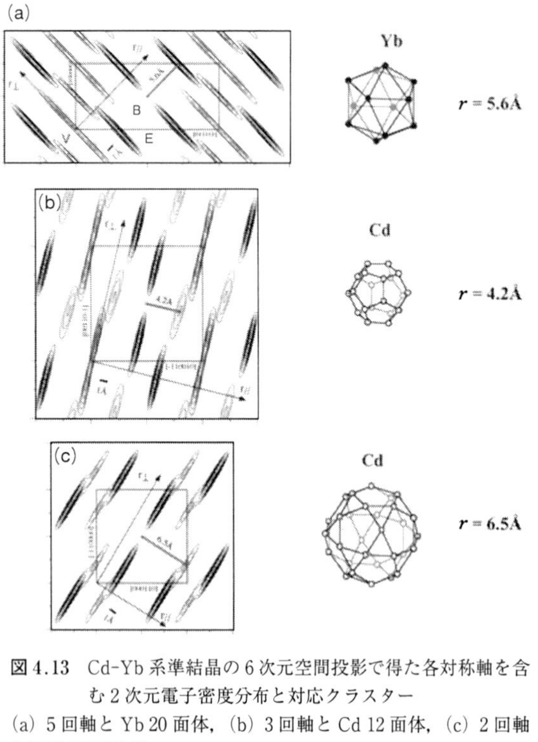

図4.13　Cd-Yb系準結晶の6次元空間投影で得た各対称軸を含む2次元電子密度分布と対応クラスター
（a）5回軸とYb 20面体，（b）3回軸とCd 12面体，（c）2回軸と切頭20面体[10]．

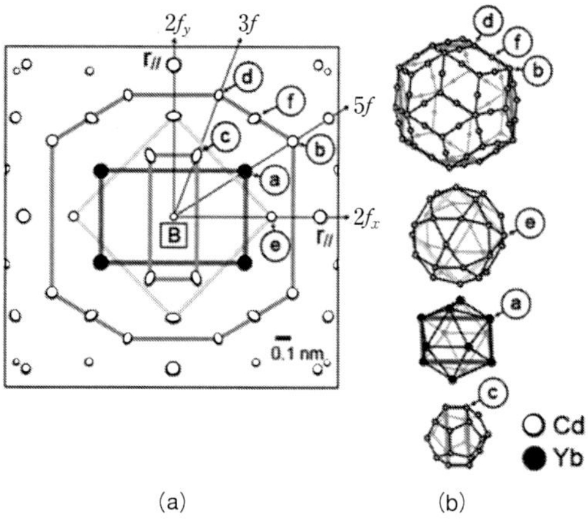

図4.14　（a）Cd-Yb準結晶の菱形30面体クラスター（RTH）の2次元断面の電子密度分布と（b）これらの断面から求めた各原子層の構造．（a）では色の濃い方の電子密度が高い[11]．

2）3次元準周期格子における原子クラスターの配置

準結晶構造を構成する大部分の原子はクラスター中にあるので，3次元空間におけるクラスターの配置がわかれば，おおむねその構造が決まる．通常，対称性の高いクラスターは対称性の高い格子点に位置することが予想される．そこで，正20面体準結晶の場合，正20面体クラスターを3次元ペンローズ格子（Amman図形）とよばれる準周期格子中の対称性が最も高い12配位頂点位置に置く．ただし，12配位頂点位置には5回軸方向に**a**連結とよばれる短い距離をもつ頂点対が現れるので，この場合はその一方を除外する．$Cd_{5.7}Yb$では菱形30面体クラスターをこのような12配位頂点位置に置くことによって，1/1近似結晶で見られたような**b**連結（2回軸）と**c**連結（3回軸）のみからなる準周期構造が得られ

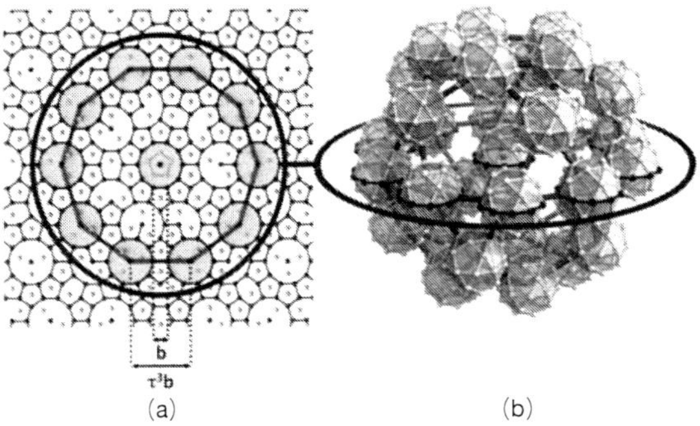

図 4.15　Cd-Yb 準結晶における RTH クラスター（小さい球）の分布
（a）RTH 密度の高い断面図，（b）RTH の空間分布[9]．

る．この配置には，5 回対称軸方向の短いクラスターの連結がないことに注意すべきである．このように配置した菱形 30 面体クラスターの分布は図 4.15（口絵参照）に示すようになる．（a）は 5 回対称軸の垂直方向にクラスター密度が高い面に沿って切った断面である．すべての濃淡色の丸は菱形 30 面体の中心を表している．この稠密な面のクラスターの分布は断面に対して多少起伏がある．オレンジ色の丸は面のすぐ上，緑の丸は面のわずか下にそれぞれ位置し，黒丸と青丸はちょうど面内にある．丸の間のボンドは **b** 連結を表している．（b）は菱形 30 面体クラスターの 3 次元ネットワークを示し，小さい丸は 1 つのクラスターを表す．見やすいように，中の一部のクラスターを抜き取ってある．小さい丸自身が切頭 20 面体のクラスターを形成し，さらにこのクラスターがもう一まわり大きい切頭 20 面体を作る．丸い黒線の位置で切った断面が（a）である．（a）の中心にある 10 角形は（b）の中心にある小さい切頭 20 面体クラスターの断面となり，太線の大きな 10 角形はクラスターによってつくられる大きな切頭 20 面体の断面に対応している．この大小の切頭 20 面体の辺の長さの比は τ^3 となっており，3.2 節 2）で述べた P 型準結晶の相似比に対応している．この構造モデルでは，菱形 30 面体クラスターに含まれる原子数は準結晶全体の原子数の 93.8% にもなる．構造は複雑そうに見えるが，原子クラスターに着目すれば，構造の構築原理は意外に単純である．

3）クラスター間の空間充填

すべての原子が菱形 30 面体クラスターに含まれた 1/1 近似結晶に対して，準結晶の構成単位がわずか数%の糊付原子しか含まないということは，両者が構造と組成が類似していることを示唆する一方，準結晶を構成する新たな構造単位を考える必要があることも意味する．図 4.16（a）に単結晶構造解析で決定された 2/1 近似結晶の構造を示す．これは 1/1 近似結晶と同様に菱形 30 面体が **b** 連結と **c** 連結で繋がっているが，そのほかにもう 1 つの構造単位，扁長菱面体（prolate rhombohedron）が必要となる．したがって，**c** 連結で形成される扁平菱面体と合わせて考えると，2/1 近似結晶を形成する構造単位は図 4.16（b）に示す 3 種類となる．3 つの構造単位の頂点と辺央はすべて Cd 原子によって占められるが，扁平菱面体の鈍角頂点（3 回対称サイト）は部分占有であることに注意すべきである．一方，扁長菱面体の長い対角線上は 2 つの Yb 原子によって黄金分割されている．1/1 近似結晶に比べて 2/1 近似結晶の組成は準結晶に近づき，扁長菱面体の導入により，構造的に準結晶に近いと考えられる．さらに高次元射影法で導かれた 3/2 近似結晶の構造も菱形 30 面体，扁長菱面体と扁平菱面体の 3 つの構造単位から構成されるので，準結晶も同じ構造単位で構成されると考えられる．実際の

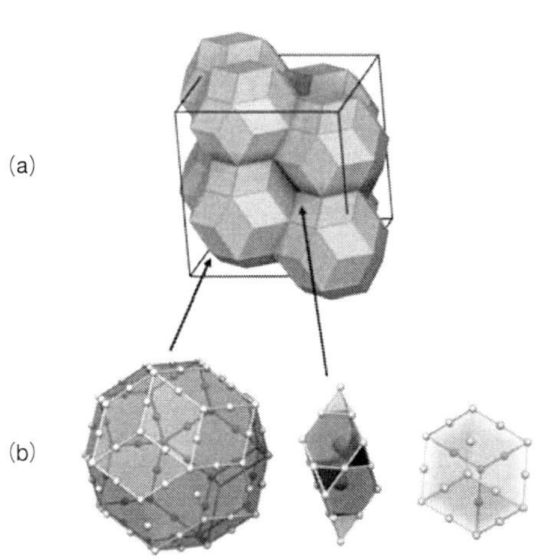

図 4.16　Cd-Yb 2/1 近似結晶における（a）RTH の配置と（b）構造単位

準結晶の構造はこのようにして構築された．原子クラスターの決定だけでなく，空間充塡に必要な構造単位の決定においても一連の近似結晶の果たす役割が大きいことは明らかである．

4）構造モデルの占有領域（超原子構造）

上記の原子クラスターの配置とその間の空隙の充塡を併せて，6次元クラスターモデルが構築される．この6次元クラスターモデルの構造因子を計算するのに，原子クラスターおよび各種原子の位置を形成する3次元補空間の占有領域（超原子）を決める必要がある．

図4.17（a）に示す5回対称方向の角が切り落とされた菱形30面体（truncated triacontahedron：切頭30面体）のような形状を有する占有領域はモデルの菱形30面体クラスター中心の位置を形成する．内部空間の占有領域において5回対称方向の角の切り落としは，RTHクラスター同士の5回軸方向の（近すぎる）連結を除外するためである．第2章で述べたように菱形30面体の占有領域は3次元ペンローズ格子（頂点）を作り出すのに対して，切頭30面体はペンローズ格子の部分集合にあたる12配位頂点の位置の一部（図4.14の小さい球の位置に対応する）を形成する．ただし，切頭30面体のサイズは$1/\tau^2$倍だけ小さくなっている．

一方，6次元空間立方格子の頂点（V：(000000)），辺央（E：1/2（100000））および体心（B：1/2（111111））に図4.17（b）に示す複雑な多面体の占有領域をおくことによって各種原子の位置が決定される．それぞれの原子位置を精密に決めるために，これらの占有領域はさらに分割される．たとえば，対称性を考慮して体心の占有領域の独立した部分を分割すると図4.16（c）のような非対称の占有領域が得られる．この中で9,10と記している領域はYbの原子サイトを決定し，それ以外の領域はCdの原子サイトを決める．この構造モデルで得られた組成は$Cd_{83.7}Yb_{16.3}$となり，実際の試料組成（$Cd_{84}Yb_{16}$）とよく一致する．また，5000個を超える独立反射に対して構造モデルの信頼度因子（R因子）が9.4%ということはこのモデルの精密さを反映している．準結晶の構造がこれほど厳密に決定されたのはCd-Yb準結晶がはじめてである．

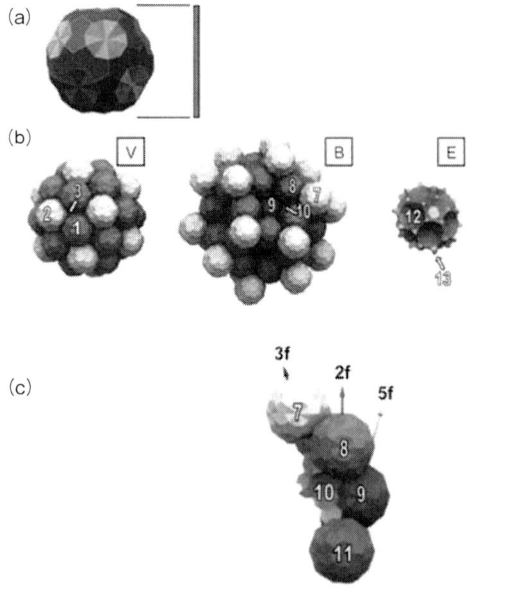

図4.17　Cd-Yb準結晶構造を構築する占有領域
（a）RTHクラスターセンターの位置を出す領域，（b）各CdとYb原子位置を出す領域，（c）（b）を分割して得られた独立な占有領域[13]．

b. Al-Ni-Co正10角形準結晶の構造

Al-Ni-Co系においては組成と温度によってさまざまな構造を有する正10角形準結晶が形成される．構造がバラエティーに富む理由は必ずしも明らかになっていないが，2回軸の電子線回折パターンにおいて$\boldsymbol{c}^*/2$，$\boldsymbol{c}^*/3$とこれらの整数倍の逆格子位置に強い散漫散乱が観測されることから，多かれ少なかれ周期方向における原子層の積層不整が関与していると思われる．ここでは，散漫散乱を示す回折面が観測されず，唯一原子構造が決定されたbNi（$Al_{72}Ni_{20}Co_8$）とよばれる相の構造を例として，原子クラスターの視点から記述する．また，この正10角形準結晶は，$z=0$および$z=c/2$の2つの原子層の積層で構成されている．正20面体準結晶は3次元の準周期構造なので近似結晶がないと原子クラスターの構造決定が困難である．一方，正10角形準結晶は10回対称軸から眺めると，5角形のコラム構造になっているので，高分解能透過電子顕微鏡を用いて原子クラスター の有力な情報を抽出できる．したがって，正 10 角形準結晶の場合，高分解能電子顕微鏡と単結晶 X 線構造解析を併用すれば，近似結晶がなくても準結晶構造はある程度決定できる．とくに最近では高角散乱環状暗視野走査型透過電子顕微鏡法（HAADF-STEM 法）を用いて原子クラスター内部の原子分布を元素ごとに分解することに成功し[15]，正 10 角形準結晶構造の理解が大きく進展した．

1）高分解能電子顕微鏡による構造解析

正 10 角形準結晶は 2 次元の準周期構造なので，ペンローズ図形と結びつけてその構造が盛んに議論されていた．初期には，ペンローズ図形の格子点，辺央あるいは面心等のサイトに原子を配置して，構造モデルの構築が行われていた．しかし，原子間距離に著しく短いものが出ないように考慮して原子を配置すると，ペンローズ図形の特定のサイトの原子配置が一義的に定まらない．たとえば，一辺が構成原子の直径程度のペンローズ図形のすべての格子点に原子をおくと，やせた菱形の短い対角線上の 2 つの格子点の距離が極端に短くなる．その後高分解能電子顕微鏡像に基づいて Al-Ni-Co の構造モデルがバーコフ（Burkov）によって提案された[16]．このモデルは図 4.18 に示すような大きな正 10 角柱原子クラスター（直径約 2.06 nm）を考え，クラスター間の連結は辺が 1.03 nm の 2 種類の菱形（やせた菱形と太った菱形）でペンローズ図形を構成する．図 4.18 は $z=0$（白抜き）と $z=c/2$（黒塗り）の 2 つの原子層を重ねて示している．この場合，菱形の一辺の長さはちょうど原子クラスターの半径になる．つまり，辺長が約 1.03 nm の菱形で構成されたペンローズ図形の頂点に原子クラスターを置いた構造となっている．やせた菱形では隣接する 2 つの大きな原子クラスターは 10 角形の辺を共有し，太った菱形では隣接クラスター間に貫入が生じる．その際，ペンローズ格子の頂点には，偶頂点（$2\pi/5$ と $4\pi/5$ の角度のみで構成される頂点）と奇頂点（$\pi/5$ と $3\pi/5$ の角度のみで構成される頂点）の 2 種類があり，必ず奇頂点はクラスターの中心，偶頂点はそのコーナーにそれぞれ配置することになっている．この制約は原子クラスターにおけるユニークな原子修飾に由来する．このクラスターモデルは，大きな原子クラスター以外に，隙間を埋める糊付原子はなく，著しく短い原子間距離も現れないので，正 10 角形準結晶の有力な構造モデルとして注目されていた．また，準結晶の構造に原子クラスター間の貫入（重なり合い）という概念がはじめて導入されたモデルでもある．

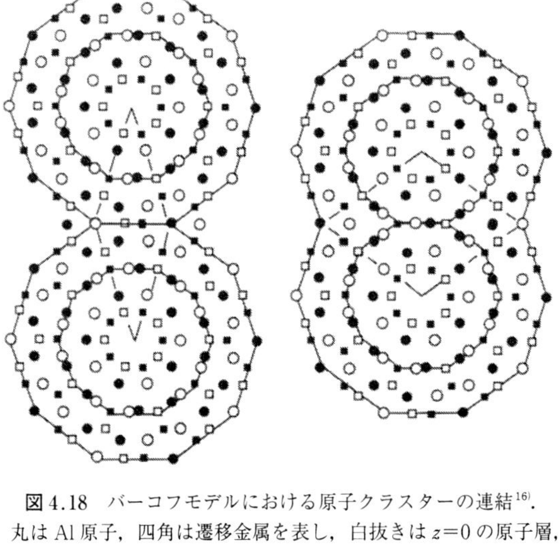

図 4.18　バーコフモデルにおける原子クラスターの連結[16]．丸は Al 原子，四角は遷移金属を表し，白抜きは $z=0$ の原子層，黒塗りは $z=1/2$ の原子層を表す．

しかし，このモデルには 2 つの問題が残っていた．1 つはモデルの組成は $Al_{60}TM_{40}$（TM＝Ni＋Co）となっており，現実の準結晶（$Al_{70}TM_{30}$）に比べて遷移金属である TM の濃度がかなり高いことである．もう 1 つはモデルの原子クラスターの対称性である．バーコフモデルでは大きな原子クラスターの対称性を $5m$ と仮定されたが，前述の HADDF-STEM 電顕法によって，直径 2 nm の大きな原子クラスターの中心で 5 回対称が破れることが明らかにされた．図 4.19（a）は bNi 相である $Al_{72}Ni_{20}Co_8$ の HADDF-STEM 像であり，黒線の正 10 角形は 2 nm の原子クラスターに対応している．図に示すようにクラスター中心のイメージのコントラストには，5 回対称ではなく鏡映対称のみ現れる．原子クラスターにおける対称性の破れは同じ試料で普遍的に観測されたので疑いの余地はない．一方，HADDF-

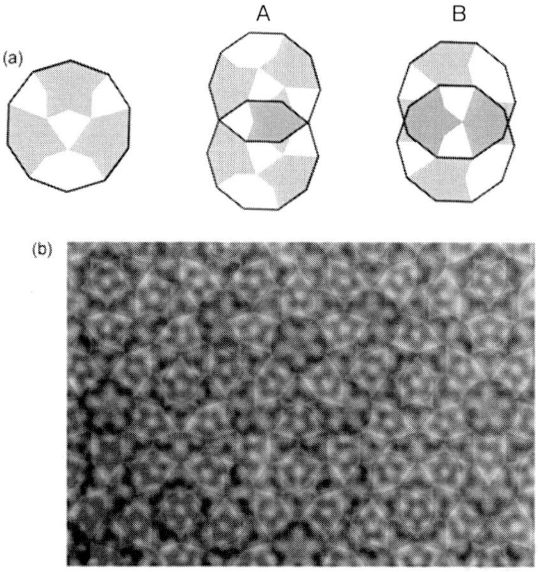

図 4.20　(a) グンメルト 10 角形とその連結および (b) Al-Ni-Co 準結晶の HAADF 像とグンメルトタイリングとの重ね合わせ

STEM 高分解能像に基づいたモデル構築[17]では，準結晶構造の組成が約 $Al_{74}TM_{26}$ となっており，試料の組成に比べて妥当な値となっている．このモデルは $Al_{13}Fe_4$ 構造をベースに半径が約 0.4 nm の 2 種類 5 角形クラスターで記述されているが，図 4.19 (a) に示すような 2 nm のクラスターが明瞭に見られる．構造モデルに基づき，直径約 2 nm の正 10 角形に原子を配置すると，図 4.19 (b) のように記述できる．正 10 角形内部を濃淡の色分けでいくつかの区域に仕分けることができる．言い換えれば，正 10 角形は 4 種類の単位の一定な配列によって構成される．このような正 10 角形はグンメルト (Gummelt) 10 角形とよばれ[18]，極性をもっていることに注目すべきである．また，モデルに従って配置した原子が正 10 角形内の仕分けた区域の特定のサイトにあることがわかる．ここで，大きな丸と小さな丸はそれぞれ TM (TM＝Ni, Co) と Al を表しており，黒丸と白丸はそれぞれ $z=0$ と $z=1/2\,c$ の原子層にある原子を表している．一方，グンメルトは図 4.20 (a) 左に示すような正 10 角形を用いて，図 4.20 (a) の中央と右の 2 通りの重なり合いを許しながら貼り合わせていくと，図 4.20 (b) のような非周期 (グンメルト) タイリングの図形が得られることを示した[19]．したがって，図 4.19 (b) のように原子で修飾した正 10 角形を用いれば，Al-Ni-Co 準結晶の構造を構築することができる．グンメルト 図形の記述の仕方はペンローズ図形と異なるが，本質的にペンローズ図形の書き換えであるので図 4.20 (b) をペンローズ図形に描きかえることもできる．グンメルト図形を用いた場合，直径 2 nm の正 10 角形クラスターだけで準結晶の構造を記述でき，構造を理解するという点ではきわめて便利である．また，原子が修飾したクラスターで準結晶構造の安定化機構を議論することが可能であるのも 1 つの利点である．最近，X 線や電子顕微鏡の構造解析によるいくつかの構造モデルが提案されたが，モデル間に大きな違いはないので，Al-Ni-Co 準結晶の局所構造は基本的に図 4.19 (b) に記述されるような構造であるとして理解してよい．

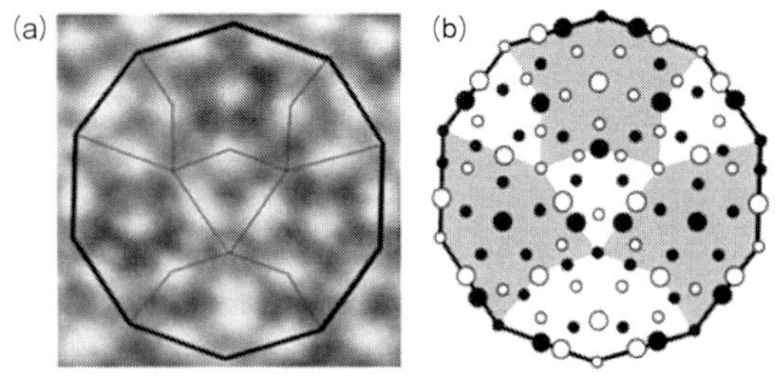

図 4.19　Al-Ni-Co の HAADF 像 (a) と原子を配置した Gummelt 10 角形 (b)
大丸：TM 原子，小丸：Al 原子，黒塗り：$z=0$，白抜き：$z=1/2\,c$

2) X 線構造解析

一方，X 線による構造解析も行われてきた[20]．X 線構造解析において，初期モデルの構築は高分解能電子顕微鏡像のクラスターや近似結晶を参考に行われたが，最近では LDE 法 (直接法) でも Al 原子と遷移金属原子の区別が可能であるので，電子顕微鏡の結果と比べることができる．

図 4.21 に bNi 正 10 角形準結晶のフーリエ図を示す．直接法 (a)，(b) と構造精密化後 (c)，(d) の電子密度に差があることがわかる．一方，電子密度は (a) の方が (b) より高く，(a) は Ni, Co に，(b) は Al に対応することが推察され

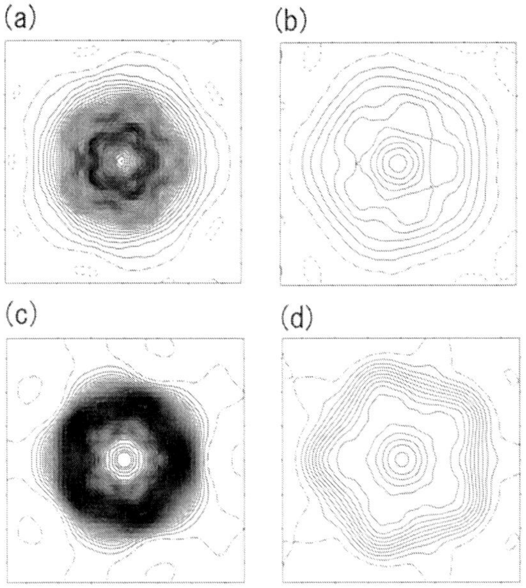

図 4.21 bNi Al-Ni-Co 正 10 角形準結晶のフーリエ図
(a), (b) は LDE 法で得られた構造因子を用いたもの, (c) (d) は構造精密後の構造因子を用いたもので, (a), (c) は (1, 1, 1, 1, 5z)/5 にまた (b), (d) は (2, 2, 2, 2, 5z)/5 (z=1/4) にある.

る. 構造精密化後の電子密度にこの特徴が認められる. 構造解析においてこの情報を利用して構造精密化に必要なモデルを構築する.

図 4.22 は単結晶の X 線構造解析で決定された bNi 正 10 角形準結晶の構造モデルを示している. X 線では Ni と Co を区別できないので, これらの原子サイトでは Ni と Co が混合していると仮定された. この構造モデルを 2 次元ペンローズ格子で記述することができる. 頂点を実線で結んだ 2 種類の菱形はペンローズ図形を構成しているが, 中にはグンメルト 10 角形クラスターが形成される. これを図 4.19 の構造モデルと比較すると, 正 10 角形の辺上にごく一部の Al/TM サイトの違いが認められるが, ほとんど等価であることがわかる. グンメルト 10 角形のみで長距離構造を記述する場合には問題点がある. 現実の Al-Ni-Co 準結晶が長距離の準周期構造を維持するためには, ある程度のディスオーダーあるいはフェイゾンの導入が必要なので, 一義的に原子が修飾されたクラスターのみを用いて記述することは困難である.

5 次元結晶の射影法を用いたこの構造モデルで

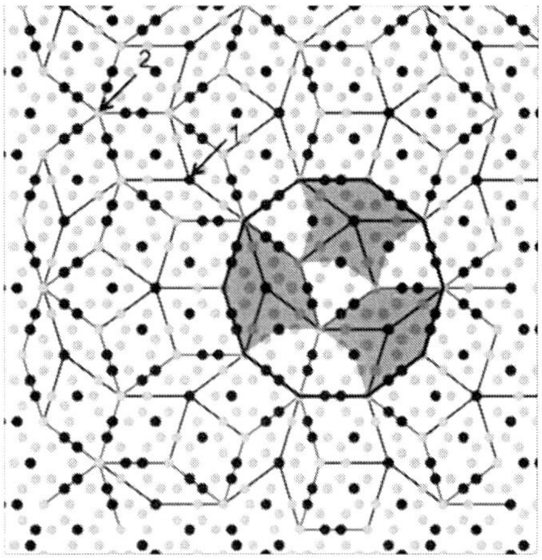

図 4.22 10 回軸から投影した Al-Ni-Co b-Ni 相の構造モデル
黒は遷移金属 (Ni, Co) を, 灰色は Al を表す. 原子を配置したグンメルト 10 角形も示されている.

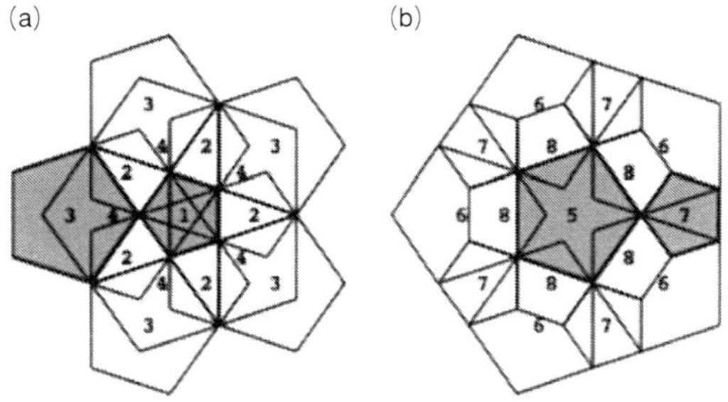

図 4.23 Al-Ni-Co b-Ni 相の構造モデルの占有領域
(a) は (1, 1, 1, 1, 5z)/5 にまた (b) は (2, 2, 2, 2, 5z)/5 (z=1/4) にある.

は 2 次元空間のペンローズ図形の頂点にクラスター原子が分布していると仮定された. その占有領域を図 4.23 に示す. この占有領域はペンローズ図形に用いられる大小 2 種類の 5 角形とそれを反転した 4 つの占有領域, A, B, C, D (2 次元ペンローズ格子の作成を参照) をベースに作られた. また, このモデルには対称中心があると仮定されている. そのうちの 2 つを図 4.23 に示す. 図 4.22 で頂点 1 と 2 はそれぞれ, 図 4.23 (a), (b) の中心にある灰色の 5 角形占有領域 1 と 5 から形成される.

図 4.23 で中心にある 5 角形以外は頂点のまわりの原子位置を出す部分である. また, 重なっている部分は 2 つのクラスターで共有される原子位置を出す. 図 4.23 (b) の全部と (a) の一部は

Al 原子の位置を出す領域である．また，これらの占有領域を非対称の三角形に分割できることに注目したい．　〔蔡　安邦〕

4.6　準結晶表面構造

良質で大きな単準結晶が得られるようになり，さまざまな手法による準結晶の表面研究が可能になった．とくに走査トンネル顕微鏡（STM）を利用した表面の原子レベル分解能での観測は，準結晶研究のかなり早い時期から行われ，準結晶の表面がバルク構造を保って終端することが確認されるなど，準結晶の構造と安定性の研究に大きく貢献した[20]．たとえば，図 4.24 に示される Al-Pd-Mn 正 20 面体準結晶の 5 回対称清浄面の高分解能 STM 像[21]には，準結晶構造を特徴づける 5 角形および準周期構造が観測されるが，これらの事実から表面も準結晶の構造が保たれていると考えられる．しかし，当初は準結晶のバルク構造が未知であった上，STM 像からは原子の種類が識別できないため，観測された像を必ずしも十分に説明できなかった．前述のように，最近では構造に対する理解が格段に進展したため，STM で観測されたテラスの形態や原子像が，構造モデルと対応して議論できるようになった．準結晶の表面再構成の有無の確認および表面の構造によるバルク構造モデルの検証という意味で，STM による表面研究はきわめて重要である．ただし，これまでに作製された単準結晶の多くは，Zn, Mg, Cd などの低融点・高蒸気圧の元素が含まれているため，清浄な表面を作製する際に真空チャンバーの汚染を招くおそれがある．そこで，準結晶の表面研究は，汚染の心配のないものを対象に，清浄表面の構造および準結晶面上の膜成長について行われてきた．ここでは，Al-Cu-Fe, Ag-In-Yb および Al-Ni-Co の 3 つの準結晶について，準周期構造に由来する表面の構造とその安定性を，STM の観測結果を中心に構造モデルと関連付けて解説する．

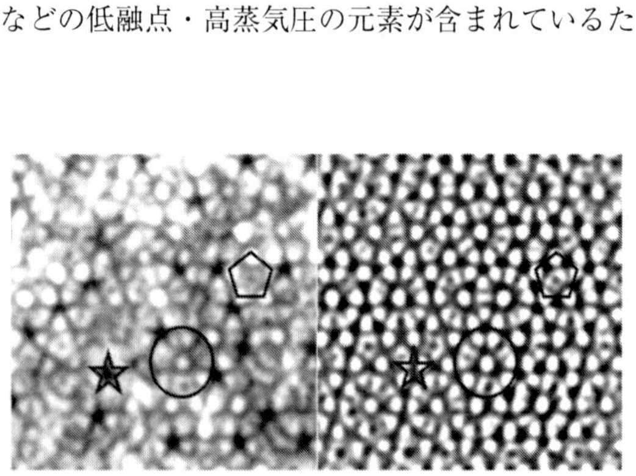

図 4.24　Al-Pd-Mn 正 20 面体準結晶の 5 回対称清浄面の高分解能 STM 像（左）とそれをフーリエ変換処理した像（右）[22]

準結晶の清浄な表面を得るために，超高真空中で Ar イオン照射とアニールが交互に行われた．合金系によって条件が異なるものの，すべての準結晶はこのような処理で清浄面が作製された[23]．

a. Al 系正 20 面体準結晶 5 回対称面

1）ステップ・テラスの構造

図 4.25 に代表的な Al 系準結晶である Al-Cu-Fe 準結晶の 5 回対称清浄面の STM 像を示す[24]．広い範囲（μm のオーダー）にわたって平らなテラス構造が形成されることがわかる．際立った特徴は，ステップの高さが一定ではなく，高さの異なる 2 種類の基本ステップ L と S から構成され，すべてのステップが mS + nL（m, n：整数）で表されることである．ここで，L∼0.37 nm で L と S の比は黄金比 τ に近い値をとる．さらに，一連のステップにわたって L と S の並びはフィボナッチ列の一部になっている．たとえば，図 4.25（c）では LSLLS という配列が見えるが，これは第 4 世代以後のフィボナッチ列に現れる配列である．一方，SS, LLL, LSLSLS のようなフィボナッチ列には存在しない配列は観測されない．これらの事実から，L と S の積層はフィボナッチ列をなしているといえる．このような特徴は，Al-Pd-Mn 準結晶と Al-Cu-Ru 準結晶でも観測されることから，Al 系正 20 面体準結晶に共通であることがわかる．なお，図 4.25（d）に見られる高いステップの場合，ステップ中の L と S の前後関係は必ずしも明確ではないが，図 4.25（b）に矢印で示す 2 つ以上のステップが束になった部分（step bunching）を見れば，その順序を見分けることができる．図 4.25（d）に，step bunching

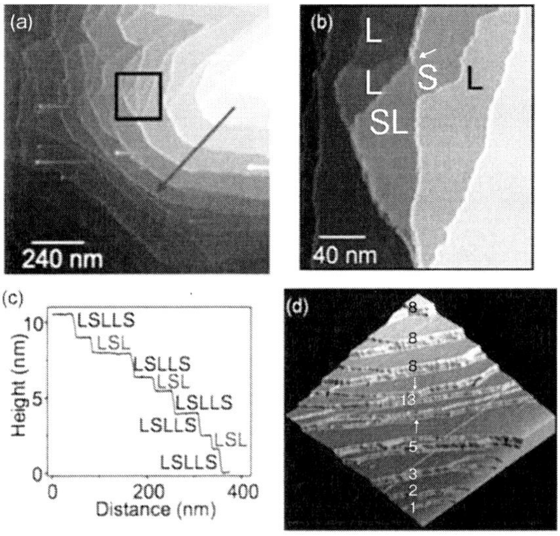

図 4.25 Al-Cu-Fe 正 20 面体準結晶の 5 回対称清浄面の STM 像[24]

(a) ステップ・テラス構造, (b) (a) の一部の拡大 (c) (d) ステップの分布

とそこに含まれる基本ステップの数を示す.

3 つの Al 系正 20 面体準結晶について, 5 回対称面における異なる高さのステップの出現頻度を図 4.26 に示す. いずれの準結晶においても, L (〜0.37 nm), S+L (〜0.58 nm), S+2 L (〜0.96 nm), 2 S+3 L (〜1.57 nm) といった高さの出現頻度が高く, S やほかの高さが極端に低い. 出現頻度の高いステップの高さの比は黄金比の関係になっている. さらに, テラスの相対的な広さとその直下のステップとの間には相関が存在する. 図 4.25 (b) に示すように, 出現頻度が小さい S は, 比較的狭いテラス直下に現れ, 長さも短くすぐに大きなステップに束ねられてしまう傾向がある. 一方, 広いテラスは L のほか, S+L, S+2 L などの束になったステップの上にも現れることが多く, テラスの直下はたいてい L になっている. これらの事実から, 広いテラスを作る安定な表面は L ステップの上の面であることがわかる.

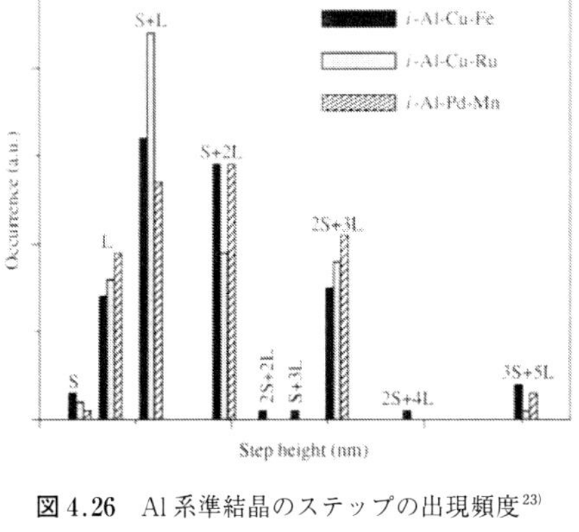

図 4.26 Al 系準結晶のステップの出現頻度[23]

2) 終端面の生成

図 4.27 は Al-Pd-Mn 正 20 面体準結晶の構造モデル[24] から得た原子座標をもとに, バルク構造を 5 回軸に垂直な方向への投影の模式図である. 5 回軸方向で原子の存在しないギャップ (0.07 nm 以上の間隔に原子が存在しない隙間をギャップとして定義する) と原子層を単純化して表示してある. 図 4.27 (a) に示すように厚い原子層 (L) と薄い原子層 (S) がフィボナッチ列をなしていることがわかる. また, 原子層と直下のギャップをあわせた厚さは, 0.40 (±0.40) nm あるいは 0.24 (±0.30) nm となっており, 図 4.25 に観測された 2 種類のステップ L と S にそれぞれ対応している. また, ギャップもそのサイズによって, L_G = 0.115 (±0.01) nm と S_G = 0.07 (±0.01) nm の 2 種類に分けられる. そこで, 大きなギャップに隣接している原子面が相対的に安定と考え, L_G を挟む両側の原子面が表面に現れやすいとする. つまり, 大きなギャップでのみ終端すると仮定すると, 図 4.27 (a) で L_G だけを残すことになり, 結局図 4.27 (b) の

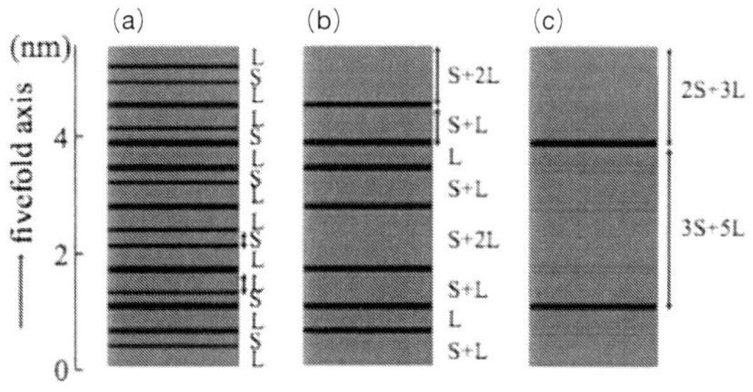

図 4.27 Al-Pd-Mn 準結晶のバルク構造の 5 回軸に垂直な方向への投影図

灰色原子層, 黒 : ギャップ. (a) 厚い原子層 (L) と薄い原子層 (S) がフィボナッチ配列をなしている. (b) (a) で大きなギャップのみを残すと S がなくなり, S+L, S+2 L が現れる. (c) (a) で大きなギャップでかつギャップ直下の原子層の表面原子密度が高い場所を残すと, 2 S+3 L 以上の原子層が出現する.

ようにL，S+L，S+2Lなどの原子層が残る．さらに，大きなギャップでなおかつ直下の原子面密度（表面より0.4 nmの深さに含まれる原子数で定義）が高いところでのみ終端するならば，2S+3Lや3S+5L以上の大きな原子層も出現する．この場合，構造モデルから計算したL, S+L, S+2Lおよび2S+3Lの相対的出現頻度も観測とほぼ一致する．この大きなギャップ直下で原子面密度が高い層のみで終端することを終端面生成ルールとよぶことにする．原子面密度とともに組成が原子面によって異なっており，構造モデルによれば大きなギャップに隣接する原子面におけるAlの濃度は70～99 at.%の値をとる．準結晶の最表面のAlの濃度がバルク組成（$Al_{63}Cu_{25}Fe_{12}$）のそれより高いことが多くの研究で報告されており[26]，構造モデルの予測と一致している．このように終端面生成ルールを適用すれば，STMで観測されたステップ・テラス構造の特徴を説明することができる．

3）表面の局所構造

構造モデルと観測結果から，最表面は主にAl原子によって占められることがわかった．したがって，図4.24に示すように，5回対称面の高分解STM像で見えている原子像は，基本的にAl原子に対応している．射影法からもわかるように，原理的に準結晶では同じ5回対称軸に向いていても，まったく同じ原子面が存在しないので，表面観察による構造の議論は準結晶を構成する正20面体原子クラスターといった局所構造に限られる．たとえば，5回対称面の高分解能STM像には，図4.28に示すように5回対称性をもつ3種類の特徴的な構造単位が頻繁に現れる．一方，図4.29に示すように終端面生成ルールを構造モデルに適用して得られた終端面（大きなギャップの直下にある高原子密度面）の構造においても，これら3種類の単位が高密度に存在することが確認できる．したがって，STM像は構造モデルの妥当性を検証したといえる．

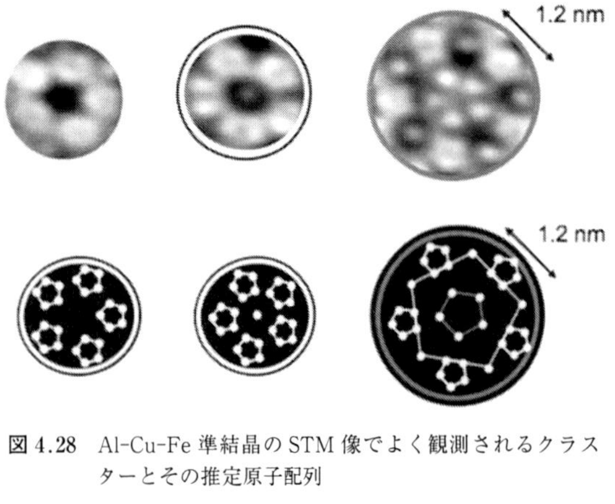

図4.28　Al-Cu-Fe準結晶のSTM像でよく観測されるクラスターとその推定原子配列

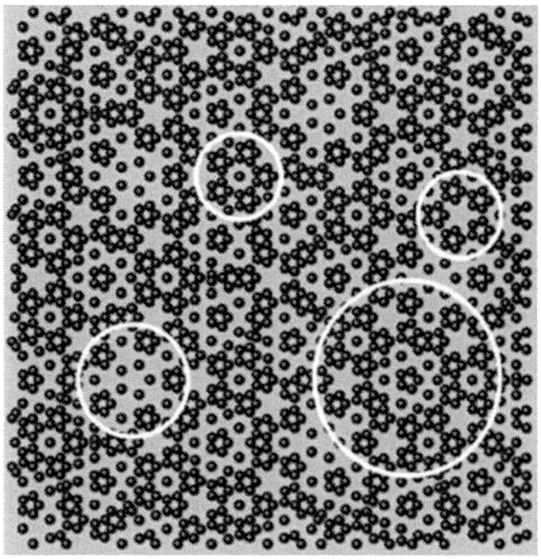

図4.29　終端面生成ルールをAl-Pd-Mn準結晶の構造モデルに適用して得られた5回軸方向の終端面[21]

b. Ag-In-Yb正20面体準結晶5回対称面

Ag-In-Yb準結晶はAl系以外で表面構造が調べられた唯一の正20面体準結晶であり[27]，第3章で述べたようにAl系準結晶とは異なる20面体クラスターで構成されるので，特有な表面構造が予想される．

1）ステップ・テラスの構造

図4.30にAg-In-Yb正20面体準結晶の清浄な5回対称面のSTM像（a），（b），低エネルギー電子回折（low energy electron diffraction：LEED）図形（c）および観測されたステップの高さの出現頻度（d）を示す．平らなステップ構造が広い範囲にわたって形成され，ステップの高さはS=0.28（±0.04）nm, M=0.58（±0.03）nm, L=0.85（±0.03）nmの3種類が観測されて

いる．その間には，M～2SとL～S+Mの関係が成り立つ．S，M，Lのステップの観測頻度はそれぞれ66%，22%，12%になっている．Mステップの出現頻度が相対的に低く，しかもテラスが狭いことから，安定な終端面ではないことがわかる．Al系準結晶に見られるフィボナッチ列のようなステップの配列は観測されないが，図4.30（a）に示すようにLSLSSのような配列が頻繁に見られる．ステップ・テラス構造は準結晶を構成する原子クラスターの構造がAl系準結晶と異なることを反映している．

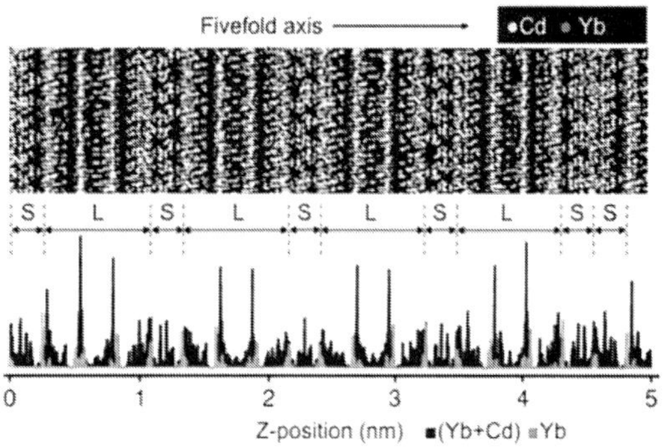

図4.31 Cd-Yb準結晶のバルク構造の5回軸に垂直な方向への投影図と各面の原子密度[27]

2）終端面の選択

X線の構造解析においてAg-In-YbがCd-Ybと同じ構造を有し，しかも両者の構造にYbが占めるサイトも同じであることが確認されているので，Cd-Ybの構造モデルを用いて表面の構造が検討された．図4.31は精密化したCd-Yb構造モデル[11]から得た原子配置をもとに，バルク構造の5回（z）軸に垂直な方向へ投影した原子配列の模式図である．4.5節で述べた$Cd_{5.7}Yb$準結晶中の菱形30面体原子（RTH）クラスターセンターの断面を通る原子密度の高い領域は破線でその位置が示されている．図の下段には5回軸に垂直な面（0.05 nmの間隔でスライスした層内）の原子密度の変化（Yb原子密度：灰色，Cd：白色，全原子密度（下図）：黒色）が示されている．構造にはケミカルディスオーダーが存在しないことを反映し，Yb原子が特定な原子面のみに濃縮されていることがわかる．また，Yb原子層が常に原子密度の高い領域に存在し，しかもその直上（下）に0.25 nmのギャップが隣接する．また，大部分のYb原子層はRTHクラスターセンターを横切っている．ここで，RTHクラスターセンターの断面を通る密度の高い原子面を終端面と仮定して，STM像で観測されたテラス構造と比較した結果，3つの点で一致した．（1）図4.31に示すように，クラスターセンターの間隔SとLは観測されたSステップ（0.28 nm）とLステップ（0.85 nm）の高さと一致している．（2）モデルから導いたSステップの頻度は約60%であり，観測結果（66%）とほぼ一致する．（3）STMで観測されたLSLSSの配列は図4.28にも現れている．したがって，原子密度が高くしかもクラスターセンターの断面を通る原子面を終端面として考えることは妥当である．Mステップについては観測頻度が低いので，ここでは考慮していない．

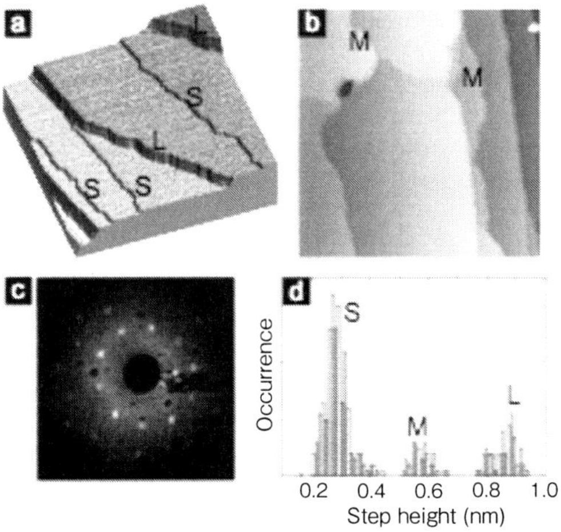

図4.30 Ag-In-Yb正20面体準結晶の清浄な5回対称面のSTM像（a, b），LEED図形（c）と観測されたステップの高さの出現頻度（d）[27]

3）表面の原子構造

Ag-In-Yb準結晶の5回対称面のSTM像にはサンプルバイアス電圧（V_B）依存性が存在する．図4.32に示すように，バイアス電圧が負から正へ変化した際，イメージのコントラストが反転する．たとえば，V_Bが負の（a）では，円で囲まれた領域において輝点が5角形をなしているが，V_Bが正の（b）では5角形の輝点が消え，代わ

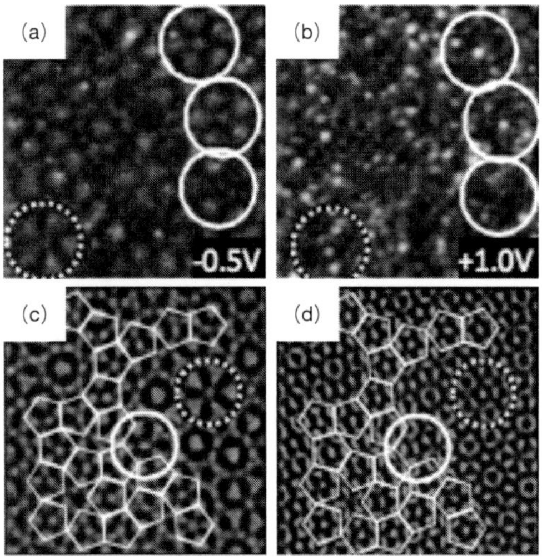

図 4.32　(a)，(b) は Ag-In-Yb 準結晶の 5 回対称面の STM 像のバイアス依存，(c)，(d) は (a)，(b) をフーリエ変換による画像処理をしたもの[27]．

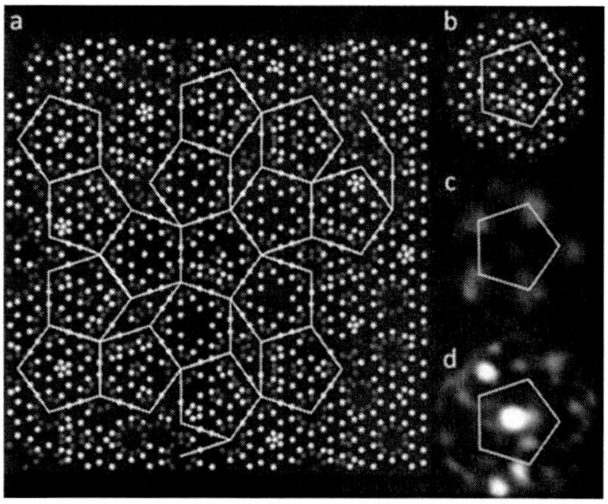

図 4.33　(a) Cd-Yb 準結晶構造モデルから得られる RTH クラスターセンターを含む断面の構造 (5 角形は図 4.32 の 5 角形に対応する)，(b) 辺長 2.53 nm の 5 角形構造単位，(c) $V_B<0$ と (d) $V_B>0$ の STM 像[27]

りに輝点のまわりにリング状のコントラストが現れる．フーリエ変換による画像処理を施した STM 像 (c)，(d) では，イメージのコントラスト変化はさらに明瞭になっている．しかも，輝点もしくはリングの中心に注目すると，辺長を 2.4 nm とした 5 角形のペンローズタイリングを描けることがわかる．通常，STM トンネル電子は，バイアス電圧 $V_B<0$ の場合では試料表面の占有状態から探針へ，$V_B>0$ の場合では，探針から試料表面の非占有状態へ流れる．つまり，前者では占有状態を有する In, Ag，後者では非占有状態を有する Yb それぞれを検出することになる．実際，Cd-Yb 近似結晶のバンド計算[28]において，Yb-5 d 電子の非占有状態がフェルミレベルの直上にあることが確認されている．これを踏まえて，図 4.32 (a)，(b) の 5 角形を拡大して，図 4.33 の構造モデルと比較する．

図 4.33 (a) は精密化した構造モデルをもとに，テラス構造から決めた終端面 (厚さ 0.05 nm の原子層) の原子位置を示す．RTH クラスターセンターに注目すれば，この図にも辺長を 2.53 nm とした 5 角形ペンローズタイリングを描くことができ，STM 像 (図 4.32 (c)，(d)) の結果とよく一致する．タイリングの主要な部分の 5 角形を図 4.33 (b) にクローズアップしてみると，いずれの 5 角形も各頂点を中心に In, Ag (モデルでは Cd, STM 像では In, Ag) 原子が内側の 10 角形を形成し，Yb 原子がその外側の 10 角形を形成することがわかる．つまり，STM で観測されたコントラストは，負のバイアス電圧では内側の (Ag, In) 10 角形であり，正のバイアス電圧では外側の Yb リングである．終端面だけでなく，原子配置もモデルとよく一致しており，バルク構造モデルの妥当性が検証された．Yb 原子と In, Ag 原子とは異なるサイトを占める，つまり Yb サイトにはケミカルディスオーダーが存在しないために，バイアス電圧依存性で原子の識別が可能となった．

c. Al-Ni-Co 正 10 角形準結晶の表面構造

準結晶の最初の原子レベルの STM 像は Al-Cu-Co 正 10 角形準結晶で得られた．その後，Al-Ni-Co を中心に表面研究が行われてきた．前述のように，Al-Ni-Co 系の構造は組成と作製条件にきわめて敏感であるため，バラエティーに富んだ準結晶構造が形成される．加えて，多くの場合 10 回軸上で原子面の積層不整を伴っているので，高分解能 STM 像で構造モデルを議論することは困難である．ここでは，テラス構造を中心に 10 回対称面と 2 回対称面について記述する．

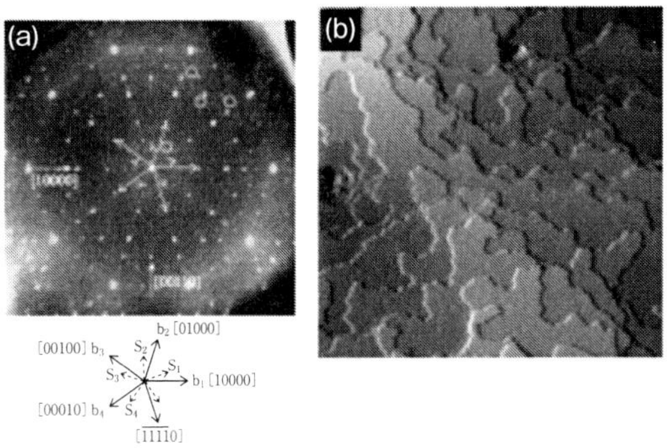

図 4.34 $Al_{71.8}Ni_{14.8}Co_{13.4}$ 準結晶の 10 回対称面の LEED 図形（a）と STM 像（315×315 nm²）（b）[27]

1) 10 回対称面

図 4.34（口絵参照）に $Al_{71.8}Ni_{14.8}Co_{13.4}$ 準結晶の LEED 図形（a）と STM 像（b）を示す[29]．STM 像はステップテラスの構造を示しており，そのステップの高さが約 0.2 nm となっていて，バルク構造で記述されるように準周期の原子面が 0.2 nm 周期で 10 回軸に沿って積層することとよく対応している．テラスの形態は表面の処理条件に強く依存し，同じ試料であっても異なる形態を示す．一方，LEED 図形は透過電顕で見られる電子回折図形に似ており，すべてのスポットは正 10 角形準結晶として指数付けができる．正 10 角形準結晶の表面もバルク構造の終端面であることがわかる．

2) 2 回対称面

図 4.35 に 2 回対称面の STM 像とステップのプロファイルを示す[30]．2 回対称面では 10 回軸方向は周期的であり，これに垂直な方向は準周期である．10 回軸に垂直な直線 AB 上のステッププロファイルを（b）に示すが，L=0.8±0.04 nm と S=0.5±0.04 nm（L/S ≈ τ）の 2 つのステップの高さからなり，それらの配列は準周期的である．前述の Al-Cu-Fe 正 20 面体準結晶と同じように，一部の小さい S が束ねられる（bunching）こととそのテラスも狭いことが観測される．一方，AB に垂直な方向の原子列に 0.41 nm, 0.82 nm および 1.23 nm の 3 種類の周期構造が観測される．Al-Ni-Co 準結晶の電子線回折図形において，基本的に 10 回軸方向の周期は 0.4 nm

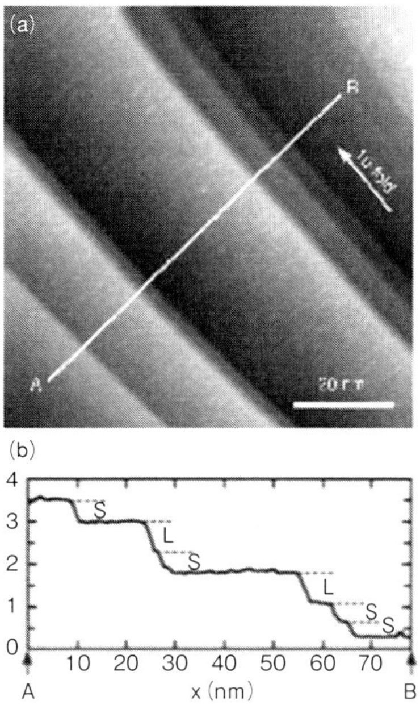

図 4.35 $Al_{72}Ni_{12}Co_{16}$ 準結晶の（a）2 回対称面の STM 像と（b）ステッププロファイル[28]

であるが，0.8 nm などの周期に対応する散漫散乱が現れる．このような散漫散乱はこの 3 種類の周期不整に由来すると考えられる．したがって，基本的に 2 回対称面もバルク構造の終端面であるといえる．

〔蔡　安邦〕

引用文献

1) A. Yamamoto : *Acta Cryst.* **A52** (1996) 509.
2) V. Elser and C.L. Henley : *Phys. Rev. Lett.* **55** (1985) 2883.
3) C. L. Henley and V. Elser : *Phil. Mag. Lett.* B53 (1986) L59.
4) A. Yamamoto : *Acta Cryst.* **A52** (1996) 509.
5) 山本昭二：日本結晶学会誌 **48** (2007) 6.
6) A. Yamamoto and H. Takakura : in *Quasicrystals* ed. T. Fujiwara and Y. Ishii, Elsevier, Hungary (2008) p. 11.
7) D. S. Rokhsar, D. C. Wright and N. D Mermin : *Phys. Rev.* **B37** (1988) 8145.
8) D. A.Rabson, N. D. Mermin, D. S. Rokhsar and D. C Wright : *Modern Phys.* **63** (1991) 699.
9) H. Takakura, M. Shiono, T. J. Sato, A. Yamamoto and A. P. Tsai : *Phys. Rev. Lett.* **86** (2001) 236.
10) T. J. Sato, H. Takakura, A. P. Tsai and K. Shibata : *Phys. Rev. Lett.* **81** (1998) 2364.
11) E. Abe, H. Takakura and A. P. Tsai : *J. Elec.*

Micoscopy **90** (2001) 187.
12) C. P Gomez : "Order and disorder in the RE-Cd and related systems" 54-64, Stockholm Univ., Stockholm (2003).
13) H. Takakura, A. Yamamoto, M. de Boissieu and A. P. Tsai : *Ferroelectrics* **305** (2004) 209.
14) H. Takakura, C. P. Gomez, A. Yamamoto, M. de Boissieu and A. P. Tsai, *Nature Materials* **6** (2007) 58.
15) K. Saitoh, K. Tsuda, M. Tanaka, K. Kaneko and A. P. Tsai : *Jpn. J. Appl. Phys.* **37** (1997) L1400.
16) S. Burkov : *Phys. Rec. Lett.* **67** (1991) 614.
17) K. Saitoh, K. Tsuda and M. Tanaka : *J. Phys. Soc. Jpn.* **67** (1998) 2578.
18) P. Gummelt : *Geometrai Dedicata* **62** (1996) 1.
19) P. J. Steinhardt, H. C. Jeong, K. Saitoh, M. Tanaka, E. Abe and A. P. Tsai : *Nature* **396** (1998) 55.
20) H. Takakura, A. Yamamoto and A. P. Tsai : *Acta Crystallogr.* **A57** (2001) 576.
21) A. R. Kortan, R. S Becker, F. A. Thiel and H.S. Chen : *Phys. Rev. Lett.* **65** (1990) 883.
22) J. Ledieu et al. : unpublished.
23) H. R. Sharma, M. Shimoda and A. P. Tsai : *Advances in Physics* **56** (2007) 403.
24) H. R. Sharma et al. : *Phys. Rev. Lett.* **93** (2004) 165502.
25) A. Yamamoto, H. Takakura and A. P. Tsai : *Phys. Rev.* **B68** (2003) 094201.
26) T. Cai et al. : *Surf. Sci.* **496** (2001) 19.
27) H. R. Sharma et al. : *Phy. Rev.* **B80** (2009) 121401.
28) Y. Ishii and T. Fujiwara : *Phy. Rev. Lett.* **87** (2001) 206408.
29) H. R. Sharma et al. : *Phy. Rev.* **B70** (2004) 235409.
30) M. Kishida et al. : *Phye. Rev.* **B65** (2002) 94208.

参考書

「X線構造解析」大橋裕二，裳華房 (2005).
「X線結晶解析」桜井敏雄，裳華房 (2004).

5. 準結晶の電子物性

5.1 準周期系の電子状態

準結晶構造の上で，電子状態がどのような特徴をもつかも興味深い．1次元の準周期構造（準結晶）に対する理論の結果[1]を，周期系（この章では狭義の結晶を単に結晶とよぶ），ランダム系（この章では非晶質をアモルファスとよぶ）と比較して図5.1に示す．

周期系における電子の波動関数は，ブロッホの定理が成り立つから自由電子的な広がった状態になり，状態密度は絶対連続となる．つまり，波動関数は $e^{i\boldsymbol{k}\cdot\boldsymbol{r}}$ に比例する（$\boldsymbol{k}$ は波数ベクトル，$\boldsymbol{r}$ は位置ベクトル）．電気抵抗は不純物や格子欠陥やフォノンによる散乱で決まる．ランダム系では，波動関数は局在状態で，状態密度は離散的になる．伝導機構は，局在状態間の電子のホッピングとなる．準周期系の電子状態の特徴として，状態密度の自己相似性や特異連続性（singular continuous），波動関数の自己相似性や臨界状態（critical state）などが示されている．特異連続性とは，一見連続に見えるが，実は，いたるところに無限小までのさまざまな大きさのギャップが開いている状態である．臨界状態とは，広がった状態と局在状態の中間的性質をもった状態である．局在状態では中心からの距離 r と共に波動関数の振幅は指数関数的に減衰する（$e^{-\alpha r}$）が，臨界状態では距離のべきに比例して減衰する（$1/r^{\alpha}$ ($\alpha<1/2$)．両者の波動関数は距離 r と共に振幅が減衰するので見かけは同じだが（図5.1参照），臨界状態のべきに $\alpha<1/2$ の制限が付いているので波動関数の全空間での規格化積分は発散し，収束する局在状態と質的に異なる．電気伝導の計算も行われており，システムサイズ依存性が，やはりべきになるなどが示されている．2次元や3次元では少し状況が複雑で，エネルギー領域やポテンシャルの強さなどにより，波動関数などの性質が変化する[1]．

図5.2は，ペンローズ格子上で，タイトバインディングモデルにおいて状態密度が発散するエネルギーに対する波動関数が存在する領域を示している[2]．黒く塗られた菱形の上では波動関数の振

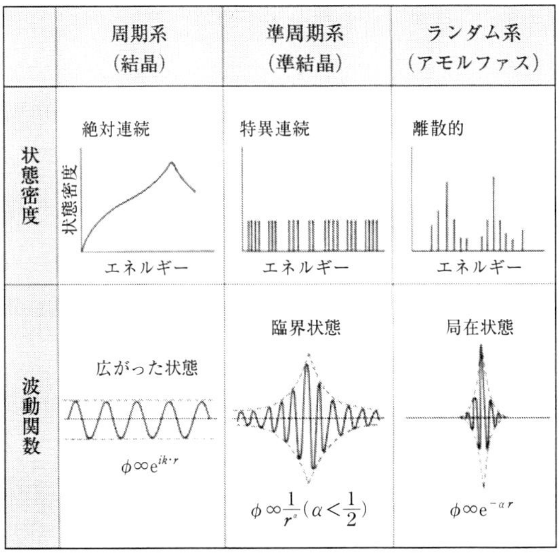

図5.1　1次元周期系，準周期系，ランダム系における電子状態密度および波動関数に関する模式図

図5.2　ペンローズ格子上の電子状態（confined state）[2]

幅は必ずゼロである．黒い領域はリング状のパターンを作っており，波動関数はその中に閉じ込められている（confined state）．

2次元や3次元の準結晶については，厳密な理論的結論は得られていないが，臨界状態やconfined stateの存在は示唆されている[1]．

5.2　近似結晶の電子状態の計算

現実の準結晶合金は，2次元（正8，10，または，12角形相），または3次元（正20面体相）であり，そこでの電子状態の計算は5.1節で述べたモデル計算よりさらに難しい．そこで近似結晶（4.3節参照）に対する計算から，準結晶の電子状態が予測されてきた．藤原らによるバンド計算の結果から，状態密度に必ず擬ギャップとよばれる窪みが生じることが示された[3]．図5.3は，Al-Li-Cu 1/1-立方晶近似結晶で計算された状態密度である．フェルミエネルギーε_F（図中ではE_F）付近に，状態密度の大きな落ち込み（擬ギャップ）が見られる．擬ギャップは，Al系正20面体準結晶だけでなく，Al系正10角形準結晶の近似結晶でも存在することが報告されている[1]．

図5.4は，2元系準結晶$Cd_{5.7}M$（M＝Yb, Ca）の立方晶近似結晶の状態密度である[4]．準結晶が存在しないM=Srと近似結晶も存在しないM＝Mgの場合も示されている．M＝Yb, Ca, Srの場合は，擬ギャップが存在し，p軌道とd軌道

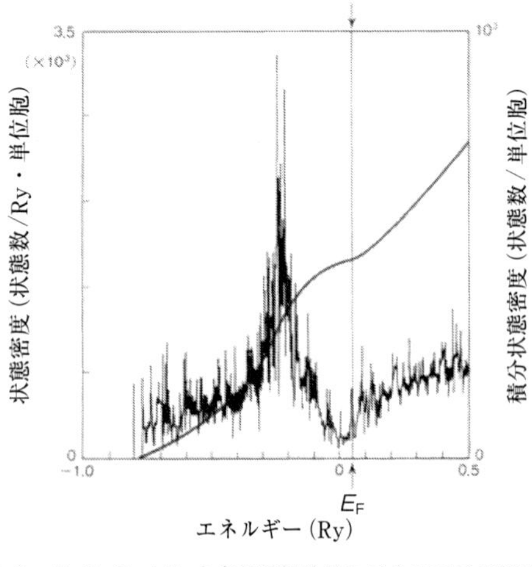

図5.3　Al-Li-Cu 1/1-立方晶近似結晶に対する電子状態密度[3]

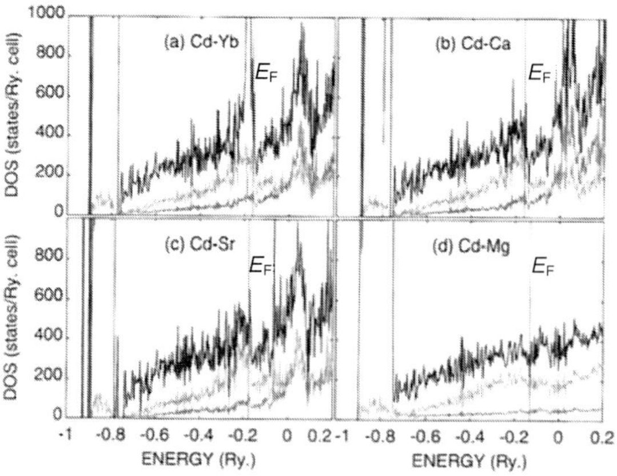

図5.4　Cd_6M（(a) M=Yb，(b) Ca，(c) Sr，(d) Mg）1/1-立方晶近似結晶に対する電子状態密度[4]
p軌道とd軌道の部分状態密度も示されている．

の部分状態密度にも擬ギャップが見られる．Cdのd軌道は−0.8 Ry付近の深い位置にあり結合に寄与しておらず，ε_F付近で結合に寄与しているのはMのd軌道（中性のM原子では完全に空の軌道）である．M＝Mgの場合は，擬ギャップが消えているが，この違いについては5.4節で説明する．

図5.3や図5.4のもう1つの特徴は，状態密度の値がエネルギーと共に激しく変動している点であり，スパイキー構造とよばれている．この起源は，近似結晶の単位胞が大きい（図5.3と5.4の場合，単位胞中に含まれる原子数は約160個）ことである．準結晶は近似結晶の単位胞が無限に大きくなった極限と考えられるので，スパイキー構造もより顕著になると考えられる．

5.3　準結晶合金の電子状態に関する実験

擬ギャップの存在は，実験的には，電子比熱や光電子分光の測定で観測されている．電子比熱係数γは，ε_Fにおける状態密度を$D(\varepsilon_F)$として

$$\gamma=\frac{1}{3}\pi^2 D(\varepsilon_F)k_B{}^2$$

と表される．図5.5に，遷移金属を含まないさまざまな準結晶について，自由電子近似で計算される値（自由電子値）で規格化した電子比熱係数を，1原子当たりの価電子数(e/a)に対してプロットした結果を示す[5]．価電子数の減少と共に，

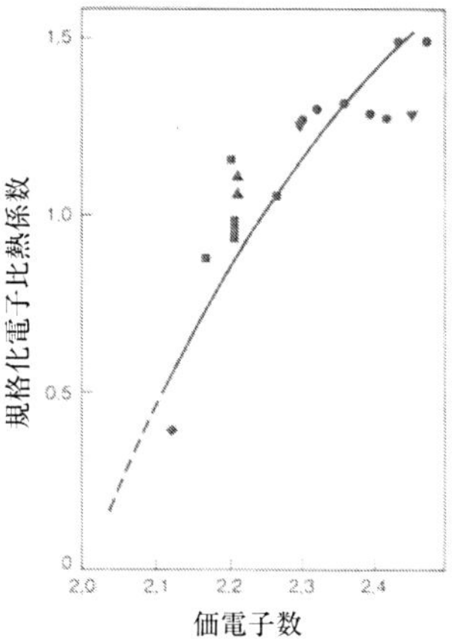

図 5.5 遷移金属を含まない準結晶の自由電子値で規格化した電子比熱係数
横軸は 1 原子当たりの平均価電子数 e/a[5]

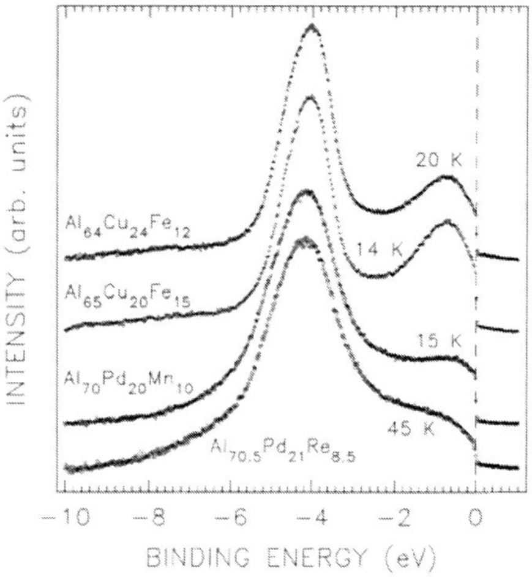

図 5.6 Al 系正 20 面体準結晶の光電子分光スペクトル[6]

電子比熱係数は自由電子値に比べてはるかに小さくなっている．価電子数の減少は ε_F の低エネルギー側へのシフトを意味し，これにより ε_F が擬ギャップの中に入ったと考えられる．

図 5.6 と図 5.7 は，それぞれ幾つかの Al 系正 20 面体準結晶[6] および Cd-Ca 1/1 立方晶近似結晶／正 20 面体準結晶[7] の光電子分光スペクトルを示す．いずれにおいても，フェルミエッジ（結合エネルギー 0 の鋭い落ち込み）の手前に状態密度の落ち込みが観測され，ε_F が擬ギャップの中に位置していることを示している．Cd_6Ca 近似結晶では，フォトンエネルギーを変えることにより，ε_F 直下に Ca の 3d 軌道の（中性の原子では空の）成分があることが示されている．これは，図 5.4 の計算結果と一致している．また，この状況は $Cd_{5.7}Ca$ 準結晶でより顕著である．

図 5.8 は，Al-Cu-Fe 準結晶の光学伝導率のスペクトルである[8]．波数が 0 の位置に，金属で見られる伝導電子によるドゥルーデピークが観測できず，伝導率は波数と共に直線的に増大している．12,000 cm^{-1}（1.4 eV）付近にピークがあり，これは擬ギャップを越えたバンド間遷移に対応すると解釈される．ε_F が擬ギャップの底付近に位置するため伝導電子の数が少なく，ドゥルーデピークはバンド間遷移の裾に埋もれてしまっていると考えられる．

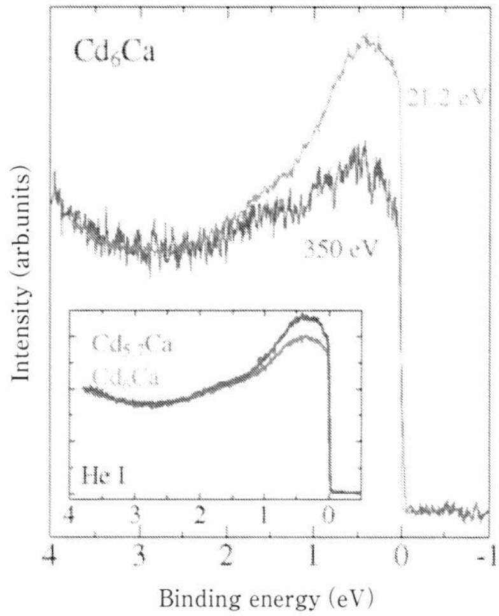

図 5.7 Cd-Ca 立方晶近似結晶（Cd_6Ca）と正 20 面体準結晶（$Cd_{5.7}Ca$）の光電子分光スペクトル[7]
図中の数値は励起フォトンエネルギー．He I は 21.2 eV．

このように，5.2 節で述べた近似結晶の計算結果から予想される，準結晶の電子状態の大きな特徴である擬ギャップについては，他にも EELS と軟 X 線分光を組み合わせた実験等，幾つもの実験で確かめられている．しかし，もう 1 つの顕著な特徴であるスパイキー構造に関しては，なかなか実験で捉えられていない．この理由は，エネルギースケールの小さなスパイキー構造は組成や構造のわずかな違いに敏感であるため，試料全体の平均的な情報を得る実験では，試料中の組成や構造のわずかな不均一によってならされてしまうためであると考えられる．トンネルスペクトルの測定は，他の測定に比べるとはるかに微小な領域からの情報を得ることができる．図5.9は，ブレークジャンクション（フレッシュな破断面間のトンネル電流を測定する方法）によって測定されたAl系準結晶のトンネルスペクトルである[9]．0Vのε_F付近に，電子状態密度の数meVの微細構造に相当する構造が観測される．0Vから離れた領域では分解能が急激に落ちてしまうため微細構造は見えないが，この微細構造は状態密度のスパイキー構造の現れである可能性がある．スパイキー構造については，他にも走査トンネル顕微鏡[10]や超高速時間分解光反射率測定[11]によって，その存在が示唆されている．

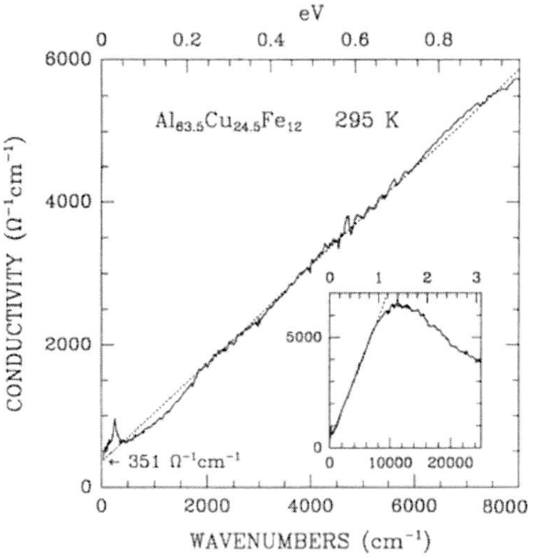

図5.8　Al-Cu-Fe正20面体準結晶の光学伝導スペクトル[8]

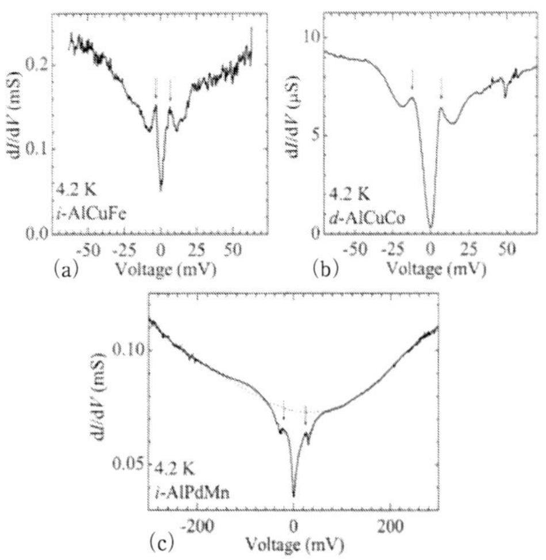

図5.9　Al系準結晶のトンネルスペクトル[9]

5.4　擬ギャップの起源

準結晶には周期性がないので，厳密な意味でのブリルアンゾーンは存在しない．しかし，構造因子（回折パターン）は特定の波数ベクトルでのみ大きな強度をもつ（図2.15や図4.4参照）ので，それらのベクトルの垂直二等分面で囲まれる領域を考えることができる．これを擬ブリルアンゾーンとよぶ．この領域の境界では，ブリルアンゾーンの境界と同様に電子が強く散乱されて，エネルギーギャップをつくる傾向になる．図5.10は，1次元の自由電子に，周期aのポテンシャルが導入されたときにブリルアンゾーンの境界である$k=\pm\pi/a$に，ギャップができる様子を示している．1次元の場合は，必ず状態密度にエネルギーギャップが生じるが，2次元や3次元になると構造の異方性のために必ずしも生じない．図5.11は，2次元の場合だが，(a) ブリルアンゾーンの対称性が低いと，k空間の原点からブリルアンゾーンの境界に向かうベクトルの絶対値（つまり，エネルギー）が方向によって異なり，(c) ギャップによる状態密度の減少が，あるエネルギーに集中しない．一方，(b) 対称性が高いと，(d) あるエネルギーに集中して，そこで状態密度が落ち込む．正20面体の対称性は等方性が高い（球に近い）ので，擬ブリルアンゾーンの境界に向かう

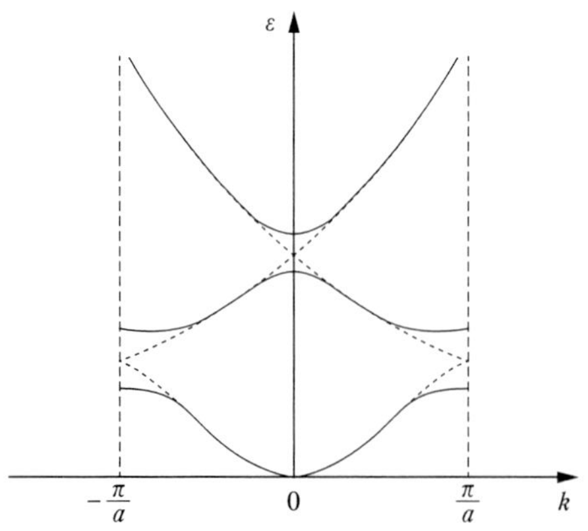

図5.10　1次元電子系でエネルギーギャップができる様子

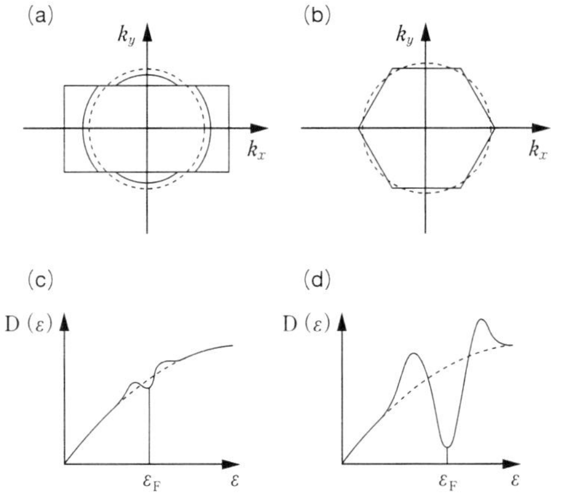

図 5.11 2次元のブリルアンゾーンの対称性と状態密度
フェルミ円と対称性の（a）高い，（b）低い，ブリルアンゾーン．（c），（d）は，それぞれ，（a），（b）に対応する状態密度．

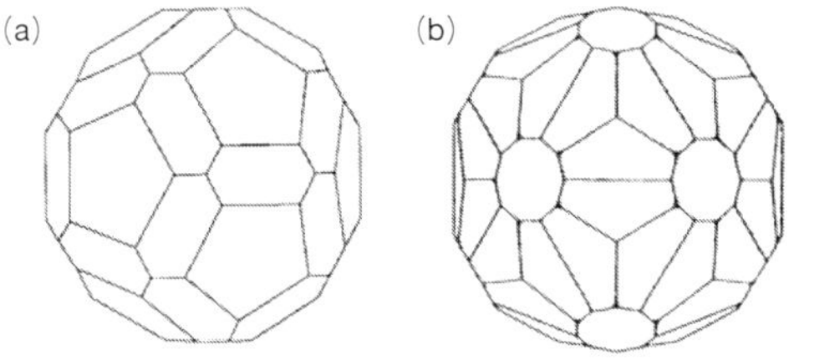

図 5.12 正 20 面体準結晶の（a）（211111）と（221001）逆格子ベクトルおよび（b）（222100）と（311111）/（222110）逆格子ベクトルから作られる擬ブリルアンゾーン[1]

ベクトルの絶対値はほぼ等しくなり（図 5.12），それに対応するエネルギーの付近に状態密度の大きな落ち込みが生じて，擬ギャップが形成されると考えられる[1]．この機構は，一般的にヒューム-ロザリー機構とよばれている[12]．近似結晶においては，対称性は正 20 面体から立方体のそれに落ち，回折ピークは分裂するが，強度の強いピークの縮重度は大きく，これらからできるブリルアンゾーンはやはり球に近く，準結晶に近いことが起こる．上記の議論から，準結晶では擬ギャップがより深くなると考えられる．

3.3 節で述べたように，安定相の準結晶や近似結晶では，フェルミエネルギー ε_F が状態密度の擬ギャップの中に位置することによって構造が安定化している．これは，図 5.10 で ε_F がエネルギーギャップ内にあると，その直下の電子状態のエネルギーが，周期ポテンシャル（つまり，周期構造）の導入によって低下することからわかる．実は，図 5.5 で，価電子数の減少と共に，準結晶は，準安定相から安定相へと変化している．これは，価電子数の減少により ε_F が低エネルギー側の擬ギャップの深い位置にシフトして準結晶構造が安定化したと理解できる．

一方，共有結合による結合軌道と反結合軌道の分裂も擬ギャップの起源になり得る．図 5.13 は，（a）$Al_{12}Re$ 立方晶（1/0 近似結晶）中と（b）Al-Re-Si 立方晶（1/1 近似結晶）中の正 20 面体クラスターの等電子密度面を比較したものである[13]．これらは，第三世代の大型放射光（SPring-8）を用いて測定した粉末結晶の X 線回折データから，MEM（maximum entropy method）/Rietvelt 法を用いて求めた電子密度分布であり，正 20 面体クラスター周辺の電子密度分布を実験的に直接知ることができる．（a）では原子間の電子密度の値は低く，より金属結合的であるが，（b）では原子間の電子密度が高く，電子が原子と原子を結んでおり，より共有結合的である．（a）では Al の正 20 面体クラスターの中心に Re 原子が位置しているが，（b）では中心が空である．Al の正 20 面体クラスターの結合が中心原子の有無によって，金属結合-共有結合転換していると考えられる．（b）では，Al がクラスターの外に向かって太い共有結合を形成していることが見える．これは，この結晶の第 2 殻（図 8.1，8.2 参照）の Re 原子との結合であり，この結晶中の spd 混成[14]の主要部分である．

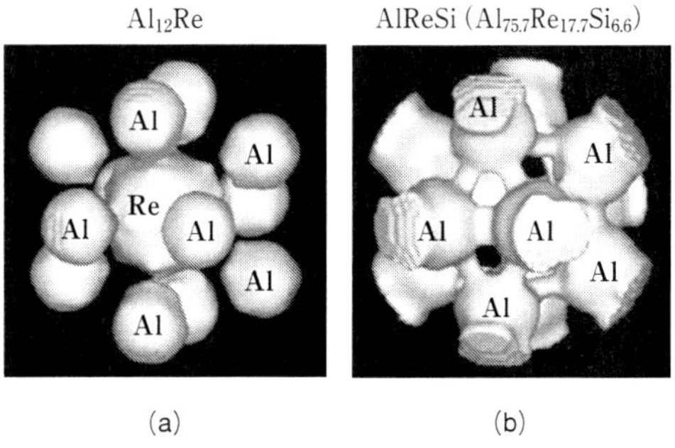

図 5.13 アルミ系正 20 面体クラスターの等電子密度面[13]
（0.35 e/Å^3）

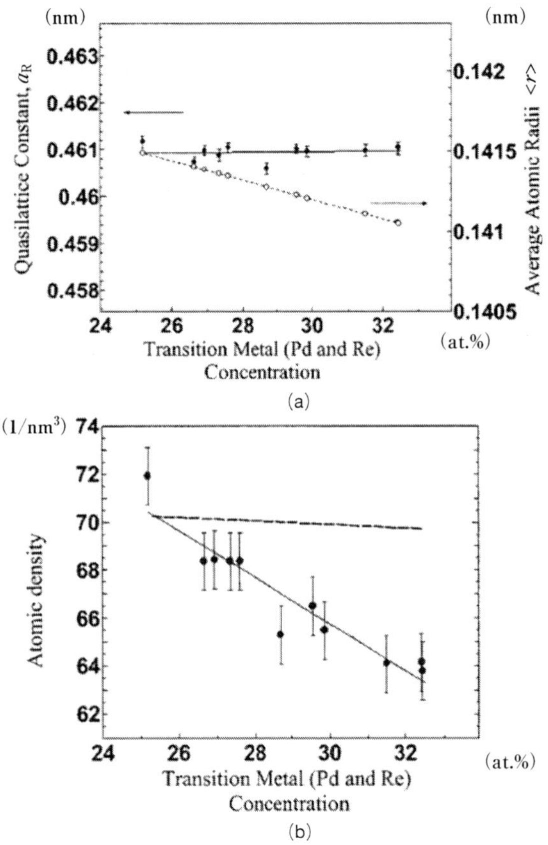

図 5.14　Al-Pd-Re 準結晶の（a）準格子定数と平均原子半径，および（b）原子数密度の遷移金属濃度依存性[15]

上記の近似結晶の結果からは，アルミ系準結晶中の電子密度分布を推定できるものの，MEM/Rietvelt 法の解析は構造の周期性を前提としているので，準結晶に適用することはできない．そこで，Al 系準結晶中の共有結合の存在は，別の方法で明らかにされている．Al-Pd-Re 準結晶の準格子定数（結晶と異なり 2 種類の単位胞が存在するが，その一辺の長さは共通であり，図 2.26 の 2 つの菱面体の一辺の長さである）と平均原子半径の遷移金属（Pd と Re）濃度依存性が調べられた[15]．Pd や Re は Al より原子半径が小さいので，遷移金属濃度が高くなると平均原子半径は減少するが，準格子定数は逆にわずかに増大する（図 5.14（a））．これは，金属結合に対して多くの場合良いモデルとなる剛体球パッキングでは説明できない．図 5.14（b）に原子数密度の遷移金属濃度依存性を示す．原子数密度は，準格子定数の増大から予想される減少よりはるかに大きく減少した．これらのことは，遷移金属濃度が増大すると，共有結合性が増大し（後出の図 8.1，図 8.2 で最も強いのは，第 1 殻の Al と第 2 殻の Re との結合である），正 20 面体中心のようなサイトの原子が抜けて原子数密度が減少したと考えられる．一般に，共有結合性が強いほど充塡率が低いので，原子数密度が減少した場合や，平均原子半径が小さくなった場合でも，共有結合性が増大すれば格子定数が増大し得る．したがって，準結晶中にも共有結合が存在すると考えられる．共有結合（spd 混成）により，電子状態は結合軌道と反結合軌道に分かれ，やはりエネルギーギャップを作る方向に向かう．したがって，アルミ系準結晶は，前述のヒューム-ロザリー機構に加えて，共有結合の存在によって，より深い擬ギャップが生じ，その中に ε_F が存在することにより構造が安定化していると考えられる．

Al 系準結晶中の共有結合の存在は，陽電子消滅の実験でも示唆されている[16]．図 5.15 は，Al 系準結晶と近似結晶の陽電子寿命を純金属や金属間化合物のそれと比較したものである．陽電子寿命は平均価電子数密度（この場合は遷移金属の d 電子も正でカウントしている）に対してプロットしてあり，価電子数密度が増大すると寿命が減少する傾向がある．図 5.13（a）に示したように正 20 面体クラスターの中心に原子があり金属結合

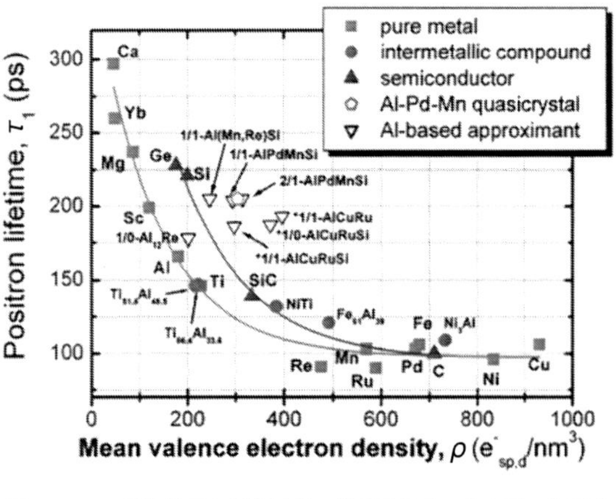

図 5.15　Al 系準結晶と近似結晶の陽電子寿命の純金属や金属間化合物との比較[16]

している $Al_{12}Re$ 1/0 立方晶近似結晶の寿命は，純金属や金属間化合物の寿命の傾向と一致している．それに対して，図 5.13（b）の中心に原子がなく共有結合を持っている Al-(Mn, Re)-Si 1/1 立方晶近似結晶の寿命は，純金属や金属間化合物の寿命より長く（同じ平均価電子数に対して），半導体よりも少し長い．実は，純金属や金属間化合物中の単原子空孔の寿命と近い．陽電子は原子空孔のような電子密度の低い場所にトラップされることが知られており，原子のない正 20 面体クラスターの中心にトラップされて消滅していると考えられる．この 20 面体クラスターは共有結合性をもっており，その状況が半導体中に近いと考えられる．原子のない正 20 面体クラスターの中心は，通常の原子空孔のように欠陥ではなく，結晶構造の原子が存在しないサイトになっているので，構造型原子空孔とよばれている．その他の近似結晶や Al-Pd-Mn 準結晶も寿命が長く，同様に構造型原子空孔で陽電子が消滅していると考えられ，その周囲の結合は共有結合的であると考えられる．

図 5.16 は，Al-Pd-Re 立方晶（1/1 近似結晶）の（a）理想構造と（b）構造緩和（エネルギーが下がる方に構造を変化させた）後の構造に対するバンド構造である[17]．この系では現実には近似結晶は存在しないので，仮想的な構造である．理想構造は，構造単位であるマッカイクラスター等に，理想的な原子配置をもったクラスターを配置して作ったものである．（a）の理想構造ではエネルギーギャップは開いていないが，（b）の構造緩和後の構造では開いている（ただし，エネルギーの原点である ε_F は，この組成ではギャップ内に位置してはいない）．図 5.17 は，同じようにエネルギーギャップが開く金属間化合物（0/1 立方晶近似結晶と考えることもできる）である（a）FeSi，（b）AlRh，（c）AlPd の B 20 構造中の電子密度分布である[17]．Al（Si）と遷移金属間に強い共有結合と弱い結合が交互に並んで鎖構造を作っている．この強い共有結合が，エネルギーギャップの起源であると考えられる．図 5.16 の Al-Pd-Re 近似結晶中にも，Al と遷移金属（Pd と Re）が交互に並んだ同じような鎖構造が存在する．構造緩和により，Al と遷移金属の距離が交互に短くなったり長くなったりして，図 5.17 と同様に強い共有結合と弱い結合が交互に並ぶ．これによってギャップが開くので，やはり Al と遷移金属の強い共有結合がギャップの起源である

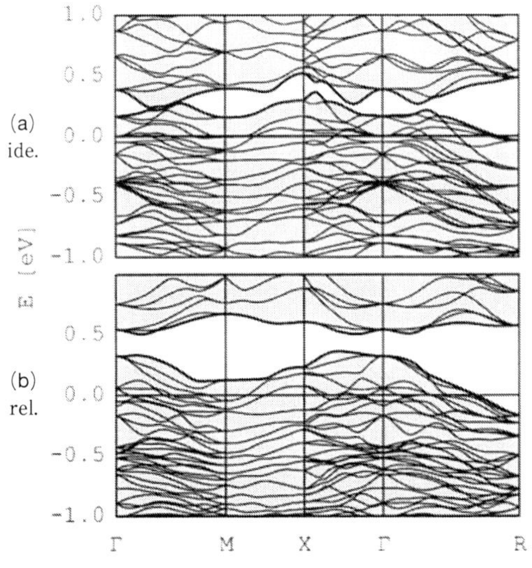

図 5.16　Al-Pd-Re 1/1 近似結晶の（a）理想構造および（b）緩和構造のバンド構造[17]

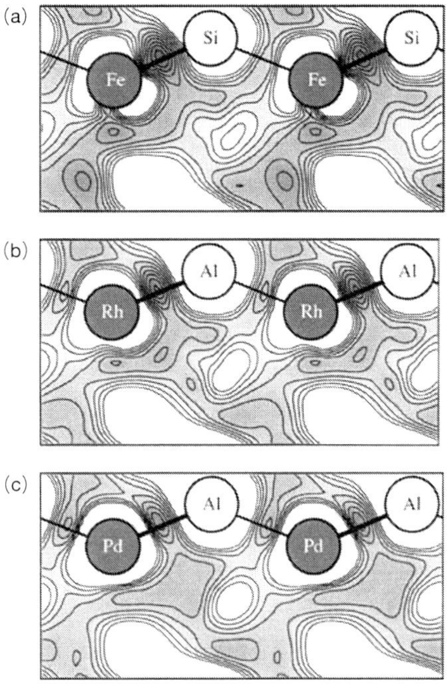

図 5.17　（a）FeSi，（b）AlRh，（c）AlPd の B 20 構造中の電子密度分布[17]
Al または Si と遷移金属間の交互に強弱をもった共有結合

と考えられる．

より近似度の高い，やはり仮想的な 2/1 立方晶近似結晶でも，同様な Al と遷移金属（Pd と Re）が交互に並んだ鎖構造が存在し，ε_F 付近にエネルギーギャップが形成される．ただし，図 5.16（b）でもわかるように，ε_F は完全にギャップの中に位置してはいない．構造緩和だけでなく，組成を変えることにより，ε_F を完全にギャップの中に位置させると，さらに構造が安定化するはずである．組成変化により，今度は，化学的不規則性が導入される．図 5.16（b）では，ε_F を上昇させなければならないので，遷移金属のサイトの一部を Al が占有することになる．すると，強い共有結合の一部が壊れ，ギャップ内に局在状態が発生する．Al-Pd-Re 準結晶は，0/1，1/1，2/1 立方晶近似結晶の先にあると考えられるので，同様に，理想組成では真のエネルギーギャップをもった狭ギャップ半導体であると考えられる．さらに，同様に，ε_F をギャップ内に位置させるために理想組成からずれが生じ，化学的不規則性が発生し，ギャップ内が局在状態で埋まり，擬ギャップになったと考えられる．この描像は，後で述べる合金系における金属-絶縁体転移で，Al-Pd-Re 準結晶において実現している可能性があると考えている状況（図 5.23（c））と一致している．

Cd 系においては，図 5.4 に示したように Cd_6M（M＝Yb, Ca, Sr）近似結晶の p 軌道と d 軌道の両者の部分状態密度に擬ギャップが生じている．これは，Cd の 4p 軌道と M の d 軌道（Ca や Sr なら 3d 軌道）が混成して共有結合を作っていることを意味している．Ca や Sr の 3d 軌道は中性の原子では空であるが，エネルギーが比較的低い位置にあるため，一部が混成して結合軌道となっている．これらに対して，M＝Mg の場合は，エネルギーが低い d 軌道が存在しないため，共有結合を作ることができず，擬ギャップがほとんど生じていない．したがって，Cd 系準結晶でも，ヒューム-ロザリー機構に加えて，共有結合の存在によって，より深い擬ギャップが生じていると考えられる[4]．

5.5　結晶とアモルファスの電気伝導

5.6 節で準結晶の電気伝導の特徴を述べる前に，対比すべき結晶とアモルファスの電気伝導について簡単にまとめておく[18~20]．電気伝導の振る舞いは，フェルミエネルギー ε_F が，バンドの中にある金属と，ギャップの中にある半導体で，大きく異なる．5.1 節で述べたように，結晶では電子の波動関数は自由電子と同様に $e^{i\boldsymbol{k}\cdot\boldsymbol{r}}$ に比例する広がった状態である．したがって，電子相関が強くない通常の場合で，自由電子近似からのずれをすべて有効質量 m^* に繰り込める場合は，電気伝導率 σ は下記の式で記述できる．

$$\sigma=\frac{e^2}{3}\tau v_F^2 D(\varepsilon_F)=\frac{e^2}{3}l v_F D(\varepsilon_F) \tag{5.1}$$

$$D(\varepsilon)=\frac{1}{2\pi^2}\left(\frac{2m^*}{\hbar^2}\right)^{\frac{3}{2}}\varepsilon^{\frac{1}{2}}$$

$$\sigma=\frac{ne^2\tau}{m^*}=ne\mu \tag{5.2}$$

ここで，e は電気素量，τ は緩和時間，v_F はフェルミ速度，$D(\varepsilon)$ は状態密度，l は平均自由行程，n はキャリア密度，μ は移動度である．この場合，式（5.1）と式（5.2）は厳密に等しい．しかし，状態密度のエネルギー ε 依存性が上記と異なる場合は，必ずしも等しくならず，式（5.1）の方が正しい結果を与える．とくに，準結晶のように ε_F が深い擬ギャップの中にある場合は，$D(\varepsilon_F)$ は小さくなり，式（5.1）によれば σ も小さくなるが，式（5.2）では状態密度の形や ε_F の位置に依らないので σ は小さくならず，正しい結果が得られない．それでも，n として有効キャリア密度とでもよぶべき適当に小さな（仮想的な）値を使えば，この式も使うことができる．

結晶金属では，$D(\varepsilon_F)$ や n には温度依存性がなく，τ に温度依存性がある．キャリアは原子配置の周期性を乱すものによって散乱される．τ を決める散乱には，格子欠陥や不純物によるもの τ_r（温度に依存しない）と，フォノンによるもの τ_p（温度に依存する）があり，

$$\frac{1}{\tau}=\frac{1}{\tau_r}+\frac{1}{\tau_p}$$

のように散乱確率が和になる．$(1/\tau_p)$ は，温度の上昇と共にフォノンの数が増えるため増大する．したがって，電気抵抗率 $\rho=1/\sigma$ は，

$$\rho=\rho(0)+\Delta\rho(T) \qquad (5.3)$$

のように，温度に依存せず絶対零度で残る残留抵抗と温度と共に増大する抵抗の和になる（マチーセン則）．

結晶半導体では，$D(\varepsilon_F)$ は0であり，絶対零度では n も0であり，σ は0（ρ は無限大）である．n は温度の上昇と共に，

$$n\propto\exp\left(-\frac{\Delta\varepsilon}{k_B T}\right) \qquad (5.4)$$

のように急激に増大するので，τ の温度依存性は金属と基本的には同じであるが，$\sigma(\rho)$ の温度依存性は，n のそれで支配される．つまり，金属とは逆に，ρ は温度の上昇と共に急激に減少する（σ は増大する）．ここで，$\Delta\varepsilon$ は，真性半導体や不純物半導体の真性領域（高温域）ではバンドギャップエネルギー ε_g の半分で，不純物半導体の不純物領域（低温域）では不純物準位とバンド端のエネルギー差 $\Delta\varepsilon_i$ である．

一方，アモルファス半導体では，ギャップの中に5.1節で述べた局在状態（波動関数が $e^{-\alpha r}$ のように振る舞う）が密に存在し，ε_F はその中に位置している．したがって，$D(\varepsilon_F)$ は0ではないが，v_F，または，絶対零度では μ が0であるため，やはり σ は0（ρ は無限大）である．この場合は，温度の上昇と共に，熱エネルギーを使って局在状態から局在状態にホップするホッピング伝導が起こる．低温では，距離が遠くてもエネルギー差の小さい状態にホップし，温度の上昇と共に，距離が近くてエネルギー差の大きい状態にホップするようになる，可変領域ホッピング伝導となる．この場合の温度依存性は，式（5.4）のような熱活性化型よりは弱く，

$$\sigma=\sigma_0\exp\left\{-\left(\frac{T_0}{T}\right)^{1/4}\right\} \qquad (5.5)$$

になる．ここで，σ_0 と T_0 は定数だが，T_0 は，

$$T_0=\frac{60\alpha^3}{\pi D(\varepsilon_F)k_B}$$

のように，$D(\varepsilon_F)$ や局在長の逆数 α と結び付いている．つまり，アモルファス半導体では，低温での σ の温度依存性は，結晶半導体とは異なり，n ではなく μ の温度依存性が支配的で，温度と共に σ は増大する．さらに温度が上がると，バンド内部の広がった（$e^{ik\cdot r}$ 的な）状態（図5.23（a）参照）への熱励起によるバンド伝導が支配的になり，σ の温度依存性は，結晶半導体と同じように式（5.4）のような n の温度依存性で決まるようになる．

アモルファス金属では，図5.23（a）のように，ε_F は広がった状態に位置しているので，電気伝導は前述の結晶金属と同様であり，抵抗率は式（5.3）で書ける．ただし，すべての原子の配置に周期性はないので，残留抵抗には，すべての原子による散乱が寄与する．原子配置の乱れが大きくなると（構成元素の価数の違いが大きくなるなどで），この散乱が大きくなり $\rho(0)$ が約 $150\,\mu\Omega\,\mathrm{cm}$ を越えると，$\rho(0)$ に比べて $\Delta\rho(T)$ が無視できるようになる．こうなると，原子の熱振動

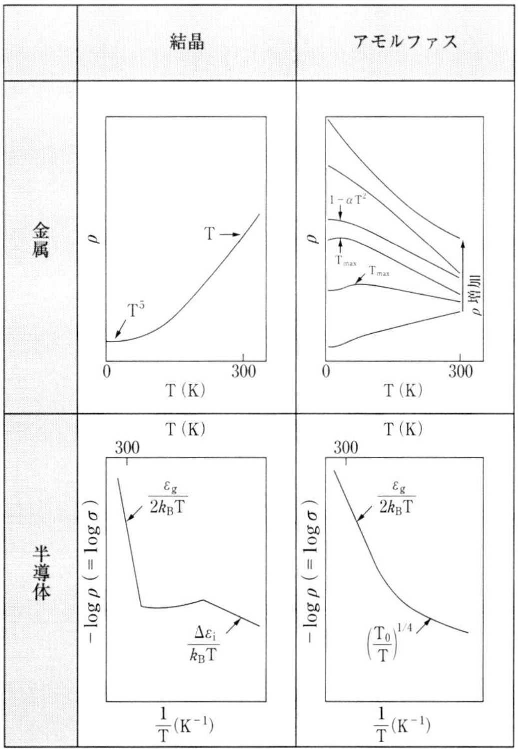

図5.18　結晶（周期系）とアモルファス（ランダム系）における電気抵抗率の温度依存性の模式図

による原子位置のゆらぎが温度と共に大きくなるため，原子による散乱が温度と共に小さくなり（デバイ-ワーラー因子），$\rho(0)$が小さくなる弱い温度依存性が見えてくる．さらに散乱が大きくなると，最終的には，図5.23（b）のようにε_Fでの状態が局在状態になって金属-絶縁体転移が起こるはずである．実際には，5.8節で後述するように（b）の型の転移は起こらず，この転移の前駆現象として，$\sigma(\rho)$の温度依存性や磁気抵抗の磁場依存性に，弱局在効果が現れる．

以上の結果を，図5.1と対比させて，図5.18にまとめておく．前者には準結晶（準周期系）が載っているが，後者にはない．準周期系の電気伝導がどのようになるかは，理論的に解明されておらず，実験結果と現時点での解釈は次節以降で述べる．

5.6 準結晶合金の電気伝導の特徴

準結晶は概念として新しい構造であり，その構造の特殊性で発現する物性がどのような特徴をもつかは大変興味深い．ここでは，その特徴が最もはっきりしているアルミ系準結晶について主に述べる．アルミ系準結晶は，安定相でも相図が包晶系をとる場合が多く，第2相が混入することが多い．第2相の多くは，準結晶に比べて電気抵抗率がはるかに小さく，粒界に偏析するため，量がわずかでも測定値に大きな影響を及ぼす．このため初期のデータは，抵抗率が低く見積もられていた．その後，良質の準結晶が得られるようになり，試料の質が準結晶の物性（とくに電気伝導）に与える影響がはっきりした[21,22]．その結果，良質準結晶の電気抵抗率は異常に高いこと（10^3～10^6 $\mu\Omega$ cm），アニールして準結晶の質が向上するほど高くなること，同じ組成の結晶相はもとよりアモルファス相より高いこと，が明らかになった．これらの事実は，5.5節でも述べた，これまでの結晶金属やアモルファス金属における電気伝導の振る舞いからの予想を覆すものであり（第3章でも述べたように，これまでに見つかっている準結晶は$D(\varepsilon_F)$が有限で基本的には金属または半金属である），準結晶という新しい構造が物性に反映された初めての実験事実であった．準結晶の高い電気抵抗率は，木村らにより最初に指摘され[23]，その後，フランスのBergerら[24]，アメリカのPoonら[25]，日本の竹内ら[26]により，つぎつぎと抵抗率の最高値が更新された．

結晶金属ではアニールによる欠陥の減少により残留抵抗が減少するが，アルミ系準結晶ではアニールによるフェイゾン歪の減少に伴い抵抗率が急激に増大する．Al-Cu-FeやAl-Cu-Ru準結晶の電気抵抗率は，アニールにより2～3倍になる．アニールによる抵抗率の増大は，結晶金属における常識から考えると一見不思議な現象に思われるが，（線形）フェイゾン歪を含むことにより，抵抗率の高い準結晶が抵抗率の低い近似結晶に近づくと考えれば理解できる．ただし，近似結晶も近似度が高くなり周期がある程度以上長くなると，抵抗率などは準結晶と同程度の値に収束してしまう[27]．

初期の準安定相においては，準結晶相とアモルファス相で電気抵抗の振る舞いにはほとんど差が見られなかった．安定相で良質の試料が得られるようになり，アモルファス相との違いがはっきりしてきた[21,22]．準結晶相の抵抗率がアモルファス相より高くなることを示した最初の例は，Al-Cu-Vである．液体急冷後のアモルファス相の温度を上げていくと約700℃で準結晶相に変態し，室温での抵抗率が50%増加する[21]．Al-Li-Cu準結晶相は約13 GPa以上の高圧下でアモルファス相に変態する．この変態は圧力が静水圧でなかったために起きた可能性が高いが，準結晶相からアモルファス相への変態により，抵抗が約半分に減少する[21]．さらに，Al-Cu-Feでは，準結晶はスパッタリングで作製した同じ組成のアモルファス相の3倍の抵抗率をもつ[21]．これらの事実は，構造の乱れが大きいほど電子の散乱が大きくなり，抵抗率（式（5.3）の$\rho(0)$）が大きくなるという金属における一般的常識と逆の結果になっている．

図5.19では，典型的な金属や半導体の低温（77 K）と室温（300 K）における電気伝導率（電気抵抗率の逆数）とアルミ系準結晶のそれを

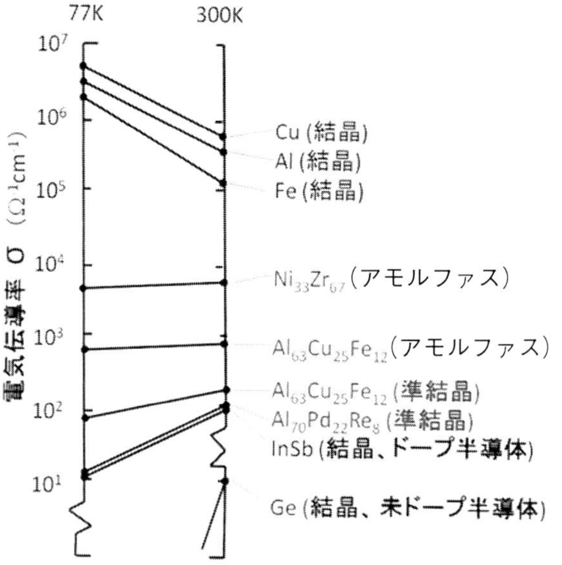

図 5.19　アルミ系準結晶の電気伝導率と典型的な金属や半導体との比較

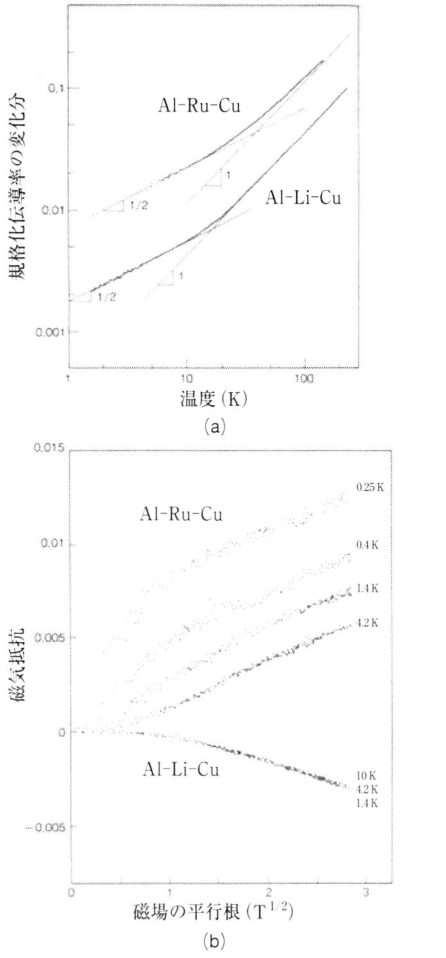

図 5.20　Al-Li-Cu および Al-Cu-Ru 準結晶の電気伝導率と磁気抵抗[21,22]

比較した．Al-Cu-Fe 準結晶の電気伝導率は，成分金属それぞれの結晶よりはるかに小さいだけでなく，同じ組成のアモルファス（ガラス）より小さい．Al-Pd-Re 準結晶になると，結晶の真性半導体に比べれば電気伝導率は大きいが，結晶の不純物半導体と同程度になっている．また，温度依存性も，金属より半導体に近づいている．

5.7　電子の弱局在状態

Al-Pd-Re を除いたアルミ系準結晶の電気伝導率の温度依存性と磁気抵抗の磁場依存性は，ランダム系における電子-電子相互作用の効果と弱局在効果で，定性的にも定量的にも，かなりよく説明できる[21,22]．図 5.20 は，Al-Li-Cu と Al-Cu-Ru の例である．伝導率は両者とも，低温で温度の平方根に比例（電子-電子相互作用の効果）し，高温側では温度に比例している（非弾性散乱の緩和時間が，電子-電子の散乱で決まる場合の弱局在効果）．磁気抵抗は前者の場合は負で，低磁場側では磁場の 2 乗に比例し，高磁場側では磁場の平方根に比例している．これはスピン-軌道散乱の弱い場合の弱局在効果である．後者の場合は正で，スピン-軌道散乱が強い場合の弱局在効果と考えられる．弱局在効果の理論式はもちろん局在が弱い自由電子に近い波動関数の領域で導かれたものだが，実際には不純物半導体の金属-絶縁体転移の直前までよく実験と合っており，高抵抗率の安定相準結晶においても同様の状況になっていると考えられる．理論式によるさらに精密なフィッティングが行われ，フィッティングパラメーターの定量的議論もなされている[27]．

ただし，弱局在理論で説明できるのは，数十 K 以下の低温領域であると考えられる．図 5.21 からわかるように，Al-Cu-Ru 準結晶において数十 K 以上では，温度の上昇と共にホール移動度 μ_H は減少し，キャリア密度 n がより急激に増大している[28]．弱局在理論では，温度の上昇と共に

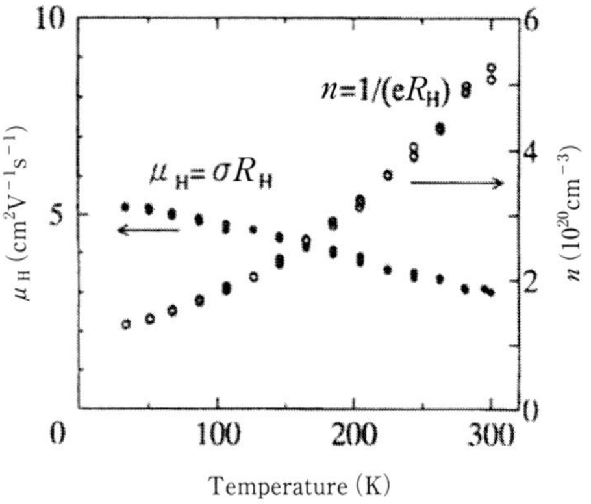

図 5.21　Al-Cu-Ru 準結晶のホール移動度とキャリア密度の温度依存性[28)]

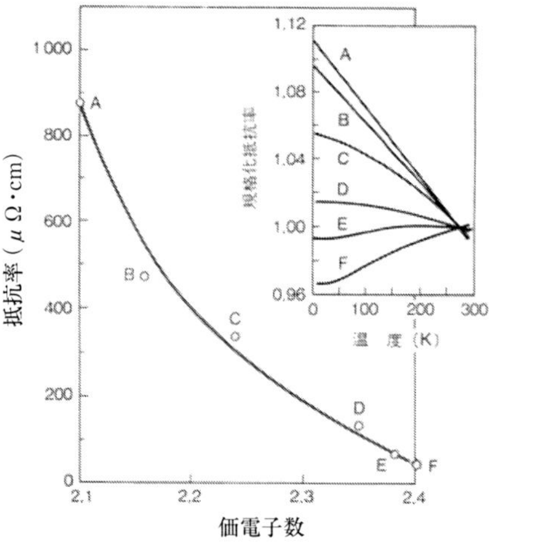

図 5.22　遷移金属を含まない準結晶の 4.2 K の電気抵抗率[22)]
横軸は図 5.5 と同じ 1 原子当たりの平均価電子数 e/a で同じ値の範囲である．挿入図は抵抗率の温度依存性を示す．抵抗率は 273 K で規格化してあり，アルファベットで対応を示す．

局在が破れ μ_H が上昇するために σ が増大するが，数十 K 以上では明らかに μ_H は減少しており，n の増大がそれを上回っている．この状況は，定性的には半導体と同じであるが，その温度依存性は半導体における熱活性化型よりははるかに小さく，5.2 節と 5.3 節で述べた 100 K（10 meV）程度でさまざまなエネルギースケールをもつ状態密度のスパイキー構造間の熱励起によるものと考えれば説明できる．

5.8　高抵抗の起源

電気伝導率 σ は（5.1）式で記述できるので，フェルミ準位での状態密度 $D(\varepsilon_F)$ が小さければ σ は小さくなり，電気抵抗率 ρ は大きくなり，安定相準結晶の高抵抗率の 1 つの原因は，フェルミ準位における擬ギャップの存在であると考えられる[21,22)]．

図 5.22 には，遷移金属を含まない Al-Li-Mg-Cu 準結晶の 4.2 K での抵抗率を示す．価電子数の減少，つまり電子比熱系数の減少（図 5.5 参照），したがって $D(\varepsilon_F)$ の減少に伴い，抵抗率は急激に増大し，温度依存性は正から負に転じている． しかし，図からわかるように，図 5.22 の抵抗率は図 5.5 の電子比熱係数に反比例する以上に大きくなっており，また準結晶と 1/1 立方晶近似結晶では，電子比熱係数の値が同じであるにもかかわらず，抵抗率は近似結晶（270 K で 200 $\mu\Omega$ cm）より準結晶（800 $\mu\Omega$ cm）の方がはるかに大きい[23)]．安定相準結晶の高抵抗率はフェルミ準位が擬ギャップに位置することによる小さな状態密度だけでは説明できない．

5.7 節で述べたように，安定相準結晶の伝導率の温度依存性および磁気抵抗には局在効果が現れており，高抵抗率のもう 1 つの原因と考えられる．アンダーソン局在の理論によれば，ポテンシャルの乱れによって金属-絶縁体転移が起こることが予測され，実際，不純物半導体などで観測されている[29)]．アンダーソン局在による金属-絶縁体転移は，図 5.23（a），（b）に示すように 2 通り考えられる．3 次元のランダム系における電子状態には，一般に，バンドの端に近い局在状態とバンドの中心部分の広がった状態が存在する．その境界は，移動度端（mobility edge）とよばれる．（a）の型の転移は，価電子数の変化によりフェルミ準位が広がった状態から局在状態にシフトして起こる．（b）の型の転移は，ポテンシャルの乱れの増加によって局在状態の領域が広がって起こる．

現実のアモルファス合金における金属-絶縁体転移は，（a）の型で起きている．図 5.24 は，水谷らによって測定され，整理された，20 種類以上のアモルファス合金系と 7 種類の準結晶合金系

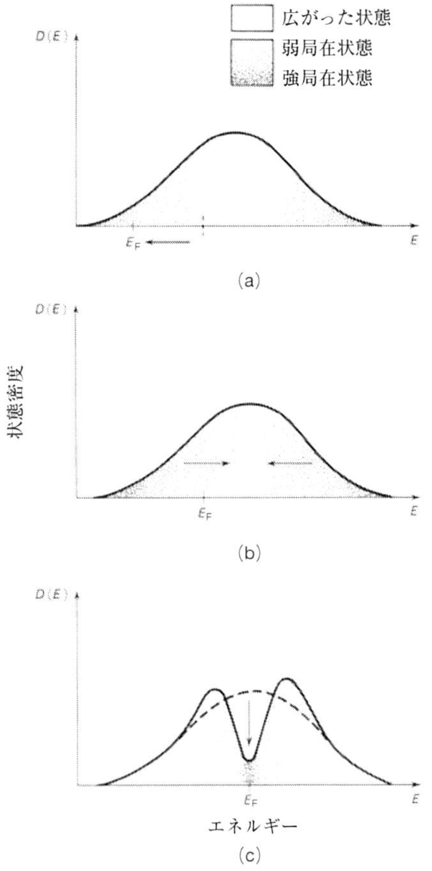

図 5.23 合金系における金属-絶縁体転移

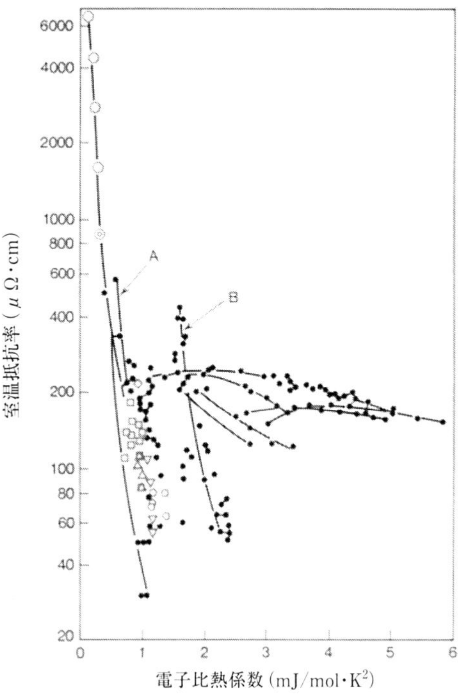

図 5.24 準結晶とアモルファス合金の室温電気抵抗率と電子比熱係数のデータ[30]

白抜きのマークは 7 種類の準結晶合金系を示し，黒丸は 20 種類以上のアモルファス合金系を示す．実線は，同じ合金系のデータを結んである．A の合金系の伝導は s, p 電子により，B の合金系の伝導には d 電子が関与している．

の電子比熱係数と室温の電気抵抗率のデータである[30]．A の合金系は，s と p 電子のみが伝導に寄与する系であるが，Ge や Si などの非金属元素を含む系では，非金属元素の増加と共に電子比熱係数が減少し，抵抗率が上昇している．この図にプロットしてあるのは，非金属元素の組成比が 50 原子％以下のデータであるが，50％を越えると，抵抗率は桁違いに増大し，一般に 90％に近づくと絶縁体に転移する．これは，非金属元素の増加による価電子数の減少により，フェルミ準位がバンド端の局在状態中にシフトしたためで，(a) の型の転移である．一方，B の合金系は，d 電子が一部伝導に寄与する系で，Ca-Mg-Al では，Al の組成の増加により抵抗率が増大している．これは，2 価の Ca と Mg の中に 3 価の Al が入って，ポテンシャルの乱れが増大したためである可能性がある（実際は，Ca の d 電子の役割も大きい）．これは (b) の型だが，抵抗率の増大はこの図の範囲内に留まり，絶縁体転移までには至っていない．アモルファス合金において，(b) の型の絶縁体転移がこれまでに報告された例はない．

準結晶合金系は，非金属元素はまったく含まないが，図 5.24 では A の合金系の延長にあり，アモルファス合金より，はるかに大きな抵抗率をもつものがある．図 5.24 で最高の抵抗率のデータは，Al-Cu-Ru のものである．

Al-Pd-Re においては，竹内らにより 4.2 K での抵抗率が $10^6\ \mu\Omega$ cm を越えることが発見された[26]．図 5.25 に，Al-Pd-Re 準結晶の電気抵抗率 ρ とその逆数である電気伝導率 σ の温度依存性を示す．とくに，a から d は仕込み組成が $Al_{70}Pd_{20}Re_{10}$ と同じで熱処理温度も同じであるが，絶対値も温度依存性も異なっており，わずかな組成の違いに敏感であることがわかる．ρ は低温で温度の低下と共に急激に増加しており半導体

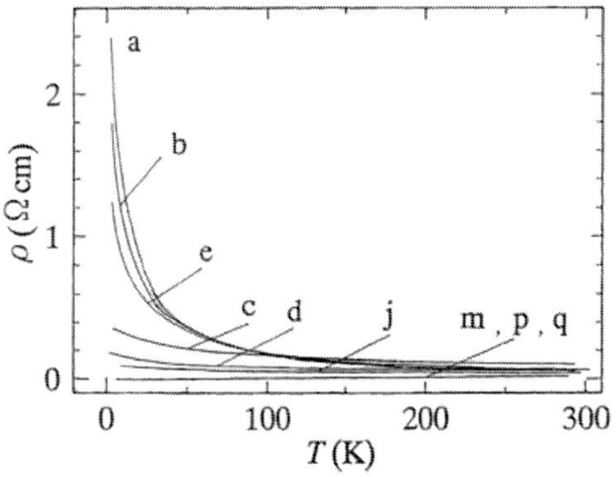

(a)

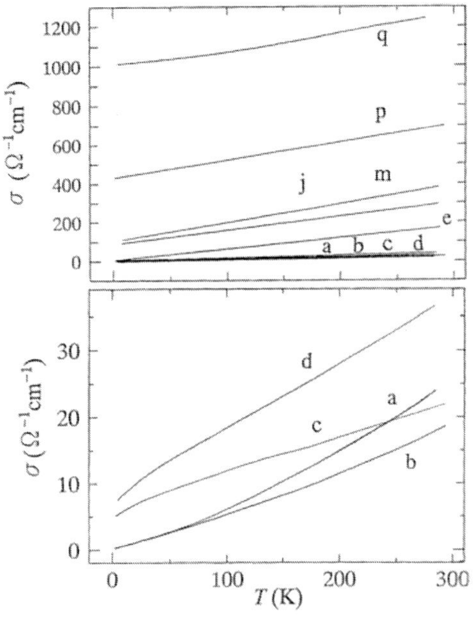

(b)

図 5.25　Al-Pd-Re 準結晶の（a）電気抵抗率と（b）電気伝導率の温度依存性[26)]

アルファベットは，試料の違いを示す．

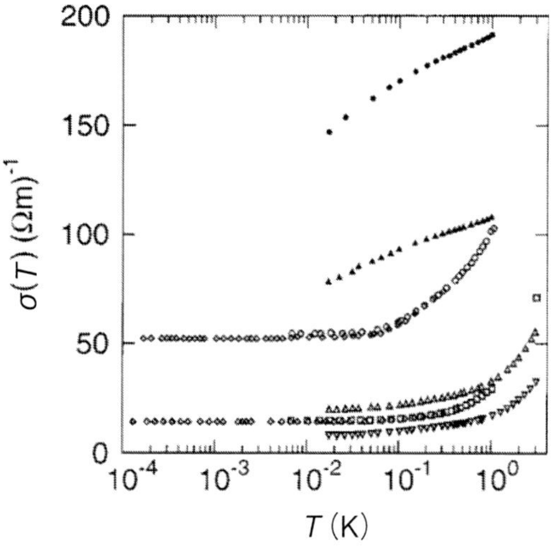

図 5.26　Al-Pd-Re 準結晶の超低温までの電気伝導率の温度依存性[31)]

的に見えるし，その値も不純物半導体のそれに近づいている．これを逆数の σ で見ると，温度にほぼ比例しており，

$$\sigma=\sigma(0)+\Delta\sigma(T)$$

のように書ける．ここで，$\sigma(0)$ は 0 K での値で，$\Delta\sigma(T)$ は温度と共に増大する部分である．これは，通常の金属結晶における ρ に対する式（5.3）のマチーセン則との対比で，逆マチーセン則とよばれている．

a や b の試料では，$\sigma(0)$ が 0 になり，絶縁体に転移しているようにも見える．しかし，より低温まで測定すると，図 5.26 に示すように，温度依存性の大きさを示す，

$$R=\frac{\rho(4.2\ \mathrm{K})}{\rho(300\ \mathrm{K})}$$

が大きくなるほど，$\sigma(0)$ は桁違いに小さくなるが，決して 0 にはならないで残る[31)]．一方，$\Delta\sigma(T)$ の方は，不純物半導体における金属-絶縁体転移の絶縁体側の温度依存性であり，アモルファス半導体における式（5.5）と同様の，可変領域ホッピング伝導の式でフィットでき，

$$\sigma=\sigma(0)+\sigma_0\exp\left\{-\left(\frac{T_0}{T}\right)^{\nu}\right\}$$

と書ける．ここで，σ_0，T_0 は定数で，ν は可変領域ホッピング伝導を意味する 1/4，または，それに電子間相互作用を考慮した 1/2 となる．$\sigma(0)$ が有限に残る理由は，トンネル伝導がホッピング伝導と共存しているためと考えられるが，これが準周期性を反映したものかどうかはわからない．5.1 節で述べた，臨界状態は局在状態に比べ波動関数の裾が遠距離まで伸びる（規格化積分が発散する）ことと関連しているようにも思われる．また，図 5.23（c）のような，フェルミ準位の位置に擬ギャップが生じ，そこで局在が起こるという，準結晶特有の金属-絶縁体転移が起きている可能性がある．

遷移金属を含む系において，Al-Cu-Fe より

Al-Cu-Ru，Al-Pd-Mn より Al-Pd-Re のように，原子番号が大きい元素を含むほど抵抗率が高くなる傾向がある．これは，この方向で擬ギャップが深くなるからで，アルミ系正 20 面体準結晶の近似結晶中の遷移金属では，周期表で下に位置するほど共有結合性が増大する[13] ことと対応していると考えられる．4 元系にすることで，局在効果が強くなる可能性も考えられる．1 つの問題は，本来ランダムなポテンシャルに対して導かれた局在の理論が，規則的な構造をもつ準結晶に適用できるのかどうかである．理論との一致は見かけに過ぎないのか，準結晶構造が本質的にランダム性をもっているのか（ランダムタイリングモデル），理論の本質がランダム性ではなく非周期性であるのかなどの問題である．

図 5.27 は，Al-Pd-Re 準結晶に中性子を照射して，強制的に乱れを導入した場合の，ρ の温度依存性の変化を示している[32]．中性子の照射量 D が増大すると，X 線回折パターンは，ピーク幅は一定のまま各ピーク強度が減少する．これは，5.6 節で述べた液体急冷等によりフェイゾン歪みが導入された場合とは異なっている（フェイゾン歪みによってはピーク幅が増大する）．準結晶が乱れてアモルファス化した部分が回折ピークに寄与しなくなったためと考えられる．図 5.27 では，中性子照射量の増大と共に，ρ の絶対値が減少すると共に温度依存性 R が小さくなっている．中

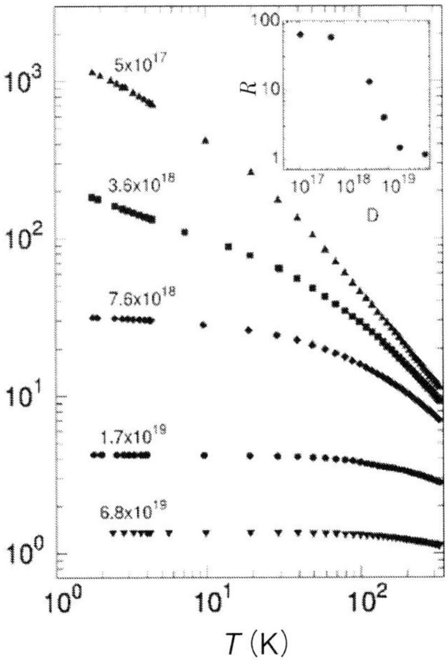

図 5.27　Al-Pd-Re 準結晶に中性子照射したことによる電気抵抗率の温度依存性の変化[32]

各実験データの上に書いてある数字は D（中性子照射量）で，単位は $1/cm^2$ である．

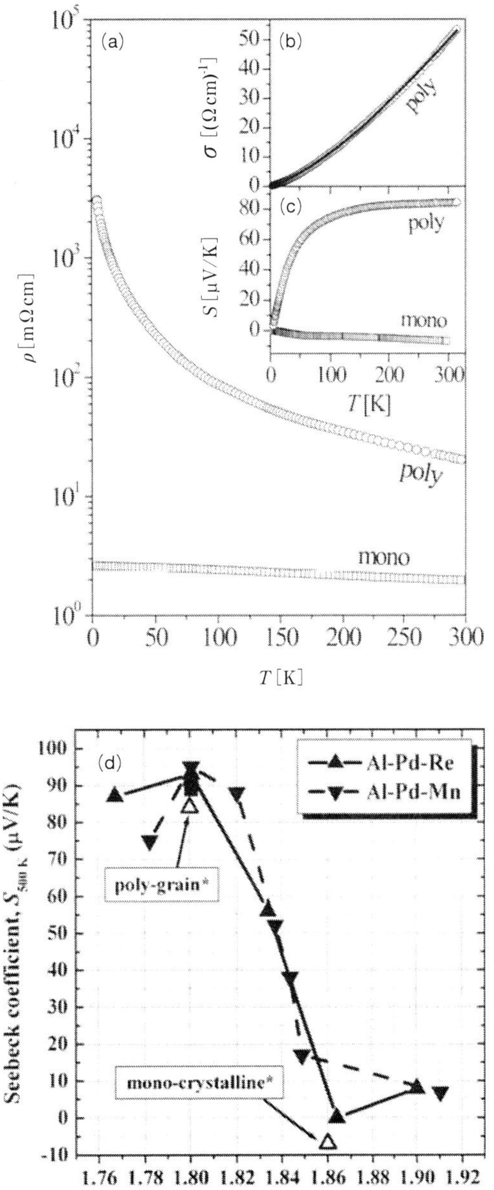

図 5.28　Al-Pd-Re 準結晶の多結晶試料（poly）と単結晶試料（mono）の（a）電気抵抗率の温度依存性，（b）電気伝導率の温度依存性，（c）ゼーベック係数の温度依存性，（d）500 K でのゼーベック係数の e/a 依存性[34,35]

e/a は 1 原子当たりの平均価電子数で，3.3 節参照．（d）中の△が（c）の 2 つの試料のデータである．

性子照射後の試料を熱処理して導入された乱れを回復させると，ρ の絶対値，温度依存性共に回復する方向に向かうことも確かめられている．中性子照射による ρ の絶対値と温度依存性の低下による金属-絶縁体転移（絶縁体側から金属側への転移）は，狭ギャップ半導体である SmB_6 でも観測されている[33]．5.4 節で述べたように，Al-Pd-Re 近似結晶のバンド構造から予想された準結晶のそれは，理想的には同じように狭ギャップ半導体であり，化学的不規則性によりギャップ内が局在状態で満たされて，擬ギャップになっているというものであった（図 5.23（c）とも同じである）．SmB_6 との違いは，ギャップ内を埋める局在状態の存在だが，中性子照射により狭ギャップや擬ギャップが壊され（ギャップを作る構造が壊され），金属化するというのは同じ機構であると考えられる．ただし，SmB_6 や不純物半導体やアモルファス半導体との違いは，絶縁体側の温度依存性にある．図 5.27 からもわかるように，準結晶の場合，R が大きく絶縁体側にあると思われる場合でも，ρ と T を両対数プロットしたときの曲率が金属側まで同じである．半導体の場合は，絶縁体側で曲率が逆になる．準結晶のこの特徴は，前述の $\sigma(0)$ が 0 にならないことと同等である．

これまでに述べた Al-Pd-Re 準結晶の高抵抗率の結果は，すべて多結晶試料に対するものであるが，単結晶において高抵抗率は報告されていない[34]．その理由は，5.2 節で述べた電子状態密度のスパイキー構造のせいか，準結晶の電子物性は組成に非常に敏感であるが，状態図の性質から単結晶では限られた組成の試料しか作製することができないためであると考えられる．図 5.28（a）に見られるように，単結晶の ρ は多結晶と比べて，確かに室温で約 1 桁小さく，温度依存性もはるかに小さい．ただし，（c）に見られるようにゼーベック係数も，符号，絶対値，温度依存性共に大きく異なるが，その違いは，（d）でわかるようにわずかな組成の違いで説明できる[35]．

3.2 節で述べたように Cd 系や Zn 系の 2 元系準結晶には，1 つのサイトを 2 種類以上の元素が

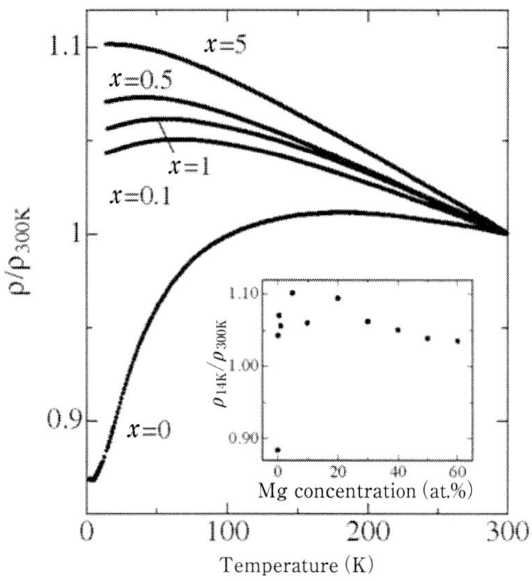

図 5.29 $Cd_{84.6-x}Mg_xYb_{15.4}$ 準結晶の電気抵抗率の温度依存性[36]

占めることによって生じる化学的不規則性が存在しない．図 5.29 は Cd-Yb 準結晶の Cd の一部を Mg で置換した場合の電気抵抗率の温度依存性を示す[36]．置換による化学的不規則性の導入により，低温での温度依存性が金属的な正から非金属的な負に転換している．このことから，3 元系準結晶の非金属的な振る舞いに，化学的不規則性の影響が指摘されている．Al 系でも Al-Pd-Re より電気抵抗率の低い系では，化学的不規則性により抵抗率の絶対値が大きくなったり負の温度依存性が強くなって非金属に近づくことが報告されている[37]．このような状況は，通常の結晶金属におけるものと同じであり，理想的には狭ギャップ半導体になる Al-Pd-Re 系とは，化学的不規則性の役割が本質的に異なっているとも考えられる．

半導体準結晶実現の可能性は，上記の合金系の絶縁体転移だけでなく，別のアプローチがある．それは，アルミニウムと同じⅢ族で，正 20 面体クラスターをもち，しかも共有結合性の半導体結晶を作るボロン（ホウ素）系である．ボロン系正 20 面体準結晶はまだ見つかっておらず近似結晶のみである[38]が，ボロンを多く含む正 10 角形準結晶は，最近，準安定相として発見された[39]．ただし，ボロンの組成は 40% 程度であり，擬ギャップはもつが，真のギャップをもつ半導体にはな

っていないと考えられる．

5.9　正10角形準結晶における異方性

前節までは，3次元準結晶である正20面体相の電気伝導について述べてきたが，最後に2次元準結晶の中で唯一電気伝導が測定されている正10角形準結晶についての結果を紹介する．表5.1からわかるように，準周期面内の残留抵抗率値 ρ_0^{qc} は，周期軸方向のそれ ρ_0^c より約1桁大きい[40]．図5.30に示すように，抵抗率の温度依存性は，周期軸方向ではすべて通常の金属的な正であるのに対し，準周期面内では金属的な正（aとb）と非金属的な負（cとd）の両方が観測されている．ただし，負の場合も，Al-Pd-Re正20面体準結晶で見られるような大きな依存性ではなく，5.5節で述べたアモルファス金属において，ρ が約150 $\mu\Omega$ cmを越えると観測される負の温度依存と同様の振る舞いである．したがって，正10角形準結晶の準周期面内では，高抵抗率の正20面体準結晶におけるホッピング伝導や状態密度のスパイキー構造間の熱励起が起こったことによる半導体的な伝導にまではなっていない．図5.31

表5.1　正10角形準結晶の周期軸方向の残留抵抗率値 ρ_0^c，準周期面内の値 ρ_0^{qc}，両者の比，図5.30，図5.31中の試料の記号[40]

	ρ_0^c ($\mu\Omega$ cm)	ρ_0^{qc} ($\mu\Omega$ cm)	ρ_0^{qc}/ρ_0^c	
AlNiCo	27	164	6.1	b
AlSiCuCo	50	429	8.6	c
AlCuCo No.1	53	245	4.6	a
AlCuCo No.2	39	405	10.4	d

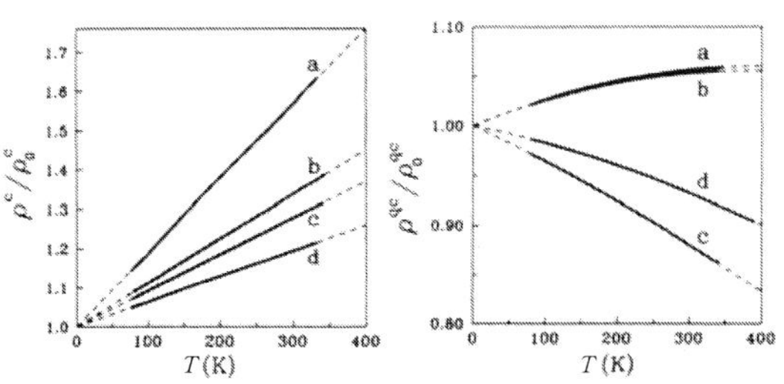

図5.30　表5.1の正10角形準結晶の残留抵抗率値で規格化した（a）周期軸方向と（b）準周期面内の抵抗率の温度依存性[40]

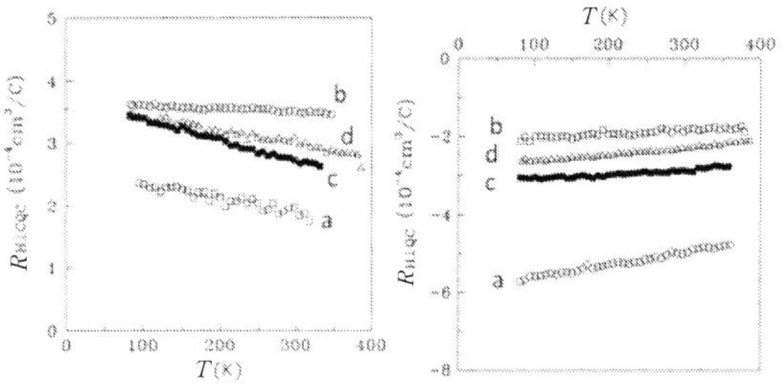

図5.31　表5.1の正10角形準結晶の（a）磁場が周期軸に垂直な（電流が周期軸方向の）場合と（b）磁場が準周期面に垂直な（電流が準周期面内の）場合のホール係数の温度依存性[41]

に示すホール係数の温度依存性も，図5.21に示したAl-Cu-Ru準結晶の場合よりもはるかに小さく，通常の金属と同じようにキャリア密度は温度にほとんど依存しないと考えられる[41]．ただし，周期軸方向と準周期面内でホール係数の符号が異なっており，伝導キャリアは，前者では正孔で，後者では電子となっており，フェルミ面の別の部分が伝導に寄与している．

以上のように，これまでに報告されている正10角形準結晶中の準周期面内の電気伝導には，特異な現象は観測されていないが，1つの固体の中で周期方向と準周期方向の物性を比べることができるという意味では，興味深い物質群である．実際，電気伝導率だけでなく磁化率にも異方性が観測されている．5.8節の最後に述べた，最近見つかった，強い共有結合を作るBを多く含んだ正10角形準結晶の物性の異方性が測定できると，大変興味深い．　〔木村　薫〕

引用文献

1）T. Fujiwara：*Physical Properties of Quasicrystals* edited by Z. M. Stadnik, Springer（1999）p. 169.
2）時弘哲治：固体物理 **23**（1988）470.
3）T. Fuiiwara and T. Yokokawa：*Phys. Rev. Lett.* **66**（1991）333.
4）Y. Ishii and T. Fujiwara：*Phys. Rev. Lett.* **87**（2001）206408.
5）U. Mizutani, A. Kamiya, T. Matsuda, K. Kishi and S. Takeuchi：*J. Phys.*：*Cond. Matter* **3**（1991）3711.
6）Z. M. Stadnik, D. Purdie, M. Garnier, Y. Baer, A.-P. Tsai, A. Inoue, K. Edagawa, S. Takeuchi and K. H. J. Buschow：*Phys. Rev.* **B55**（1997）10938.

7) R. Tamura, T. Takeuchi, C. Aoki, S. Takeuchi, T. Kiss, T. Yokoya, S. Shin : *Phys. Rev. Lett.* **92** (2004) 146402.

8) C. C. Homes, T. Timusk, X. Wu : *Phys. Rev. Lett.* **67** (1991) 2694.

9) J. T. Okada, T. Ekino, Y. Yokoyama, T. Takasaki, Y. Watanabe, S. Nanao : *J. Phys. Soc. Jpn.* **76** (2007) 033707.

10) R. Widmer, P. Groning, M. Feuerbacher and O. Groning : *Phys. Rev.* **B79** (2009) 104202.

11) T. Mertelj, A. Oslak, J. Dolinsek, I. R. Fisher, V. V. Kabanov and D. Mihailovic : *Phys. Rev. Lett.* **102** (2009) 086405.

12) U. Mizutani : *Hume-Rothery Rules for Structurally Complex Alloy Phases*, CRC Press (2011).

13) K. Kirihara, T. Nagata, K. Kimura, K. Kato, E. Nishibori, M. Takata and M. Sakata : *Phys. Rev. B* **68** (2003) 014205.

14) Y. Ishii and T. Fujiwara : Quasicrystals edited by T. Fujiwara and Y. Ishii, Elsevier (2008) p. 171 .

15) K. Kirihara and K. Kimura : *Phys. Rev.* **B64** (2001) 212201.

16) Y. Takagiwa, J.T. Okada, K. Kimura, H. Kitahata, Y. Matsushita and I. Kanazawa : *Phil. Mag.* **88** (2008) 1929.

17) M. Krajci and J. Hafner : *Phys. Rev.* **B75** (2007) 024116.

18) 水谷宇一郎：「金属電子論（下）」内田老鶴圃, (1996).

19) H.イバッハ, H.リュート：「固体物理学」, シュプリンガー・ジャパン (2008).

20) 森垣和夫, 丸山瑛一, 清水立生, 米沢富美子, 広瀬全孝, 田中一宜：アモルファス半導体の基礎」, オーム社 (1982).

21) K. Kimura and S. Takeuchi : *Quasicrystals : The State of the Art* edited by P.J. Steinhardt and D.DiVincenzo, World Scientific (1991) p.313, second ed. (1999) p. 325.

22) 木村　薫：パリティ **8-10** (1993) 21.

23) K. Kimura, H. Iwahashi, T. Hashimoto, S. Takeuchi, U. Mizutani, S. Ohashi, G. Itoh : *J. Phys. Soc. Jpn.* **58** (1989) 2472.

24) T. Klein, C. Berger, D. Mayou, F. Cyrot Lackmann : *Phys. Rev. Lett.* **66** (1991) 2907.

25) B.D Biggs, S. J. Poon, N. R. Munirathnam : *Phys. Rev. Lett.* **65** (1990) 2700.

26) H. Akiyama, Y. Honda, T. Hashimoto, K. Edagawa, S. Takeuchi : *Jpn. J. Appl. Phys.* **32** (1993) L1003.

27) O. Rapp : *Physical Properties of Quasicrystals* edited by Z. M. Stadnik, Springer (1999) p. 127.

28) R. Tamura, A. Waseda, H. Ino and K. Kimura : *Phys. Rev.* **B50** (1994) 9640.

29) N. F. Mott : *Metal-Insulator Transitions* (second ed.), Taylor and Francis (1990).

30) U. Mizutani, R. W. Cahn, P. Haasen and E. J. Kramer eds. : *Electronic and Magnetic Properties of Metals and Ceramics* (Materials Science and Technology 3 B), VCH Verlagsgesellschaft (1992).

31) M. Rodmar, F. Zavaliche, S. J. Poon and O. Rapp : *Phys. Rev.* **B60** (1999) 10807.

32) O. Rapp, A. E. Karkin, B. N. Goshchitskii, V. I. Voronin, V. Srinivas and S. J. Poon : *J. Phys. : Condens. Matter* **20** (2008) 114120.

33) A. Karkin, Yu. Akshentsev and B. Goshchitskii : *Phys. C* (2007) 811.

34) J. Dolinšek, P. J. McGuiness, M. Klanjšek, I. Smiljanić, A. Smontara, E. S. Zijlstra, S. K. Bose, I. R. Fisher, M. J. Kramer and P. C. Canfield : *Phys. Rev.* **B74** (2006) 134201.

35) Y. Takagiwa, T. Kamimura, S. Hosoi, J. T. Okada and K. Kimura : *Z. Kristallogr.* **224** (2009) 79.

36) R. Tamura, T. Araki, S. Takeuchi : *Phys. Rev. Lett.* **90**, (2003) 226401.

37) T. Takeuchi and U. Mizutani : *J. Alloys Comp.* **342** (2002) 416.

38) M. Takeda, K. Kimura, A. Hori, H. Yamashita and H. Ino : *Phys. Rev.* **B48** (1993) 13159.

39) Y. Miyazaki, J. T. Okada, E. Abe, Y. Yokoyama, K. Kimura : *J. Phys. Soc. Jpn.* **79** (2010) 73601.

40) W. Yun-ping and Z. Dian-lin : *Phys. Rev.* **B49** (1994) 13204.

41) W. Yun-ping and Z. Dian-lin : *Phys. Rev.* **B48** (1993) 10542.

6. 準結晶の力学物性

本章では準結晶の力学物性，すなわち弾性と塑性について解説する．6.1 節でまず弾性について解説する．準結晶は準周期的並進秩序に起因して，通常の結晶固体にも存在する実空間内の並進の自由度に関連した通常の弾性に加えて，準結晶特有の弾性自由度に関連したフェイゾン弾性とよばれる特徴的な弾性が存在する[1~4]．この節ではフェイゾンの自由度を含めた準結晶の弾性自由度およびそれら弾性自由度に関連した 2 種類の歪の概念を説明し，次いで，そのような 2 つの弾性自由度をもつ準結晶の弾性を扱う理論的枠組みである一般化弾性論について解説する[1~4]．続いて，一般化弾性論に現れる 3 種類の弾性，フォノン弾性，フェイゾン弾性，フォノン-フェイゾン結合弾性について述べる．

6.2 節では準結晶の塑性について解説する．まず準結晶の塑性に関する主な実験結果を概観し，塑性の特徴を述べる．続いて，周期性をもたない準結晶構造に転位がどのように定義されるかを説明し，最後にそのような転位の性質に基づいた準結晶の塑性変形機構について解説する．

6.1 準結晶の弾性

a. 弾性自由度と歪

一般に，固体の力学的性質つまり弾性と塑性を記述する際に用いる重要な物理量に「歪」がある．そこで本節では最初にこの歪の概念を簡単におさらいする．

図 6.1 に単純な 1 次元の例をあげる．ここではゴムひものようなものを変形する状況を考える．

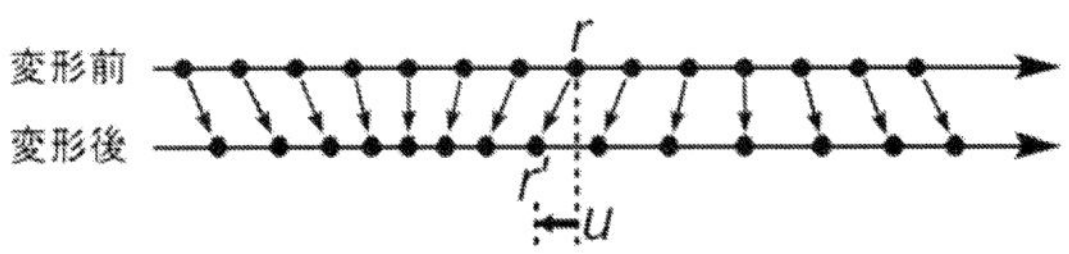

図 6.1 「変形」の記述に用いる物理量，変位 u の説明図

この変形の仕方は以下のようにして記述できる．まずゴムひもに沿って座標をとり，変形前に r の位置にあった点が変形後に r' に移動したとする．このとき，$u=r'-r$ を「変位」とよぶ．変位 u をあらゆる r に対して決めれば，すなわち関数 $u(r)$ を決めればゴムの変形を完全に記述したことになる．さて，$u(r)=d_0=\text{const.}$ の場合を考える．これは元のゴムひも全体が d_0 平行移動しただけなのでそのゴムひもは変形していない．このことからわかるように各点 r での「変形度」は $u(r)$ のその場所での空間変化率，すなわち $D(r)=du(r)/dr$ で与えられ，1 次元ではこの量を「歪」と定義することができる．$D(r)>0$ なら，その部分でゴムは伸びており，$D(r)<0$ なら縮んでいる．$|D(r)|$ が大きければ伸び（縮み）の量は大きい．2 次元，3 次元では，u，r はベクトル量 $\boldsymbol{u}$，$\boldsymbol{r}$ で $(d\boldsymbol{u}(\boldsymbol{r})/d\boldsymbol{r})=(du_i/dr_j)=D_{ij}$ は 2 階のテンソル量となる．以下の議論では $|D_{ij}|\ll 1$ とする．D_{ij} を恒等式，

$$D_{ij}=E_{ij}+F_{ij}=\frac{1}{2}(D_{ij}+{}^tD_{ij})+\frac{1}{2}(D_{ij}-{}^tD_{ij}) \tag{6.1}$$

によって対称テンソルと反対称テンソル

$$E_{ij}=\frac{1}{2}(D_{ij}+{}^tD_{ij})=\frac{1}{2}\left(\frac{du_i}{dr_j}+\frac{du_j}{dr_i}\right) \tag{6.2}$$

$$F_{ij}=\frac{1}{2}(D_{ij}-{}^tD_{ij})=\frac{1}{2}\left(\frac{du_i}{dr_j}-\frac{du_j}{dr_i}\right) \tag{6.3}$$

に分けると，F_{ij} は単純な回転に対応するため，D_{ij} からこれを除いた対称テンソル E_{ij} を「歪」と定義するのが妥当である．この場合の歪は 1 次元の場合の「伸び縮み」以外に「せん断」の成分も含む．当然，準結晶にも通常の固体と同様に式 (6.2) の形の歪が定義できる．準結晶ではさらに通常の固体には存在しない特殊な変位の自由度が存在し，それに対応した特殊な歪が存在する．以下にこの点を説明する．

2.2，2.3 節で示したように，一般に，準結晶構造は，その準周期的並進秩序に由来して，適当な高次元の周期構造の断面として記述できる．図 6.2（a）に，典型的な 1 次元準周期格子であるフィボナッチ格子を 2 次元周期構造の断面として記述した図を示す．これはすでに 2.3 節の図 2.11 に示したものと同じである．ここで $E_{\parallel}$ は物理空間に対応し，$E_{\perp}$ は直交補空間に対応する．いま図 6.2（a）の 2 次元周期構造全体を物理空間 $E_{\parallel}$ に対して相対的に $\boldsymbol{U}$ だけ変位させることを考える（図 6.2（b））．これを $E_{\parallel}$ 成分 $\boldsymbol{u}$ と $E_{\perp}$ 成分 $\boldsymbol{w}$ に分解する．図 6.2（c）に示すように変位 $\boldsymbol{u}$ は単に物理空間内の並進に対応し，変位前後で構造は変わらない．一方図 6.2（d）に示すように変位 $\boldsymbol{w}$ は 2 つの点間隔 L と S の配列を変える．この場合にも 2.3 節で述べたように $\boldsymbol{w}$ の変位前後で L.I.クラスは変わらず，したがって 2.2 節で述べた意味で構造は変わらない．このようにフィボナッチ格子に対しては 2 つの異なった変位の自由度が存在する．これら 2 つの自由度をフォノンの自由度，フェイゾンの自由度とよぶ．$\boldsymbol{u}$，$\boldsymbol{w}$ が実空間 $E_{\parallel}$ 内の位置 $\boldsymbol{r}$ に依存して変化する場合，その変化率 $d\boldsymbol{u}(\boldsymbol{r})/d\boldsymbol{r}$，$d\boldsymbol{w}(\boldsymbol{r})/d\boldsymbol{r}$ が歪に対応する．両歪をフォノン歪（通常の歪），フェイゾン歪とよぶ．図 6.3（a）に図 6.2（a）のフィボナッチ格子を再掲し，図 6.3（b）（c）に，フィボナッチ格子に一定のフォノン歪，フェイゾン歪をそれぞれ導入した構造を示す．図 6.3（b）では $\boldsymbol{u}(\boldsymbol{r})$ が $\boldsymbol{r}$ の変化に対して一定の割合で変化しており，その結果 $E_{\parallel}$ 上でフィボナッチ格子が一様な圧縮変形を受けている．これに対し，（c）では $\boldsymbol{w}(\boldsymbol{r})$ が $\boldsymbol{r}$ の変化に対して一定の割合で変化しており，

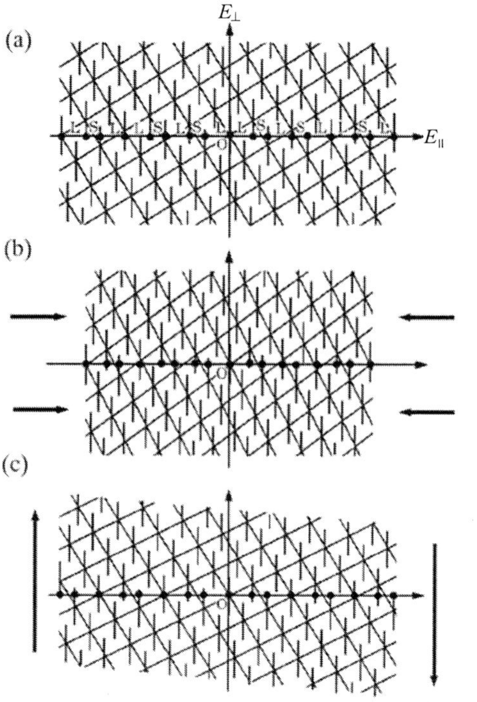

図 6.3　2 次元周期構造の断面として記述した（a）1 次元フィボナッチ格子と，（b）これに一様なフォノン歪を導入した構造，（c）一様なフェイゾン歪を導入した構造

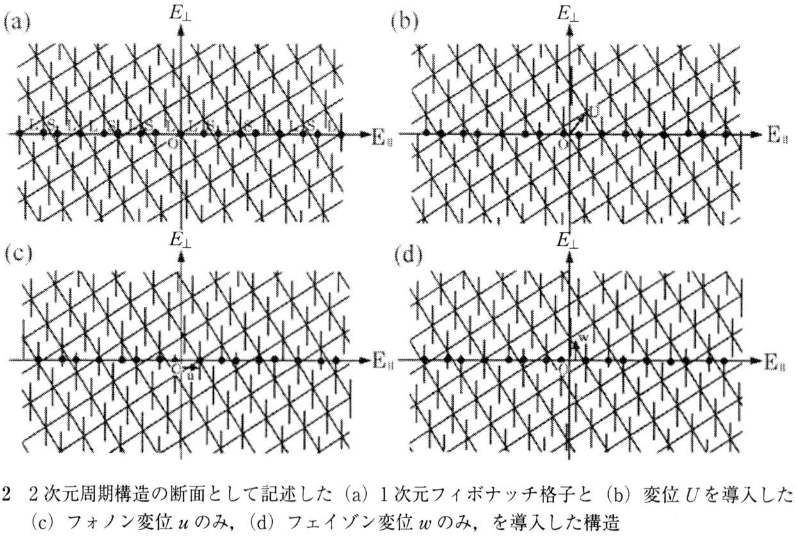

図 6.2　2 次元周期構造の断面として記述した（a）1 次元フィボナッチ格子と（b）変位 U を導入した構造，（c）フォノン変位 u のみ，（d）フェイゾン変位 w のみ，を導入した構造

フィボナッチ格子においてLS↔SLのような局所的な点配列（原子配列）の変化が生じていることがわかる．このような局所構造変化をフェイゾンフリップとよぶ．

2次元，3次元準結晶では一般に $d\boldsymbol{u}(\boldsymbol{r})/d\boldsymbol{r}=du_i/dr_j$，$d\boldsymbol{w}(\boldsymbol{r})/d\boldsymbol{r}=dw_i/dr_j$ は2階のテンソル量となる．du_i/dr_j は，式（6.1）～(6.3) と同様に分解され，回転の成分を除いて，

$$E_{ij}=\frac{1}{2}\left(\frac{du_i}{dr_j}+\frac{du_j}{dr_i}\right) \tag{6.4}$$

とすれば，これがフォノン歪（通常の歪）を与える．一方，dw_i/dr_j は，回転に相当する成分を含まず，

$$G_{ij}=\frac{dw_i}{dr_j} \tag{6.5}$$

がそのままフェイゾン歪を与える．

b.　一般化弾性論

通常の結晶固体の弾性論を2種類の弾性自由度をもつ準結晶に拡張したものを一般化弾性論とよぶ．本節では，通常の結晶固体の弾性論を簡単に復習した後，準結晶に適用される一般化弾性論を解説する．

結晶固体の弾性エネルギーは歪 E_{ij} の関数として与えられる．単位体積当たりの弾性エネルギー（弾性エネルギー密度）を ε とし，関数 $\varepsilon(E_{ij})$ を $E_{ij}=0$ のまわりで展開すると，

$$\varepsilon(E_{ij})=\varepsilon_0+\frac{1}{2}\sum_{ijkl}C_{ijkl}E_{ij}E_{kl}+(\text{高次項}) \tag{6.6}$$

が得られる．ここで C_{ijkl} は弾性率を表す4階のテンソルである．式（6.6）において1次の項がないのは $E_{ij}=0$ で $\varepsilon(E_{ij})$ が極小値となるためである．C_{ijkl} の具体的な形は，系の対称性から決まり，群論を用いた解析により求められる．最も対称性の悪い三斜晶では独立な弾性定数の数は21個存在する．対称性が上がるにつれて独立な弾性定数の数は減っていき，六方晶ではその数は5個，最も対称性の高い立方晶では3個となる．等方弾性体ではその数は2個であり，立方晶でも弾性異方性が存在する．

$\sigma_{ij}=(\partial\varepsilon/\partial E_{ij})$ は応力とよばれる2階のテンソル量で，式（6.6）より，

$$\sigma_{ij}=\sum_{k,l}C_{ijkl}E_{kl} \tag{6.7}$$

ここでは $|E_{ij}|\ll 1$ として，式（6.6）の高次項を無視した．このような近似を線型弾性近似とよぶ．一般にバネはその伸び Δx と力 F が近似的に $F=k\Delta x$（k：バネ定数）を満たし，これをフックの法則とよぶ．式（6.7）はこのフックの法則と類似のもので，一般化フックの法則とよばれる．

弾性体中の微小体積 dV に，まわりからその表面を通して正味に働く力を $\boldsymbol{f}dV$ とすると，$\boldsymbol{f}$ の各成分は，

$$f_i=\sum_j\frac{\partial\sigma_{ij}}{\partial r_j} \tag{6.8}$$

で与えられる．dV の mass に対して運動方程式を書くと，

$$\sum_j\frac{\partial\sigma_{ij}}{\partial r_j}=\rho\frac{\partial^2 u_i}{\partial t^2} \tag{6.9}$$

となる．ここで ρ は mass の密度である．式（6.7）を式（6.9）に代入して，

$$\sum_{j,k,l}C_{ijkl}\frac{\partial^2 u_k}{\partial r_j\partial r_l}=\rho\frac{\partial^2 u_i}{\partial t^2} \tag{6.10}$$

この式は波動方程式であり，その解は伝播する平面波となる．簡単のため，図6.1で示した1次元ゴムの系で式（6.10）に対応する式を導くと，

$$C\frac{\partial^2 u}{\partial^2 r}=\rho\frac{\partial^2 u}{\partial t^2} \tag{6.11}$$

ここで，C はゴムのばね定数（ここでは，ばねにかかる力 F とのび率 $\Delta x/x_0$ の線型関係の比例定数（$F=C(\Delta x/x_0)$）)，ρ はゴムの線密度である．この方程式の解は，

$$u=u_0\exp[-i(kr-\omega t)]$$
$$\omega=\sqrt{\frac{C}{\rho}}\,k \tag{6.12}$$

となる．これは速度

$$v=\frac{\omega}{k}=\sqrt{\frac{C}{\rho}} \tag{6.13}$$

で伝播する弾性波を表す．

さて，以上述べた結晶固体の弾性論は次のように準結晶に拡張される．まず式（6.6）に相当する式を準結晶について求める．準結晶では，2つの歪 E_{ij}，G_{ij} が存在するので歪の2次の項には

$E_{ij}E_{kl}$, $G_{ij}G_{kl}$, $E_{ij}G_{kl}$ の3つのタイプが存在する．このとき線型弾性近似の範囲内で弾性自由エネルギー密度 f は,

$$f(E_{ij}, G_{kl})=f_0+\frac{1}{2}\sum_{ijkl}C_{ijkl}E_{ij}E_{kl}+\frac{1}{2}\sum_{ijkl}K_{ijkl}G_{ij}G_{kl}+\sum_{ijkl}R_{ijkl}E_{ij}G_{kl} \quad (6.14)$$

のように書ける．式（6.6）は弾性エネルギーであったが，後に弾性へのエントロピーの寄与も考察するので，ここでは弾性自由エネルギーとした．式（6.14）の右辺第2項，第3項，第4項に関連する弾性をフォノン弾性，フェイゾン弾性，フォノン-フェイゾン結合弾性とよぶ．それぞれの弾性率に対応する4階のテンソル C_{ijkl}, K_{ijkl}, R_{ijkl} の具体的な形は，系の対称性から決まり，群論を用いた解析により求められる．正20面体準結晶においては3つのテンソル C_{ijkl}, K_{ijkl}, R_{ijkl} は，それぞれ2つ（λ, μ），2つ（K_1, K_2），1つ（K_3）の独立な弾性定数をもつ．フォノン，フェイゾンの2種類の応力を $\sigma_{ij}=\frac{\partial\varepsilon}{\partial E_{ij}}$, $\tau_{ij}=\frac{\partial\varepsilon}{\partial G_{ij}}$ と定義すると式（6.14）より，

$$\sigma_{ij}=\sum_{k,l}C_{ijkl}E_{kl}+\sum_{k,l}R_{ijkl}G_{kl}$$

$$\tau_{ij}=\sum_{k,l}R_{ijkl}E_{kl}+\sum_{k,l}K_{ijkl}G_{kl} \quad (6.15)$$

これらは，式（6.7）の一般化フックの法則をさらに準結晶に一般化したものである．

図6.3（b),（c）に示したようにフォノン歪，フェイゾン歪の導入による構造変化の様相は大きく異なる．前者は各原子の連続的な変位を引き起こすのに対し，後者は原子の不連続的なジャンプを伴うフェイゾンフリップを引き起こす．このような違いのため，フォノン弾性とフェイゾン弾性は，大きく異なる動力学的性質を示すものと予想される．図6.4に2次元ペンローズ格子におけるフェイゾンフリップの例を示す．このように，一般にフェイゾンフリップは，原子が2つの（準）安定点の間を遷移する過程に対応し，エネルギーの散逸を伴う．このような原子の遷移は点欠陥を媒介とした原子拡散の素過程と同様なものであり，フェイゾンフリップを素過程とするフェイゾン歪の導入・緩和は，原子拡散と同程度にゆっくり進行するはずである．また，そのような過程は熱活性化過程となり，緩和時間は大きく温度に依存し，低温では凍結する．

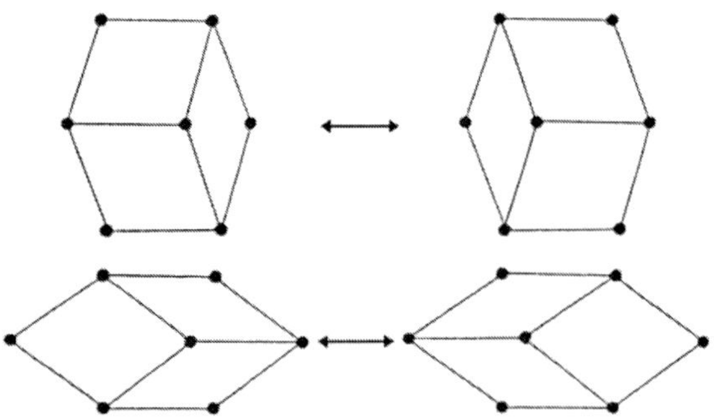

図6.4　2次元ペンローズ格子におけるフェイゾンフリップの例

このような事情から，フォノン弾性に対する式（6.9）と同様な，

$$\sum_j\frac{\partial\tau_{ij}}{\partial r_j}=\rho_{\mathrm{eff}}\frac{\partial^2 w_i}{\partial t^2} \quad (6.16)$$

の形でフェイゾン弾性動力学を記述することは適当でない．ここで ρ_{eff} はフェイゾン弾性に対する実効的な mass 密度とした．実際に式（6.9）と（6.16）のフォノン-フェイゾン動力学を仮定するとフォノン弾性波と同様なフェイゾン弾性波が生じることになり，3次元準結晶において6つの音響モードが現れるはずであるが，実験的には通常の結晶と同様に3つの音響モードしか観測されない．そこで式（6.16）を以下のように変える[1,7]．まず，フェイゾン弾性におけるエネルギー散逸を $-A(\partial w_i/\partial t)$ の形の摩擦力を表す項で取り入れ，これを左辺に加える．続いてフェイゾン弾性波の伝播解が存在しないように $\rho_{\mathrm{eff}}=0$ とすると，

$$\sum_j\frac{\partial\tau_{ij}}{\partial r_j}=A\frac{\partial w_i}{\partial t} \quad (6.17)$$

が得られる．式（6.15）を代入し，フォノン-フェイゾン結合を無視，すなわち，$R_{ijkl}=0$ とすると，

$$\sum_{j,k,l}K_{ijkl}\frac{\partial^2 w_k}{\partial r_j\partial r_l}=A\frac{\partial w_i}{\partial t} \quad (6.18)$$

式（6.11）に対応する1次元系では，

$$K\frac{\partial^2 w}{\partial^2 r}=A\frac{\partial w}{\partial t} \quad (6.19)$$

とかける．ここで K は 1 次元系でのフェイゾン弾性定数である．式（6.19）の解は，

$$w=w_0\exp[-i(kr-\omega t)]$$
$$\omega=\frac{ik^2K}{A} \tag{6.20}$$

式（6.12）と比較すると ω が純虚数となっている点が異なる．式（6.20）は，

$$w=w_0\exp(-ikr)\cdot\exp\left(-\frac{k^2K}{A}t\right) \tag{6.21}$$

と表され，この解は，時定数 $t_0=(A/k^2K)$ で減衰するフェイゾン弾性波を表す．このような波数依存性のフェイゾン波の減衰が，Al-Pd-Mn 正 20 面体準結晶において X 線散乱の時間相関測定を用いて，観測されている[8]．

以上まとめるとフォノン-フェイゾン動力学は

$$\sum_j\frac{\partial\sigma_{ij}}{\partial r_j}=\rho\frac{\partial^2u_i}{\partial t^2} \qquad \text{(再掲 6.9)}$$
$$\sum_j\frac{\partial\tau_{ij}}{\partial r_j}=A\frac{\partial w_i}{\partial t} \qquad \text{(再掲 6.17)}$$

で記述される．式（6.15）を代入して，

$$\sum_{j,k,l}C_{ijkl}\frac{\partial^2u_k}{\partial r_j\partial r_l}+\sum_{j,k,l}R_{ijkl}\frac{\partial^2w_k}{\partial r_j\partial r_l}=\rho\frac{\partial^2u_i}{\partial t^2}$$
$$\sum_{j,k,l}R_{ijkl}\frac{\partial^2u_k}{\partial r_j\partial r_l}+\sum_{j,k,l}K_{ijkl}\frac{\partial^2w_k}{\partial r_j\partial r_l}=A\frac{\partial w_i}{\partial t} \tag{6.22}$$

となる．R_{ijkl} で表されるフォノン-フェイゾン結合が無視できない大きさであれば，準結晶中のフォノン弾性波は，エネルギーの散逸を伴うフェイゾン弾性波と結合して減衰し，内部摩擦として現れるはずである．このような内部摩擦は i-Al-Pd-Mn において実際に観測されている[9]．

c．フォノン弾性

前項で述べたようにフェイゾン歪の緩和は熱活性化過程を伴う拡散的なものと考えられるので，低温であったり，高温でもフェイゾンの緩和の時定数よりずっと短い周期で振動する外応力場に対しては，フェイゾン自由度は凍結したものとみなすことができる．その場合準結晶の弾性は結晶と同様にフォノン弾性のみとなる．このとき正 20 面体準結晶では，弾性率テンソル C_{ijkl} が等方弾性体の弾性率テンソルと同じ形となる．実際にこの弾性等方性は種々の正 20 面体準結晶相（i-相）について実験的に確かめられている．弾性定数は i-Al-Li-Cu, i-Al-Cu-Fe, i-Al-Cu-Fe-Ru, i-Al-Pd-Mn, i-Ti-Zr-Ni, i-Cd-Yb, i-Mg-Zn-Y について実験的に求められている．室温におけるそれらの測定結果を表 6.1 にまとめる．まず体積弾性率を見ると，合金系によって大きく異なっていることがわかる．それらの値は通常の金属結晶と同様に融点と強い相関が見られることがわかっている．i-相の特徴は Ti-Zr-Ni 系等の一部の例外を除いてポアッソン比が顕著に小さいことである．たとえば単体金属の Al, Cu, Pd のポアッソン比はそれぞれ 0.35, 0.37, 0.39 であり，表 6.1 の準結晶のポアッソン比は Ti-Zr-Ni 系を除いてそれらよりずっと小さく，典型的な共有結合性結晶の Si（0.22）や Ge（0.21）の値に近い．ポアッソン比が小さいことは剛性率と体積弾性率の比 $G/B=\{3(1-2\nu)\}/\{2(1+\nu)\}$ が大きいことを意味する．このことは準結晶中の原子間結合が等方性の典型的な金属結合ではなく共有結合のような方向性をあわせもつものであることを示唆している．つまり，体積弾性率 B は，おのおのの原子間結合が結合間角度を変えないで一様にその長さを変えるような変形に対する抵抗の大きさを示すものであるのに対し，剛性率 G は，おのおのの原子間結合が長さを変えないで結合間角度が変化するような変形に対する抵抗の大きさを示すものなので，原子間結合が共有結合のような方向性をもつ場合には比 G/B が大きくなるわけである．これと関連して，X 線構造解析によって得られる電

表 6.1 種々の正 20 面体準結晶相の弾性定数[5,6]
λ，μ はラメ定数．$G=\mu$, $B=(3\lambda+2\mu)/3$, $\nu=\lambda/2(\lambda+\mu)$ はそれぞれ剛性率，体積弾性率，ポアッソン比．無次元の ν を除き，単位は GPa．

alloy system	λ	μ (G)	β	ν
AI-Li-Cu	30.4	40.9	57.7	0.213
AI-Cu-Fe	59.1	68.4	104	0.232
AI-Cu-Fe-Ru	48.4	57.9	87.0	0.228
AI-Pd-Mn	74.9	72.4	123	0.254
AI-Pd-Mn	74.2	70.4	121	0.256
Ti-Zr-Ni	85.5	38.3	111	0.345
Cd-Yb	35.28	25.28	52.13	0.2913
Zn-Mg-Y	33.0	46.5	64.0	0.208

子密度マップから幾つかの近似結晶中の原子間結合が共有結合性をもつことが示されている．

一方，正 10 角形準結晶（d-相）のフォノン弾性率テンソルは六方晶系のそれと同形で，5 つの独立な弾性定数をもつ．このとき準結晶面内（底面内）では等方弾性が期待され，実際にきわめて高い等方性が d-Al-Ni-Co について確かめられている．この系の弾性定数の測定結果を表 6.2 に示す．ここで注目すべきことは，3 次元的な完全等方弾性からのずれが意外に小さいことである．圧縮非等方性，せん断非等方性を示す c_{33}/c_{11} と c_{44}/c_{66} はそれぞれ 0.99，0.79 であり 3 次元的な等方弾性に近いことがわかる．これと関連して Al-Ni-Co 正 10 角形準結晶に対して中性子非弾性散乱によりフォノンの分散関係が測定されており，等方性が高いことが示されている．一軸性の構造であるにもかかわらず，高い等方弾性を示す理由についてはよくわかっていないが，正 20 面体準結晶と同様な等方性の高い局所構造をもっているため，とする解釈がなされている．表 6.2 に c_{ij} の値から計算した体積弾性率 B，剛性率 G，ポアッソン比 ν の平均値を示す．正 20 面体準結晶と同様に ν が小さく，G/B が大きいことがわかる．このことは正 10 角形準結晶でも原子間結合が方向性をもつことを示唆している．

d. フェイゾン弾性

フェイゾン弾性は準結晶の安定性の起源は何かという問題と密接に関連しており，この点で重要な研究課題である．準結晶の安定性の起源に関しては，2 つの対極的なモデルがある．1 つは，準結晶タイリングの配置のエントロピーを起源とするモデルでランダムタイリングモデルとよばれる[10]．このモデルでは準結晶構造は本質的に無秩序性（ランダムネス）をもつものとなる．簡単のため，1 次元フィボナッチ格子と同様に長さの比が黄金比 $\tau=(1+\sqrt{5})/2$ の 2 つの単位胞 L と S からなる 1 次元配列の例を考察する．そのような構造は無限に存在するが，それらすべてが等しいエネルギーをもつものとし，異なる構造間の遷移がランダムに起こり得るものと仮定する．可能な LS 配列の例を図 6.5 に示す．この図のようにおのおのの配列に 2 次元の階段構造を対応させることができる．この階段の 2 次元格子に対する平均的な傾きを θ とする．平衡状態での θ は配置のエントロピーが最大になるという条件から決まる．この場合 L と S が同数となる $\theta=\theta_0=\pi/4$ のとき配置のエントロピー S が最大となり，そのような構造が平衡状態で実現することになる．$\theta=\theta_0+\Delta\theta$ とおくと，$\Delta\theta$ がフェイゾン歪に対応する量となる．この場合，配置エントロピー $S(\Delta\theta)$ は $\Delta\theta=0$ のまわりで $S(\Delta\theta)=S_0-(1/2)a\Delta\theta^2$ $(a>0)$ のように 2 次で依存することが解析的に示される．エネルギーは一定なので弾性自由エネルギー f はフェイゾン歪 $\Delta\theta$ に対して $f=f_0+(1/2)b\Delta\theta^2$ $(b>0)$ の形で 2 次の依存性を示す（図 6.6 (a)）．これは 6.1 節の式 (6.14) でフォノン歪を 0 としたものに対応する．2 次元ペンローズ格子の 2 種類の単位胞からなる 2 次元タイリング

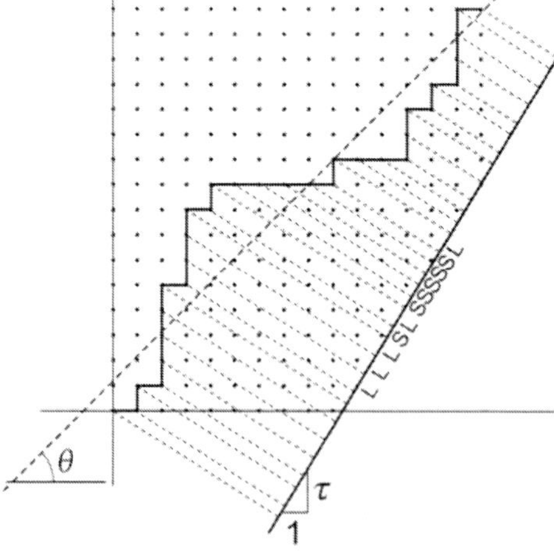

図 6.5　長さの比が黄金比 τ の 2 つの単位胞 L と S からなる 1 次元ランダムタイリングの例

表 6.2　d-Al-Ni-Co の弾性定数[5,6]

c_{11}	234.33	B	120.25
c_{33}	232.22	G	79.78
c_{44}	70.19	ν	0.228
c_{12}	57.41		
c_{13}	66.63		

無次元の ν を除き，単位は GPa.

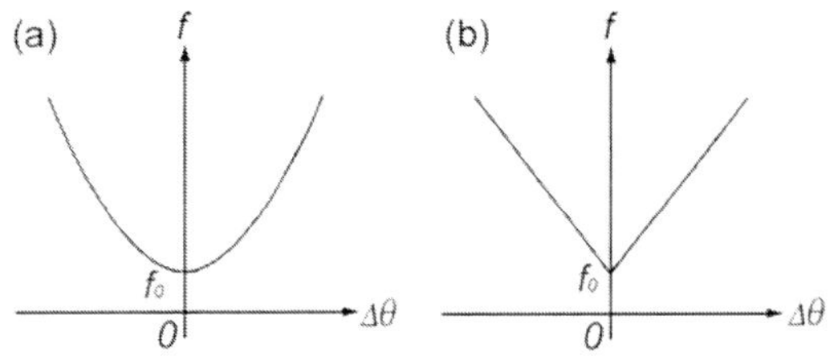

図 6.6 弾性自由エネルギー f のフェイゾン歪 $\Delta\theta$ 依存性の模式図
(a) unlocked state, (b) locked state.

構造でも同様に，すべての可能な構造がエネルギー的に縮退していると仮定する．4次元格子上に定義できる階段構造の平均的な傾きを θ_{ij}（この場合は2階のテンソル）とすると配置のエントロピー S が θ_{ij} の関数として定義できる．このとき，「平均的な傾き θ_{ij} がペンローズ格子を与える傾き，すなわち平均として10回（5回）対称をもつ傾きとなる点で S が最大となり，平衡状態でそのような構造が実現する」と考える．これは解析的に証明されておらず一種の仮説であるが，この仮説の正しさは多くの計算機シミュレーションによって示されている．この場合も $\theta_{ij}=\theta_{0ij}+\Delta\theta_{ij}$ とすると $\Delta\theta_{ij}$ がフェイゾン歪を与え，弾性自由エネルギー f は $\Delta\theta_{ij}$ に対して2次の依存性を示す．

準結晶の安定性の起源についてのもう1つのモデルは局所的な原子間相互作用に基づいて内部エネルギーの利得で準結晶構造が実現するとするモデル（完全準結晶モデル）である．2.3節の図2.23で2次元ペンローズ格子について示したように典型的な準結晶格子は2種類の単位胞が，ある局所的な適合則を満たして構成した構造と見ることができる．したがって，その適合則を好むような原子間相互作用が実際に存在すれば，準結晶構造がエネルギー最小の状態として実現することになる．この場合，フェイゾン弾性は次のような異常な形をとる．図6.2（a）の1次元フィボナッチ格子を例にとり，これに一様なフェイゾン歪 $(\partial w/\partial r)\approx\Delta\theta$ を導入すると，$\Delta\theta=0$ の近傍ではフェイゾン欠陥（LS となるべきところが SL またはその逆）の密度は $|\Delta\theta|$ に比例するはずである．このときフェイゾン欠陥の密度は適合則が破れた箇所の密度に比例するので，その1つ1つにある一定のエネルギー増が生ずると仮定すると，内部エネルギーは $\varepsilon(\Delta\theta)=\varepsilon_0+a|\Delta\theta|$ $(a>0)$，従って弾性自由エネルギーは $f(\Delta\theta)=f_0+a|\Delta\theta|$ の形をとることとなる（図6.6（b））．この場合 $\Delta\theta=0$ で f の曲率は無限大となり，とくに低温でフェイゾン歪の導入は著しく抑えられる．このような状態をフェイゾン変位が固定された状態（locked state）とよぶ．これに対して，図6.6（a）のように弾性自由エネルギーがフェイゾン歪に対して2次の依存性を示す状態を unlocked state とよぶ．温度0Kで locked state の準結晶となるような種々のモデルについてその有限温度でのふるまいが分子動力学法によって調べられている．多くの場合，unlocked state に相転移することが示されているが，一般にそのような相転移は2次元系では0Kで，3次元系では $T>0$ のある有限温度で起こることが知られている．

実際の準結晶が locked state と unlocked state のどちらの状態であるか，すなわち弾性自由エネルギーのフェイゾン歪依存性が1次か2次かは，それほど明らかになっていない．たとえランダムタイリングのような一見乱れた構造でも弾性自由エネルギーのフェイゾン歪依存性が図6.6（a）のような2次の形をしている限り，3次元系では δ 関数の回折ピークは保たれるし，対称軸方向への射影構造は，射影厚さが十分薄くない限り完全な準結晶と変わらない．これらは単純な回折実験や高分解能透過電顕観察では両者の区別をつけることが難しいことを示している．しかしながら精密な回折実験を行ってブラッグピーク回りの散漫散乱を詳細に調べることによって両者の区別をつけることは可能である．いままでに Al-Pd-Mn 系，Al-Cu-Fe 系，Zn-Mg-Sc 系正20面体準結晶について中性子回折，X線回折の散漫散乱の測定がなされ，unlocked state を仮定して計算されるものとよく一致することが示されている．

散漫散乱の形状や強度は式（6.14）の弾性自由エネルギーの歪依存性における原点まわりの形に依存する．その形を特徴づけるものが弾性定数な

表 6.3　種々の正 20 面体準結晶相のフェイゾン弾性定数 K_1, K_2 とその比 K_2/K_1[5,6]（K_1, K_2 の単位は MPa）

	温度	K_1	K_2	K_2/K_1
Al-Pd-Mn	室温	72	−37	−0.52
Al-Pd-Mn	1043 K	125	−50	−0.4
Zn-Mg-Sc	室温	300	−45	−0.15
Al-Cu-Fe	室温	—	—	0.5

ので，散漫散乱の形状や強度から弾性定数を見積もることができる．このようにして得られた種々の正 20 面体準結晶のフェイゾン弾性定数を表 6.3 に示す．散漫散乱の形状のみからは 2 つのフェイゾン弾性定数 K_1, K_2 の比のみが求められる．強度の絶対測定により，K_1, K_2 個々の値が求められる．比 K_2/K_1 は Al-Pd-Mn 系，Al-Cu-Fe 系，Zn-Mg-Sc 系で大体 −0.5, 0.5, −0.15 で合金系によって大きく異なっていることがわかる．

e. フォノン-フェイゾン結合弾性

フォノン-フェイゾン結合弾性に関する研究はフォノン弾性，フェイゾン弾性に比べて非常に少なく，よくわかっていない点が多い．まず，フォノン-フェイゾン結合の物理的起源に関して定性的な考察を行う．例として 2 次元ペンローズ格子の各タイル頂点位置に原子を配置したモデルを考察する．各原子は，図 6.7 の 2 体ポテンシャルで相互作用しているものとする．ここで，ポテンシャルの底の位置は，タイル 1 辺の長さ r_0 にあるものとする．最近接原子間距離は，やせた菱形の一方の対角長さで $0.618r_0$ である．以下 r_0, $1.176r_0, \cdots$ と続く．これらを図 6.7 の横軸上に示す．距離 r_0 以外のボンドの原子間には力が働く．それらは $r>r_0$ のボンドでは斥力，$r<r_0$ のボンドでは引力である．たとえば $r=1.176r_0$ のボンドの原子間には引力が働く．このボンドは +− の方向を含めて 10 方向あり，それらは，構造中に全体として 10 回対称性を保って分布している．他のボンドについても同様である．このとき，各ボンドの原子間に働く力によって局所的に歪が入るにしても全体としては 10 回対称性は保たれるはずである．

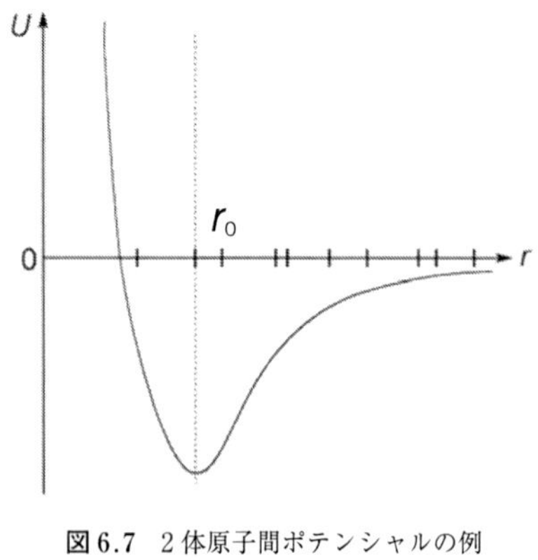

図 6.7　2 体原子間ポテンシャルの例
横軸上に構造中に存在する原子間隔を示す．

さて，このような構造に一様なフェイゾン歪を導入するとどうなるであろうか．まず，4.3 節で述べたように，一様なフェイゾン歪の導入は構造の 10 回対称性を崩す．このとき各距離のボンドの分布の 10 回対称性が崩れ，ボンドを縮める方向，伸ばす方向の力のバランスが崩れる．その結果，構造全体に付加的なフォノン歪が導入されることになる．これがフォノン-フェイゾン結合の物理的起源と解釈できる．

フォノン-フェイゾン結合がこのような機構から生ずるならば，準結晶に一様なフェイゾン歪を導入した構造をもつ近似結晶に自発的に導入されるフォノン歪を調べることで，フォノン-フェイゾン結合強度を見積もることができるはずである．3.3 節で述べられているように正 20 面体準結晶は構造の基本単位となる正 20 面体対称性をもった原子クラスターの形からバーグマン型（B 型），マッカイ型（M 型），蔡型（T 型）に分類される．B 型の i-Al-Li-Cu，M 型の i-Al-Mn の構造モデルを作製し，それらのフォノン-フェイゾン結合定数 K_3 が上述の方法で計算されている[5,6]．得られた結果は，i-Al-Li-Cu については $-0.02 \sim -0.1\mu$，i-Al-Mn については $0.003 \sim 0.02\mu$ である．ここで μ は剛性率である．一方，B 型の i-Mg-Ga-Al-Zn，M 型の i-Al-Cu-Fe について X 線回折法による格子定数の精密測定から近似結晶に自発的に導入されたフォノン歪を評価し，K_3 が求められている．得られた値は前者で $K_3 \approx -0.04\mu$，後者で $K_3 \approx 0.004\mu$ で，前述の計算結果と符合は一致し，絶対値も比較的よく合っている．

6.2 準結晶の塑性

a. 塑性に関する実験結果

表6.4に種々の準結晶の室温でのビッカース硬さ H_V とそれをヤング率 E で規格化した値を示す[11]．H_V はB型のi-Al-Li-Cu, i-Mg-Zn-Yで約5 GPa，その他のM型i-相，d-Al-Ni-Coで約10 GPaである．後者の値はSiやFe-B系アモルファス金属と同程度である．H_V/E は，すべての準結晶で0.05～0.07で，この値はSi，アルミナ，種々のアモルファス金属（いずれも約0.06）に近く，通常の延性な金属より，はるかに大きい．

種々の準結晶合金に対して圧縮試験が行われている．準結晶は室温では非常に硬くて脆いため，通常の圧縮試験では塑性変形に至らないが，融点の約75%程度以上の高温では塑性変形する．図6.8に正20面体相の典型的な真応力-真歪曲線を示す．（a）はi-Cd-Yb，（b）はi-Al-Pd-Mnの結果である．弾性域からはずれた後も応力は徐々に増加し，最大値に達した後，連続的に大きく減少している．そのような加工軟化は低温ほど顕著で，温度上昇とともにみられなくなっている．このため，応力の最大値は強く温度依存している一方，軟化後の変形応力の温度依存性は弱い．低温での加工軟化による変形応力の減少は80%にも達しており，このような大きな加工軟化は正20面体準結晶の塑性の最も大きな特徴である．図6.9に種々の正20面体準結晶合金の応力最大値の温度依存性を示す．いずれも強い温度依存性がみられている．また変形温度域は合金系によって大きく異なっている．

表6.4 種々の準結晶相の室温でのビッカース硬さ H_V(GPa) と，H_V とヤング率 E の比[11]

	H_V	H_V/E
i-Al_{57}-Li_{32}-Cu_{11}	5.2	0.060
i-Al_{64}-Cu_{22}-Fe_{14}	9.9	0.058
i-Al_{70}-PD_{15}-Mn_{15}	9.5	0.051
i-Mg-Zn-Y	4.3	0.043
d-$Al_{70}Ni_{15}Co_{15}$(b)	9.0	0.045
d-$Al_{70}Ni_{15}Co_{15}$(P)	9.6	0.048

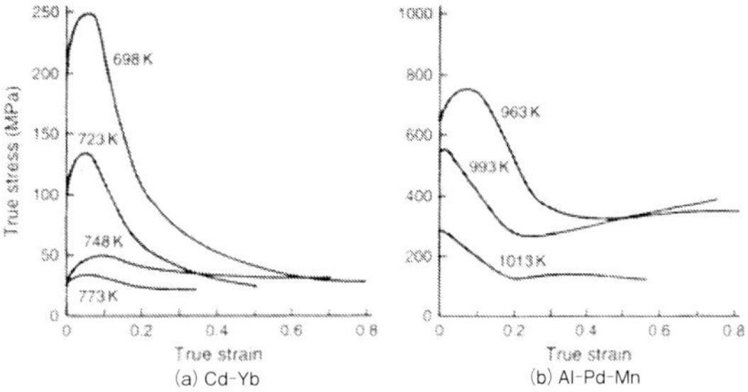

図6.8 i-Cd-Ybとi-Al-Pd-Mnの真応力-真歪曲線[5,6]

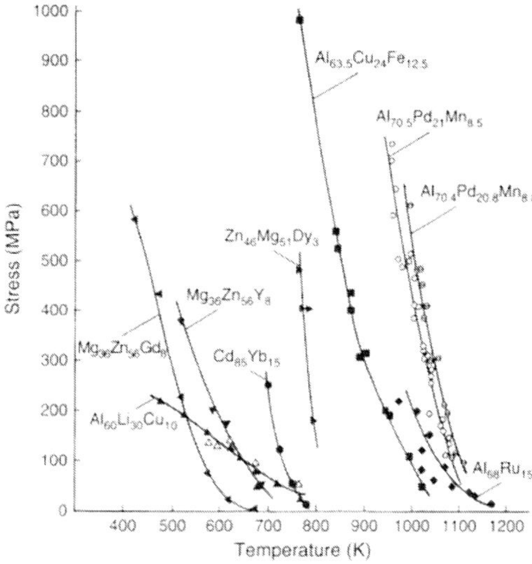

図6.9 種々の正20面体準結晶合金の降伏応力の温度依存性[5,6]

一般に透過電子顕微鏡（TEM）観察は塑性変形の微視的機構を明らかにする上で重要な情報を提供する．とくにi-Al-Pd-Mnについて多くのTEM観察がなされている．まず，次節で述べるような転位が観察され，変形によってその密度が大きく増大することが示されている．このことは変形が転位の運動によることを示している．さらに変形が転位運動によることの最も直接的な証拠は，TEMによる変形のその場観察によってもたらされている．試料に応力を加えて変形のその場観察が行われ，正20面体準結晶の対称軸方向に沿った直線的な転位がその方向を保ったまま運動する様子が観察されている．このような運動は共有結合性結晶や低温でのbcc金属において観察されるものと同様である．比較的最近まで，転位のすべり運動が準結晶の塑性変形を担うものと考えられていたが，2000 年代に入って，i-Al-Pd-Mn の中・高温域での変形が転位の上昇運動によることが TEM 観察により明確に示された．

幾つかの正 20 面体準結晶について高い静水圧下での塑性変形実験が行われている．この場合，試料の破壊を抑制できるので低温域まで塑性変形が可能となる．i-Al-Pd-Mn について室温付近まで転位の上昇による変形が観測されている．室温においては転位のすべり運動による変形を示唆する結果も得られている．いずれの場合も低温域では転位が運動したあとに phason fault とよばれる面欠陥が生成することがわかっている．

応力緩和測定が種々の正 20 面体準結晶相について行われている．応力値は時間に対してほぼ exponential の形で大きく減少し，このことは変形応力が歪速度に強く依存することを示している．転位運動の活性化体積は 0.1 nm^3 のオーダーでこれは原子体積の 5 倍程度である．

b. 転　位

準結晶は並進対称性をもたないので，通常の結晶転位の定義をそのままあてはめたのでは準結晶中に完全転位を作ることはできない．しかしながら結晶転位の定義を次のように拡張することで準結晶中にも完全転位を定義することができる．すなわち，準結晶中の完全転位は，

「転位線を囲む任意の閉曲線 C に対し，

$$\oint_C d\boldsymbol{U} = \boldsymbol{B} \in L_R \qquad (6.23)$$

が成り立つような線欠陥である」．

このような転位を図 6.10 に模式的に示す．ここで $\boldsymbol{U}$ は高次元変位ベクトル，$\boldsymbol{B}$ は高次元バーガース・ベクトルである．L_R は高次元格子並進ベクトルの集合を示す．式 (6.23) は次の 2 式に分解できる．

$$\oint_C d\boldsymbol{u} = \boldsymbol{b}_{\parallel}, \quad \oint_C d\boldsymbol{w} = \boldsymbol{b}_{\perp} \qquad (6.24)$$

ここで $\boldsymbol{b}_{\parallel}$，$\boldsymbol{b}_{\perp}$ は $\boldsymbol{B}$ の $E_{\parallel}$ 成分，$E_{\perp}$ 成分である．なお，図 6.10 に示すように上述の定義において「転位線」，「閉曲線」はともに実 3 次元空間 $E_{\parallel}$ における 1 次元の線である．ここで定義した準結晶の完全転位は線欠陥であり，歪の大きさは転位線からの距離に反比例し，転位線から十分離れていればあらゆる場所で完全準結晶と変わらない．このような性質は通常の結晶中の完全転位と同様である．ただし，準結晶の場合，高次元格子並進ベクトルは必ず $E_{\parallel}$ 成分，$E_{\perp}$ 成分の両方をもつので（図 6.2 参照），準結晶中の転位は必ず通常の歪に加えてフェイゾン歪を伴う．

図 6.11 に 2 次元ペンローズ格子に完全転位を導入した構造を示す．ここでは 2 次元系なので上述の転位の定義中の「転位線」は「転位点」，「線欠陥」は「点欠陥」に変更される．図では中央に $\boldsymbol{B}=[0\bar{1}10]$ の完全転位が導入されている．ここで指数は 2.3 節の式 (2.47)，図 2.22 の基本ベクトルに対するものである．図中 $\boldsymbol{b}_{\parallel}$ はこの $\boldsymbol{B}$ のこの

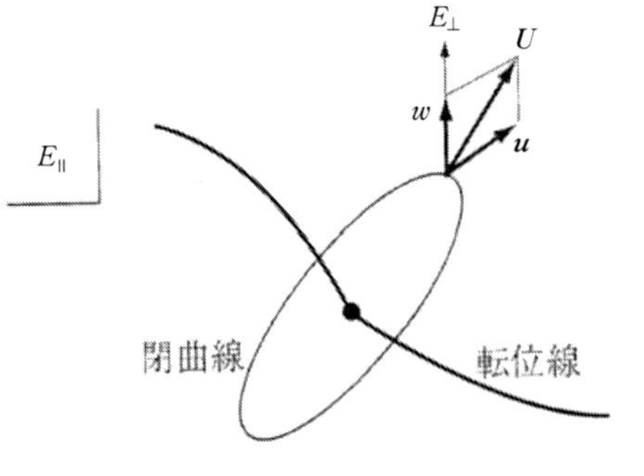

図 6.10　3 次元物理空間（$E_{\parallel}$）中の準結晶転位の説明図
$E_{\perp}$ は $E_{\parallel}$ と直交する空間であり，この 3 次元空間中にはない．

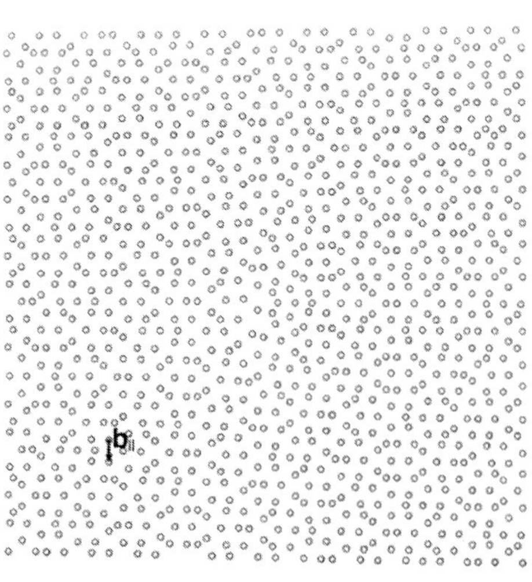

図 6.11　2 次元ペンローズ格子に完全転位を導入した構造

空間（$E_{\parallel}$）上への射影である．変位場は式（6.23）を満たす最も単純なものとして，

$$\boldsymbol{U}(r,\theta)=\left(\frac{\theta}{2\pi}\right)\boldsymbol{B} \qquad (6.25)$$

とした．これを分解すると，

$$\boldsymbol{u}(r,\theta)=\left(\frac{\theta}{2\pi}\right)\boldsymbol{b}_{\parallel}$$
$$\boldsymbol{w}(r,\theta)=\left(\frac{\theta}{2\pi}\right)\boldsymbol{b}_{\perp} \qquad (6.26)$$

である．ここで座標系は転位芯を原点とした極座標系である．紙面を斜めにしてこの図を見ると，転位芯のまわりで格子線の「ゆがみ」と「とび」があるのがわかる．格子線のゆがみはフォノン歪に対応し，とびはフェイゾン歪に対応する．実際の準結晶中転位のまわりの変位場は一般に式（6.25），（6.26）より，ずっと複雑であるが，6.1節で述べた一般化弾性論に基づいて計算できる．

通常の結晶中の転位は，その周りに歪場を伴うので透過電子顕微鏡の回折コントラストを利用して観察できる．準結晶中の転位も同様にその周りに歪場を伴うので，同様の手法で観察可能である．結晶では結像に用いる逆格子ベクトル $\boldsymbol{g}$ と転位のバーガースベクトル $\boldsymbol{b}$ が $\boldsymbol{g}\cdot\boldsymbol{b}=0$ を満たす場合に転位のコントラストが消え，その他の場合コントラストが表れる．この転位コントラスト消滅条件を用いて $\boldsymbol{b}$ を決めることができる．準結晶の転位は通常の歪に加えてフェイゾン歪を伴うのでこの転位コントラスト消滅条件はやや複雑となる．その条件は，

$$\boldsymbol{G}\cdot\boldsymbol{B}=\boldsymbol{g}_{\parallel}\cdot\boldsymbol{b}_{\parallel}+\boldsymbol{g}_{\perp}\cdot\boldsymbol{b}_{\perp}=0 \qquad (6.27)$$

で与えられる．ここで

$$\boldsymbol{G}=\boldsymbol{g}_{\parallel}+\boldsymbol{g}_{\perp} \qquad (6.28)$$

とした．$\boldsymbol{G}$ は高次元逆格子ベクトル（2.3節の図2.12参照），$\boldsymbol{g}_{\parallel}$, $\boldsymbol{g}_{\perp}$ は $\boldsymbol{G}$ の $E_{\parallel}^{*}$, $E_{\perp}^{*}$ 上射影である．式（6.27）が成り立つ場合は2つに分けられる．一つは，

$$\boldsymbol{g}_{\parallel}\cdot\boldsymbol{b}_{\parallel}=\boldsymbol{g}_{\perp}\cdot\boldsymbol{b}_{\perp}=0 \qquad (6.29)$$

の場合でこれを強消滅条件とよぶ．一般に $\boldsymbol{g}_{\perp}\cdot\boldsymbol{b}_{\perp}=0$ ならば自動的に $\boldsymbol{g}_{\parallel}\cdot\boldsymbol{b}_{\parallel}=0$ が成り立つので式（6.29）は単に $\boldsymbol{g}_{\parallel}\cdot\boldsymbol{b}_{\parallel}=0$ と書ける．これは

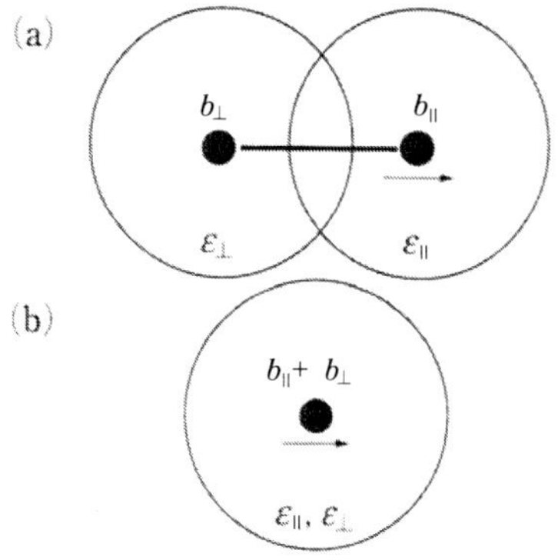

図 6.12 （a）低温極限と（b）高温極限での準結晶中転位の運動の模式図

逆格子物理空間 $E_{\parallel}^{*}$ 上の $\boldsymbol{g}_{\parallel}$ と実物理空間 $E_{\parallel}$ 上の $\boldsymbol{b}_{\parallel}$ が垂直という意味で通常の結晶転位の消滅条件と同じである．もう1つの場合は，

$$\boldsymbol{g}_{\parallel}\cdot\boldsymbol{b}_{\parallel}=-\boldsymbol{g}_{\perp}\cdot\boldsymbol{b}_{\perp}\neq 0 \qquad (6.30)$$

で，これを弱消滅条件とよぶ．$\boldsymbol{g}_{\parallel}$ と $\boldsymbol{b}_{\parallel}$ が平行であってもこの条件から転位のコントラストが消滅することがある．これは準結晶中転位特有の現象である．

実際に多くの準結晶の転位が透過電子顕微鏡によって観察され，上述の消滅条件を用いてそれらの $\boldsymbol{B}$ が決められており，式（6.23）で定義されるような転位が実際に準結晶中に存在することが確かめられている．

c. 塑性変形機構

本節a項で述べたように，TEM のその場観察により i-Al-Pd-Mn 中の転位が正20面体対称の対称軸方向に沿った直線性のよいものであり，その形を保ったまま粘性的な運動をすることが示されている．このことは結晶転位のパイエルスポテンシャルに相当するものが準結晶転位にも存在し，それを越える熱活性化過程により転位の運動が支配されていることを示唆している．これは転位運動の活性化体積が $0.1\ \mathrm{nm}^3$ のオーダーであることとも矛盾しない．このような過程は，転位のすべり運動では，キンク対形成とその後の，転位上のキンク運動に対応し，上昇運動では，ジョグ対形成とその後の転位上のジョグ運動に対応する．

準結晶の転位運動では，このようなパイエルス

ポテンシャルを越える過程に phason-fault とよばれる面欠陥生成に起因した運動抵抗を考える必要がある．本節 **b** で述べたように，準結晶中の完全転位はフェイゾン歪を伴い，この点で通常の結晶中の完全転位とは異なる．低温域では，フェイゾン歪の緩和は凍結するため，完全転位のままで運動することはできない．この場合十分に大きな外応力を負荷すると図 6.12（a）に示すようにフェイゾン歪 $\varepsilon_\perp$ を担う，バーガースベクトル $\boldsymbol{b}_\perp$ の部分転位を残して，通常の歪 $\varepsilon_\parallel$ を担う，バーガースベクトル $\boldsymbol{b}_\parallel$ の部分転位のみが運動することとなる．このとき両部分転位間に面欠陥が生成するが，このような面欠陥は phason-fault とよばれる．本節 a 項で述べたように，低温変形の際に phason-fault の形成がしばしば観察されている．一方，高温の極限ではフェイゾン緩和は十分速く起こり，完全転位のままで動くことが可能となるはずである（図 6.12（b））．中間温度では $\boldsymbol{b}_\parallel$ の部分転位が先行するが phason-fault は部分的に解消しつつ $\boldsymbol{b}_\perp$ の部分転位が追随する．図 6.13 に低温と高温の極限で転位が感ずる実効的なポテンシャルエネルギーを模式的に示す．ここで傾き Γ は転位が単位距離移動する際に生成する面欠陥のエネルギーであり，この傾きの直線上に準結晶格子によるパイエルスポテンシャルがのる．温度上昇とともに Γ は実効的に小さくなり，高温の極限で $\Gamma=0$ となる．転位が Δx 動くときの外せん断応力 τ がなす仕事は $\tau|\boldsymbol{b}_\parallel|l\Delta x$（$l$：転位長さ），このとき生成される面欠陥のエネルギーは $\Gamma l\Delta x$ であるので転位が面欠陥を作りながら運動するには最低 $\tau_d=\Gamma/|\boldsymbol{b}_\parallel|$ の外せん断応力が必要となる．低温においては，大きな τ_d が必要で，これが低温において準結晶が著しく硬い原因である．図 6.12, 6.13 に示した描像は転位のすべり運動，上昇運動の両方にあてはまる．実際の変形がどちらによるかは，どちらの運動の mobility が大きいかによって決まる．Hirth と Lothe によるキンク拡散理論[12]を応用した解析により，一般に上昇運動の mobility の方が大きくなることが示されている[13]．このことは i-Al-Pd-Mn において変形が転位の上昇運動によることを示した実験結果と合っている．

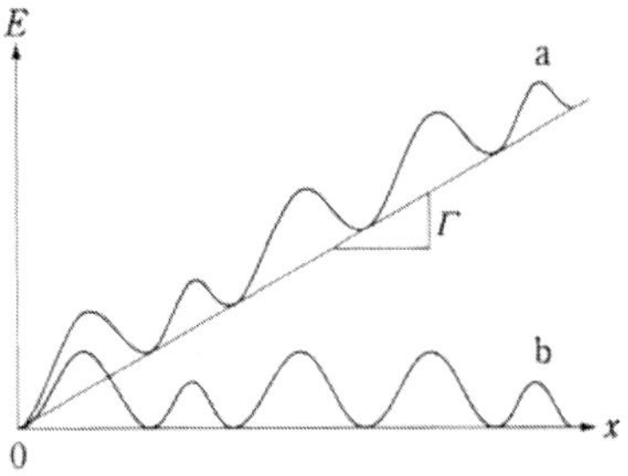

図 6.13　(a) 低温極限と (b) 高温極限で準結晶中転位が感じるポテンシャルエネルギーの模式図

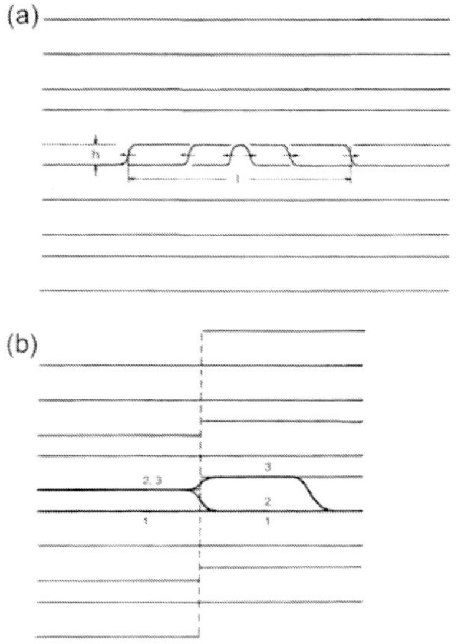

図 6.14　phason-fault が (a) 存在しない場合と (b) 存在する場合の転位の上昇運動の模式図

図 6.8 に示したように多くの準結晶は降伏後，大きな加工軟化を示す．一般に，転位運動による塑性変形の場合，その変形速度は可動転位の密度に比例する．したがって変形進行に伴って可動転位密度が上昇すれば加工軟化が生ずる．しかしながら，準結晶では変形進行に伴って，むしろ転位密度は減少しており，準結晶の加工軟化はそのような機構では説明できない．

準結晶の加工軟化の機構として以下のモデルが提案されている．図 6.14（a）に模式的に示すように，準結晶中での転位の上昇運動の素過程は，格子面に沿って存在するパイエルスポテンシャルの谷にいる直線的な転位がジョグ対形成とその後の転位上のジョグ運動によって隣の谷に遷移する過程である．準結晶では結晶と異なり，ポテンシャルの谷の位置はフィボナッチ格子のように2種類の間隔の準周期的配列となる．このとき遷移の活性化エネルギーは間隔に大体比例するので遷移速度は広い間隔を遷移する過程が圧倒的に遅い．したがって転位運動は広い間隔を遷移する過程によって律速される．さて，準結晶では転位運動に伴って phason-fault が形成する．変形が進行して phason-fault の密度が上がれば，図 6.14（b）に模式的に示すように格子面が不連続となる部分が数多く形成される．このときたとえば図 6.14（b）の 1→2→3 のようにいったん狭い間隔でジョグ形成してから広い間隔に移るような過程が可能となる．つまり，転位線上のある場所で隣の安定点まで広い間隔を越える必要があってもフェイゾン欠陥をはさんで別の場所では狭い間隔を越えるだけで済むことになる．この場合ジョグ対形成は常に狭い間隔を選んで起こることになり，転位の運動抵抗は著しく低下する．つまり軟化が起こることになる．〔枝川圭一〕

引用文献

1) D. Levine, T.C. Lubensky, S. Ostlund, S. Ramaswamy and P.J. Steinhardt：*Phys. Rev. Lett.* **54**（1985）1520.
2) P. Bak：*Phys. Rev.* **B32**（1985）5764.
3) P.A. Kalugin, A.Y. Kitayev and L.S. Levitov：*J. Phys. Lett.* **46**（1985）L601.
4) C. Hu, R. Wang and D. Ding：*Rep. Prog. Phys.* **63**（2000）1.
5) K. Edagawa and S. Takeuchi：in "Dislocations in Solids", edited by F. R. N. Nabarro and J. P. Hirth, Elsevier（2007）Chap.76; and references therein.
6) S. Takeuchi and K. Edagawa：in "Quasicrystals", edited by T. Fujiwara and Y. Ishii, Elsevier（2008）Chap. 8; and references therein.
7) S. B. Rochal, and V. L. Lorman：*Phys. Rev.* **B66**,（2002）144204.
8) S. Francoual, F. Livet, M. de Boissieu, F. Yakhou, F. Bley, A. Letoublon, R. Caudron, and J. Gastaldi：*Phys. Rev. Lett.* **91**（2003）225501.
9) Y.G. So, S. Sato, K. Edagawa, T. Mori and R. Tamura：*Phys. Rev.* **B80**（2009）224204.
10) C.L. Henley：in "Quasicrystals：The State of the Art", edited by D.P. DiVincenzo and P.J. Steinhardt, World Scientific, Singapore（1991）p.111.
11) K. Edagawa：*Mater. Sci. & Eng.* **A309-310**（2001）528; and references therein.
12) J.P. Hirth and J. Lothe：in "Theory of Dislocations", Wiley-Interscience, New York（1982）.
13) S. Takeuchi：*Philos. Mag.* **86**（2006）1007.

7. その他の物性

7.1 磁　　性

第5章で述べた準結晶構造の上での電子状態と並んで，準周期配列したスピンによる磁性がどのような特徴をもつかも興味深い．しかし，準結晶格子上のイジングスピンなどが研究されているが，電子状態における臨界状態や特異連続スペクトルのようなはっきりとした特徴は明らかになっていない．すぐに予想できるのは，正20面体準結晶で強磁性が発現すれば，結晶で最も高い対称性をもつ立方晶より磁気異方性が小さく，究極の軟磁性材料になることである．

しかし，実際の準結晶では，磁気モーメントをもつ原子の割合は，1割程度以下のものしか見つかっていない．1つはAl系準結晶中のMnであり，もう1つはMg-Zn-RE準結晶中の希土類元素（RE）である．これらの準結晶のマクロな磁性は，図7.1の例のようなスピングラス的な振る舞いを示す[1]．つまり，スピングラス転移点T_f以上ではワイス温度が負（反強磁性的相互作用）のキュリー-ワイス則に従う常磁性的に振る舞い，T_f以下で磁気モーメントはランダムな向きに凍結しているように見える．したがって，スピンの準周期的な長距離秩序は実現していない．ところが，中性子散乱実験により，Mg-Zn-RE準結晶中に正20面体対称性をもった短距離磁気秩序の存在が見つかった[2]．図7.2は，$Mg_{60}Zn_{31}Ho_9$準結晶の単結晶の2回面における磁気散乱測定結果である．T_f以下の1.3KのデータからT_f以上の20Kのデータを差し引くことにより得ている．図中には第1象限内の強い核反射位置が示されている（G1，G2，G3，G4）．白い部分で強度の強い磁気散乱は，これらの核反射の無い位置に現れている．単準結晶の3回面，5回面でも同様の結果である．これは短距離磁気秩序が準結晶中に存在し，反強磁性的であることを示しており，ワイス温度が負であることと一致している．

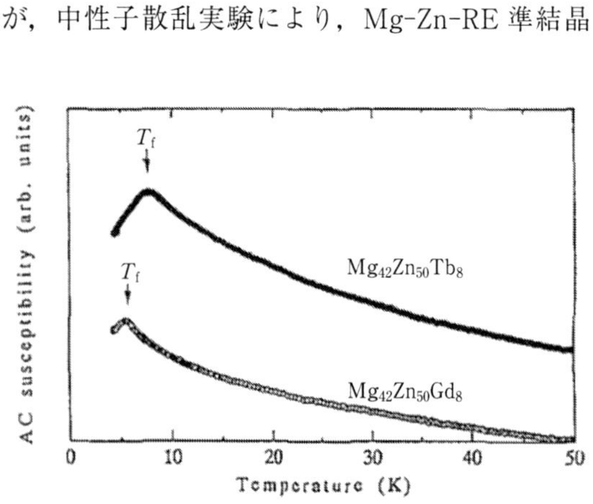

図7.1　$Mg_{42}Zn_{50}Tb_8$と$Mg_{42}Zn_{50}Gd_8$準結晶の交流磁化率[1]

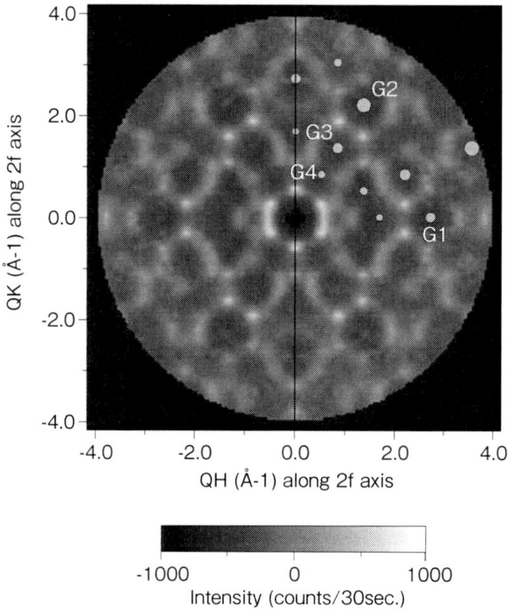

図7.2　$Mg_{60}Zn_{31}Ho_9$準結晶の単結晶中性子散乱実験による磁気散乱測定結果[2]

〔木 村　薫〕

7.2 フォノン状態，フォノンスペクトル

準結晶中のフォノンの状態は，準結晶中の電子の状態と同様な特徴をもつ．まず，図7.3 (a)のような単純な1次元のバネモデルを考えよう．

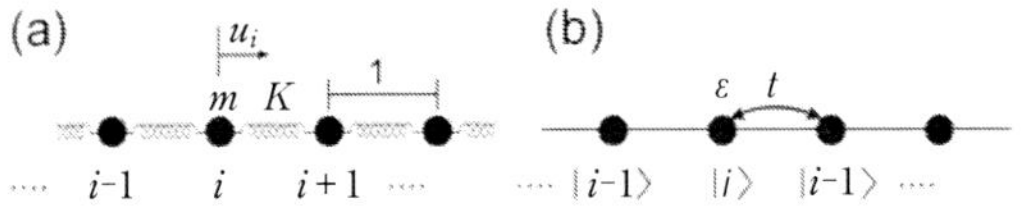

図 7.3 (a) フォノン状態のバネモデルと (b) 電子状態の強束縛近似モデル

ここで i 番目の原子の変位を u_i とする．各原子はすべて同一の質量 m をもち，同一の線型バネ（バネ定数 K）で結ばれており平衡間隔を 1 とする．このとき各原子が従う運動方程式は

$$m\frac{\partial^2 u_i}{\partial t^2}=-K(2u_i-u_{i+1}-u_{i-1}) \quad (7.1)$$

$u_i=u_i{}^0\,e^{-i\omega t}$ を満たす固有モードは，これを式 (7.1) に代入して，

$$m\omega^2 u_i^0=K(2u_i^0-u_{i+1}^0-u_{i-1}^0) \quad (7.2)$$

の解として与えられる．これは，

$$\omega^2 u_i^0=\sum_j D_{ij}u_j^0$$

$$D_{ij}=\begin{pmatrix} \ddots & & & & & 0 \\ & -\frac{K}{m} & \frac{2K}{m} & -\frac{K}{m} & & \\ & & -\frac{K}{m} & \frac{2K}{m} & -\frac{K}{m} & \\ & & & -\frac{K}{m} & \frac{2K}{m} & -\frac{K}{m} \\ 0 & & & & & \ddots \end{pmatrix} \quad (7.3)$$

と書き換えられ，固有モードと固有振動数を求める問題は行列 D_{ij} を対角化する問題に帰着する．各原子の質量 m か各バネのバネ定数 K，もしくは両方を 2 値のフィボナッチ配列（図 2.9）とすればフィボナッチ格子の格子振動の問題となる．

一方，図 7.3 (b) に示すような電子状態の強束縛近似モデルを考えることができる．ここでは，各原子に局在した状態 $\cdots|i-1\rangle, |i\rangle, |i+1\rangle\cdots$ を基底にとり，ハミルトニアン $\widehat{H}$ を，

$$\langle i|\widehat{H}|j\rangle=\begin{cases}\varepsilon & (i=j)\\ t & (|i-j|=1)\\ 0 & (\text{others})\end{cases} \quad (7.4)$$

とする．ここで，ε は電子の on-site エネルギー，t は隣り合う原子間の電子遷移の確率振幅を表す．このとき固有状態 $|\varphi\rangle$ が満たすシュレーディンガー方程式は，

$$E\varphi_i=\sum_j H_{ij}\varphi_j$$

$$H_{ij}=\begin{pmatrix} \ddots & & & & 0 \\ & t\ \varepsilon\ t & & & \\ & & t\ \varepsilon\ t & & \\ & & & t\ \varepsilon\ t & \\ 0 & & & & \ddots \end{pmatrix} \quad (7.5)$$

となる．ここで $\varphi_i\equiv\langle i|\varphi\rangle H_{ij}\equiv\langle i|\widehat{H}|j\rangle$ とした．電子の固有状態，固有エネルギーを求める問題は，行列 H_{ij} を対角化する問題に帰着する．ε か t，もしくは両方を 2 値のフィボナッチ配列とすればフィボナッチ格子の電子状態を求める問題となる．このようなフィボナッチ格子の強束縛近似モデルはよく調べられており，その電子状態は，5.1 節で述べたような特徴をもつことが知られている．すなわち状態密度は特異連続で波動関数は臨界状態となる．式 (7.3) と式 (7.5) の類似性から推察されるように，そのようなフィボナッチ格子中の電子状態の特徴はそのままフォノン状態にもあてはまる．

一般に固体中のフォノンの状態を調べる最も有効な方法は中性子の非弾性散乱測定である．中性子の 1-フォノン過程において，散乱により波数変化 $\boldsymbol{Q}$，エネルギー変化 $\hbar\omega$ を受ける場合の散乱振幅 $S(\boldsymbol{Q},\omega)$ を，結晶の場合について主要な寄与のみ書くと，

$$S(\boldsymbol{Q},\omega)\sim\sum_{\boldsymbol{q},\boldsymbol{G},v}\left\{\left|\sum_j \boldsymbol{Q}\cdot\boldsymbol{e}_{qv,j}\exp(2\pi i\boldsymbol{Q}\cdot\boldsymbol{r}_j)\right|^2\cdot \delta(\boldsymbol{Q}\pm\boldsymbol{q}-\boldsymbol{G})\cdot\delta(\omega-\omega_{\boldsymbol{q},v})\right\} \quad (7.6)$$

となる．ここで，$\boldsymbol{q}$ は第 1 ブリルアンゾーン内の波数ベクトル，$\boldsymbol{G}$ は逆格子ベクトル，v はバンド指標，$\omega_{\boldsymbol{q},v}$ は $(\boldsymbol{q},v)$ の固有モードの固有振動数，$\boldsymbol{r}_j$ は単位胞内 j 番目の原子位置，$\boldsymbol{e}_{qv,j}$ は単位胞内 j 番目の原子の $(\boldsymbol{q},v)$ の固有モードの振幅ベクトル，$\delta(x)$ はデルタ関数である．よく知られているように図 7.3 (a) の 1 次元結晶モデルでは，$\omega_{q,v}$ は第 1 ブリルアンゾーン $(-1/2)<q<1/2$ で，図 7.4 (a) のようになる．これは原点から $\omega=c\cdot q$ (c：音速) で立ち上がり，q が増加するにつれて傾きが小さくなり，傾き 0 でゾーン境界に至る．ここでは単位胞中に原子が 1 つなので分枝の数は

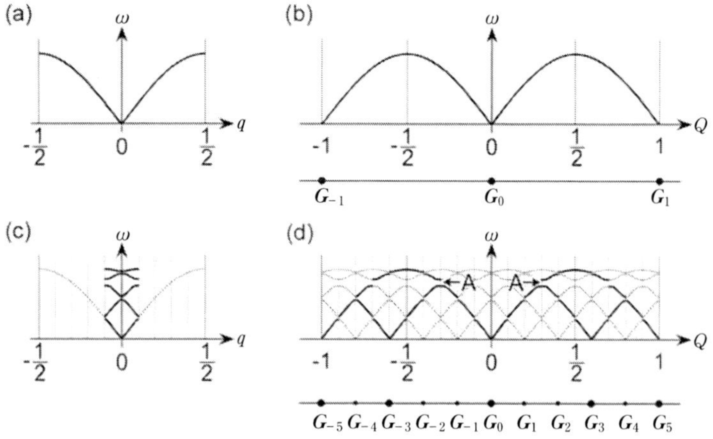

図 7.4　単純結晶と 3/2 近似結晶のフォノンバンド構造（(a) と (c)）と $S(Q,\omega)$（(b) と (d)）の模式図

1 である．$S(Q,\omega)$ が 0 でない値をもつ (Q,ω) の軌跡は，図 7.4 (a) の ω_q を逆格子 $\{G\}$ の周期で繰り返した図 7.4 (b) の曲線を描くことになる．

フィボナッチ格子では周期性が存在しないので，原理的には固有モードを q でラベル付けすることができず，式 (7.6) は適用できない．しかしながら，フィボナッチ格子は，一連の近似結晶の近似度を上げていった極限の構造とみなすことができる．近似結晶は周期性をもつので式 (7.6) はそのまま適用でき，一連の近似結晶の $S(Q,\omega)$ を外挿することでフィボナッチ格子の $S(Q,\omega)$ を決定することができる．図 7.4 (d) に単位胞が LSLLS の 3/2-近似結晶 (4.3 節参照) の $S(Q,\omega)$ の模式図を示す．ここでは m や K の 2 値の差は比較的小さいものとする．この構造の周期は 5 で単位胞内に 5 原子あるので，図 7.4 (c) に示すように，ブリルアンゾーンは $-(1/10)<q<(1/10)$ で，$\omega_{q,v}$ の分枝の数は 5 である．いま m や K の 2 値の差は小さいとしたので，この $\omega_{q,v}$ は図 7.4 (a) の $\omega_{q,v}$ を単に折りたたんだものに近いが，m や K のわずかな差に起因して $q=(-1/10), 0, (1/10)$ でわずかにギャップを形成する．式 (7.6) からわかるように $S(Q,\omega)$ は図 7.4 (c) の $\omega_{q,v}$ を逆格子 $\{G\}$ の周期で繰り返した図 7.4 (d) の点線上のすべてで値をもち得るわけだが，比較的大きな値をもつ (Q,ω) の軌跡は大体実線のようになる．まず m や K の 2 値の差が 0 になれば図 7.4 (b) の曲線に帰着するはずなので，これに対応する部分は比較的強度が大きいはずである．これは，図 7.4 (b) の曲線に小さなギャップを多数導入したものである．次に $S(Q,0)$ は Q が逆格子 $\{G\}$ と一致する点で値をもち，その値は静的構造因子 $|F(G)|^2$ に比例する．その強度分布は図 7.4 (d) の下図のようになり，黄金比 τ の近似値 3/2 に対応した G (図中 $G_{\pm 3}$) で比較的大きい．したがって，この点から伸びる音響的な分枝が比較的大きな強度をもつ．これが図 7.4 (b) の曲線に対応した分枝と交わる $Q(=\pm 3/10)$ で比較的大きなギャップ (A) が形成される．フィボナッチ格子の極限でもやはりこの位置での比較的大きなギャップは残り，このような場所を擬ブリルアンゾーン境界とよぶ．

図 7.5 は Janssen らによって計算されたフィボナッチ格子の $S(Q,\omega)$ である[3]．原点から $\omega=c\cdot q$ で立ち上がる音響分枝，$|F(\boldsymbol{G})|^2$ の大きな逆格子点から立ち上がる音響分枝，それらが交わる位置に擬ブリルアンゾーン境界が見てとれる．このほかに図でははっきり見えないが階層的な多数のギャップ形成が確認されている．さらに高 ω の領域で $S(Q,\omega)$ 分枝が広がる傾向にあることが示されている．これは高 ω 領域での固有モードの局在性に起因するものと解釈されている．後述するように，以上の特徴は実験で得られている準結晶の $S(\boldsymbol{Q},\omega)$ の特徴とよく一致する．

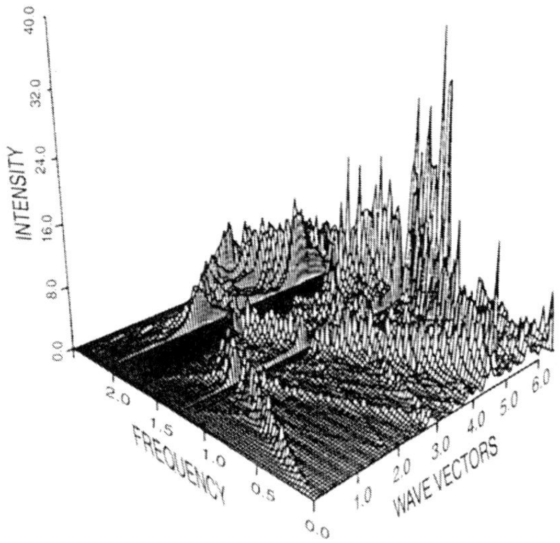

図 7.5 フィボナッチ格子の $S(Q, \omega)$ の計算結果[3]

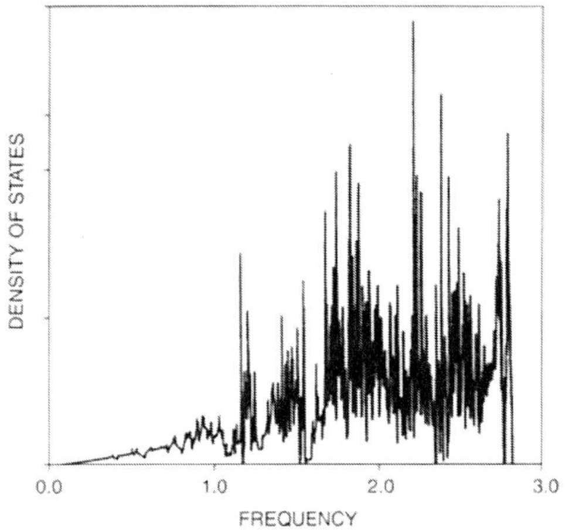

図 7.6 2 次元正 8 角形準結晶格子のバネモデルでのフォノン状態密度の計算結果[4]

2 次元では，準結晶格子の格子点を線型バネで結んだ構造のフォノン状態の計算が報告されている．図 7.6 は 2 次元正 8 角形準結晶格子のバネモデルでのフォノン状態密度の計算結果である[4]．これは厳密には比較的高次の近似結晶に対する計算結果である．低周波数領域では，通常の 2 次元結晶と同様に状態密度の周波数に対する線型依存が見られ，周波数が上がるにつれ，多数のギャップや擬ギャップが現れている．また，5.1 節で示した電子状態密度と同様にスパイク状のスペクトルとなっている．

3 次元では，3 次元ペンローズ格子のバネモデルや現実的な原子配列モデルに対する計算がなされている．後者では，Al-Li-Cu 正 20 面体相（i-相），i-Al-Pd-Mn，i-Al-Zn-Mg，Al-Mn 正 10 角形相（d-相）などの計算結果が報告されている．3 次元系では計算コストの制約上，低次の近似結晶に対する計算しか行われていないが，1 次元，2 次元系について述べた特徴の多くが 3 次元系についても見られている．

正 20 面体準結晶の中性子非弾性散乱実験は，i-Al-Li-Cu，i-Al-Cu-Fe，i-Al-Pd-Mn，i-Zn-Mg-Y，i-Cd-Yb，i-Zn-Mg-Sc について行われており，合金系によらず同様な特徴が見られている．図 7.7〜7.9 に de Boissieu らによって報告された i-Al-Pd-Mn の結果の一部を示す[5]．図 7.7 は 2 回面上の逆格子点の分布を示す．黒丸は面積がおよそ静的構造因子 $|F(\boldsymbol{G})|^2$ に比例するように描かれている．ここで x 方向，y 方向は 2 回軸，A5 は 5 回軸，A3 は 3 回軸に対応する．図 7.8 は逆格子点 D 周辺の $\omega - Q$ 関係の測定結果である．(a) は点 D と点 E を結ぶ直線上の結果である．この直線の方向と $\boldsymbol{Q}$ の方向は平行でも直交してもいないので原理的には縦波と横波の両方が測定されるはずである．実際点 D から伸びる縦波，横波の音響分枝が観測されている．点 E からは横波の音響分枝のみが測定されている．これは点

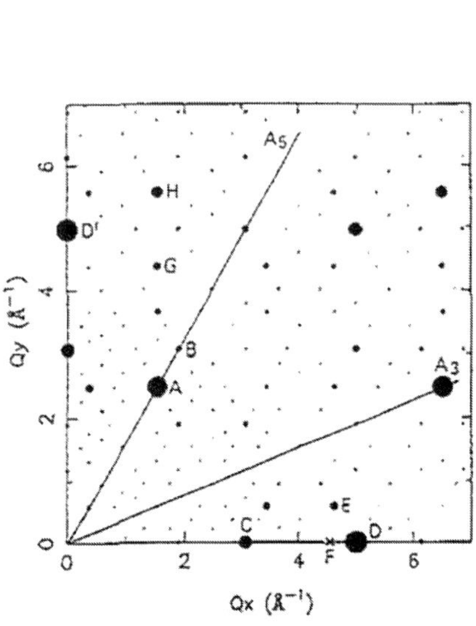

図 7.7 正 20 面体準結晶の 2 回面上の逆格子点の分布[5]

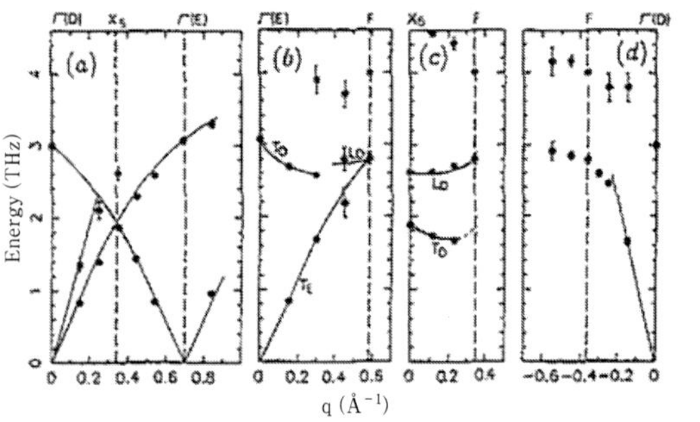

図 7.8　図 7.7 中の逆格子点 D 周辺の ω-Q 関係の測定結果[5)]

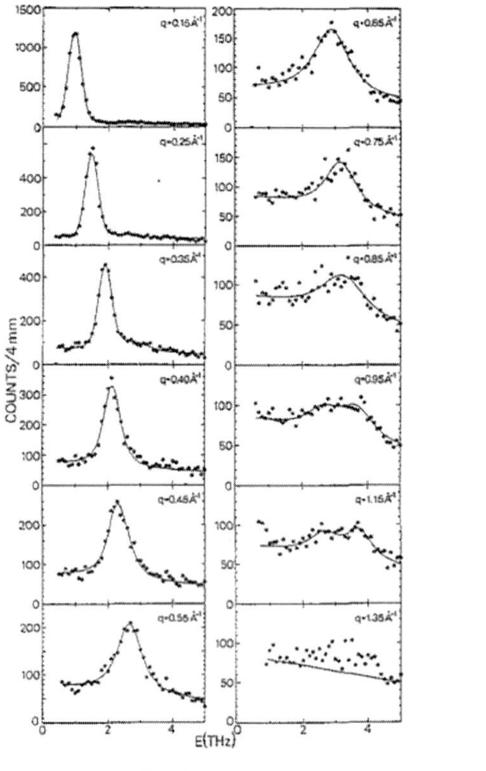

図 7.9　図 7.7 中の逆格子点 D から，完全に横波のジオメトリーで測定された $\boldsymbol{q}$ 一定での ω スキャンの結果[5)]

E の静的構造因子が小さく，そのため測定強度が十分でないためである．点 E と点 D からの横波の音響分枝が交差する点（x_5）は擬ブリルアンゾーン境界に対応する．この境界上では明確なギャップ形成は見られていない．理論的に予測されていて，計算でも示されている音響分枝上の階層的な細かいギャップの形成は，分解能が十分でないため観測されていない．(b) は点 E と点 F を結ぶ直線上の結果である．ここで点 F は擬ブリルアンゾーン境界に対応する．点 E から伸びる横波の音響分枝が確認できる．T_D，L_D は点 D から伸びる横波，縦波の音響分枝の一部である．4 THz 当たりに光学分枝が見られる．(c) は x_5 と F を結ぶ直線上の結果である．点 D から伸びる横波，縦波の音響分枝 T_D，L_D と 4 THz 当たりの光学分枝が見られる．(d) は F と D を結ぶ直線上の結果である．D から伸びる縦波の音響分枝が見られる．この分枝は擬ブリルアンゾーン境界 F の直前で線型からはずれて傾きが小さくなっている．またここでも 4 THz 当たりの光学分枝が見られる．

図 7.9 は点 D から完全に横波のジオメトリーで測定された $\boldsymbol{q}$ 一定での ω スキャンの結果である．低周波数領域ではピーク幅はほぼ装置分解能と一致している．q=0.4 A^{-1} 当たりからピーク幅が増大し始め，0.75 A^{-1} で 1 THz に達している．このようなピーク幅の増大はあらゆる準結晶の音響分枝で観測されている共通の特徴であり，前述のように高エネルギー領域のフォノンの局在性に起因するものと解釈されている．〔枝 川 圭 一〕

7.3　熱　物　性

図 7.10 に準結晶の室温以下での定圧比熱 C_p の測定結果の例を示す[6)]．C_p は温度 0 K で C_p=0 から比較的緩やかに立ち上がり，温度上昇とともに傾きを増して，数十 K で最大傾きとなった後，徐々に緩やかになり，室温付近でデュロン-プティの値 24.9 J·K^{-1}·mol^{-1} に接近している．これはデバイモデルにおける比熱曲線と大体一致し，通常の結晶固体の比熱と同様なふるまいである．通常，金属結晶では，比熱の T=0 K からの立ち上がりは，デバイモデルにおける T^3 に比例するフォノンの寄与以外に T に比例する伝導電子の寄与が見られるが，一般に準結晶にもこの成分が観測されている（5.3 節参照）．

測定された比熱曲線のデバイモデルにおける比熱曲線からのずれは，しばしば，見かけのデバイ温度の温度依存性の形で表現される．すなわち各温度での比熱の測定値からデバイ比熱曲線のデバ

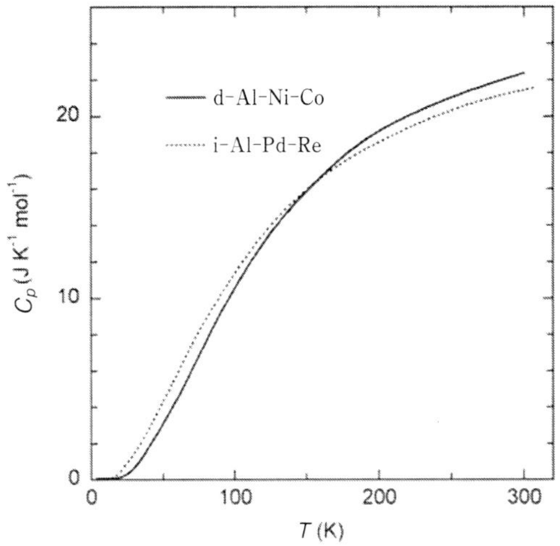

図 7.10　準結晶相（d-Al-Ni-Co, i-Al-Pd-Re）の室温以下での定圧比熱 C_p の測定結果[6]

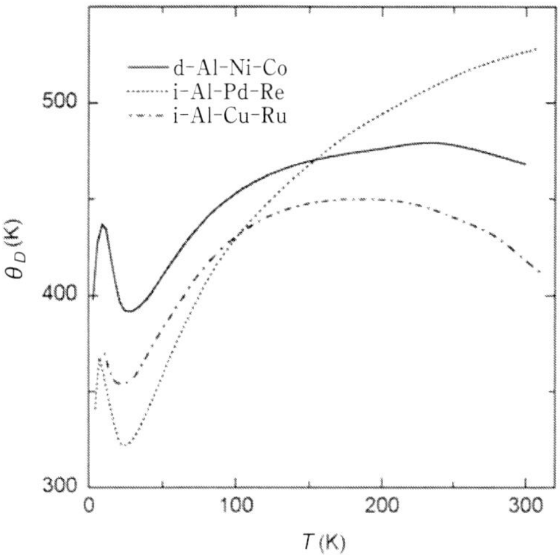

図 7.11　準結晶相（d-Al-Co-Ni[6], i-Al-Pd-Re[6], i-Al-Cu-Ru[7]）のデバイ温度 Θ_D の温度依存性

イ温度 Θ_D を決め，その温度依存性を調べるのである．測定された比熱曲線がデバイモデルの比熱曲線と完全に一致していれば，求めた Θ_D は一定値となる．図 7.11 に準結晶の Θ_D の温度依存性を示す[6,7]．一般に結晶固体における格子比熱では，Θ_D は，その $T=0$ K への外挿値 Θ_D^0 から温度上昇とともに減少し，最小値を経てふたたび上昇し，ほぼ一定値となる．さらに高温では非調和性の効果や熱膨張の効果で Θ_D は緩やかに減少する．図 7.11 の Al-Ni-Co 正 10 角形相（d-相）と Al-Pd-Re 正 20 面体相（i-相）では，極低温部で Θ_D の大きな正の温度依存性が見られている．これは，電子比熱の成分に由来するものである．また i-Al-Pd-Re では高温部での減少は見られていない．これらのふるまいを除いて，3 つの準結晶相の Θ_D の温度依存性は，おおむね通常の結晶固体の格子比熱のふるまいと一致している．ただし，最小値の温度は通常の結晶固体では $0.1\,\Theta_D^\infty$ 程度であるのに対し，準結晶では合金系によらず $0.05\,\Theta_D^\infty$ 程度となる．ここで Θ_D^∞ は $\Theta_D{}^2$ を T^{-2} に対してプロットして直線外挿することによって求めた Θ_D の $T\to\infty$ の極限値である．準結晶における最小値温度のシフトは低エネルギー域に準結晶に特徴的なフォノンの付加的な状態が存在することを示唆している．

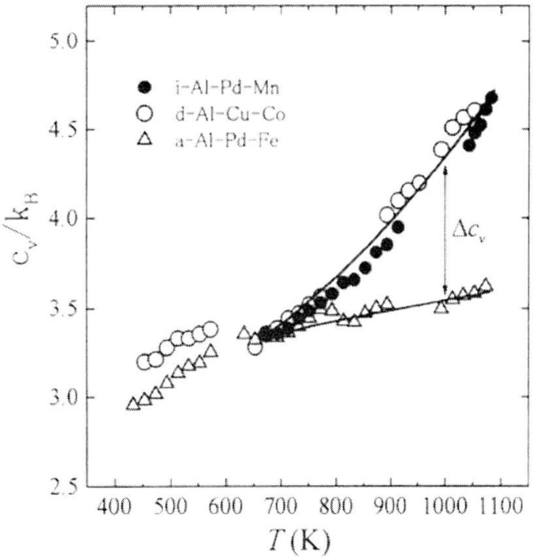

図 7.12　準結晶相（i-Al-Pd-Mn, d-Al-Cu-Co）と 1/1 近似結晶相（a-Al-Pd-Fe）の高温域での比熱の測定結果[8]

図 7.12 は，DSC 法で測定された準結晶と近似結晶の高温域での比熱の温度依存性を示す[8]．この実験で直接測定される量は定圧比熱 C_p であるが，熱膨張率と体積弾性率のデータを用いてこれを定積比熱 C_v に変換することができる．図では原子 1 個当たりの定積比熱 c_v をボルツマン定数 k_B で規格化した値が示されている．i-Al-Pd-Mn, d-Al-Cu-Co の 2 つの準結晶相の比熱 c_v は 800 K

以上ではデュロン-プティの値 $3k_B$ からはずれて急上昇し，1100 K で約 $4.7k_B$ に達している．これと比べて Al-Pd-Fe 系 1/1 近似結晶相（a-相）の比熱の上昇は小さい．通常の金属結晶でも融点近くで比熱の上昇が見られるが，W, Mo などの高融点金属を除いて $3k_B$ からのずれは小さく，たとえば Al, Cu 等では上昇分は約 $0.5k_B$ である．一般に c_v が $3k_B$ からはずれて上昇する主な原因は，高温で導入される熱平衡原子空孔の比熱への寄与と格子非調和性の効果の2つである．準結晶の場合，これらに加えて導入されるフェイゾンの比熱への寄与が考えられる．熱平衡原子空孔の導入と格子非調和性の効果が準結晶と近似結晶で同程度であり，比較的低次の 1/1 近似結晶においてフェイゾンの比熱への寄与が無視できると仮定すると，図 7.12 に示された準結晶と近似結晶の比熱の差 Δc_v がフェイゾンの導入による上昇分と考えられる．

図 7.13 に正 20 面体準結晶の線熱膨張係数 α の測定結果の例を示す[6,9]．結晶固体の例として Al, Si の結果も合わせて示す．準結晶の α は室温で約 $1.0\times10^{-5}\,\mathrm{K}^{-1}$ で，Al の α の半分程度，Si の α の 4 倍程度の大きさである．Si では低温部で α が負となる領域が現れるが，準結晶では，Al などの通常の金属結晶と同様に，そのような領域は

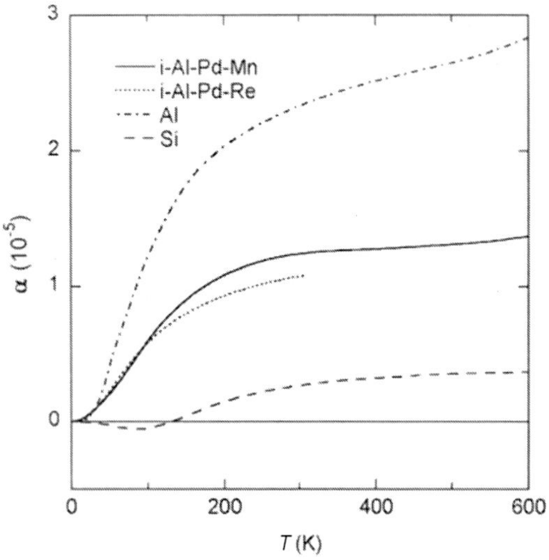

図 7.13 準結晶相（i-Al-Pd-Mn[9]，i-Al-Pd-Re[6]）と Al と Si の線熱膨張係数 α の温度依存性

現れていない．

標準的なモデルに従うと結晶固体の線膨張係数 α は，

$$\alpha=\frac{\gamma\, C_v}{3BV} \tag{7.7}$$

とかける．ここで，B は体積弾性，C_v/V は単位体積当たりの定積比熱である．γ は非調和性の程度を表すグリュナイゼン定数とよばれる無次元量である．元々グリュナイゼン定数はフォノンの各固有モードに対して定義される．i 番目のモードのグリュナイゼン定数 γ_i は

$$\gamma_i\equiv-\frac{d(\ln\omega_i)}{d(\ln V)} \tag{7.8}$$

である．ここで ω_i は i 番目のモードの固有振動数である．調和結晶では V の変化に対して ω_i は変化せず，すべてのモードで $\gamma_i=0$ である．非調和性があれば $\gamma_i\neq0$ であり，V を増やしたとき ω_i が減少すれば $\gamma_i>0$，逆に ω_i が増加すれば $\gamma_i<0$ である．式（7.7）に入る γ は各モードの γ_i を，それらのモードに入るフォノンの数の重みを付けて平均した値に対応する．高温極限ではすべてのモードにフォノンが均等に分布するので γ はすべての γ_i の単純平均となる．低温では，ω_i の小さなモードが主に励起され，γ はそのようなモードの γ_i に近い値となる．

ここで，図 7.3（a）で考えたような単純な 1 次元バネモデルのグリュナイゼン定数について考察しよう．ここでは前節と同様に原子変位はバネの方向のみ許し，従って縦波モードのみを考える．前節では線型バネを仮定した．これはバネ定数 K が，バネ長さ l によらない，すなわち $K(l)=K_0=$(一定) を仮定したことを意味する．ここでは非線型性を $K(l_0+\Delta l)=K(l_0)-A(\Delta l/l_0)$（$l_0$：自然長）により導入する．一般に，原子間ポテンシャルは図 6.7 のように安定な原子間距離から増える方向で曲率が下がるので $A>0$ である．このとき γ_i はモードによらず正の一定値 $\gamma_0=A/2K(l_0)$ となることが示される．この場合，温度変化して各モードに入るフォノンの数の割合が変化しても常に $\gamma=\gamma_0$ となり γ は温度依存しない．

図 7.14 に α, B, C_v のデータから式（7.7）によ

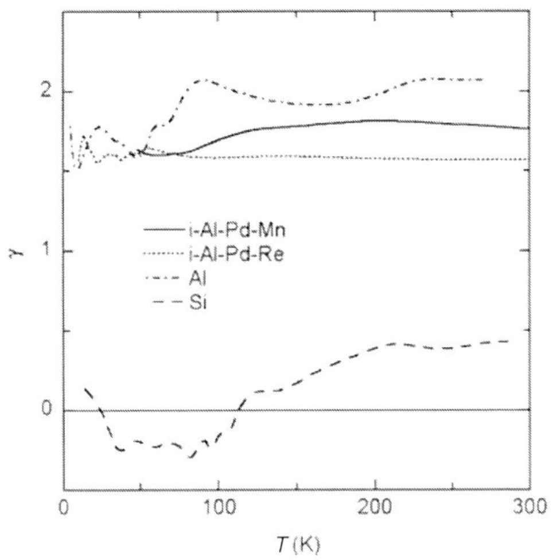

図 7.14　準結晶相（i-Al-Pd-Mn[9]，i-Al-Pd-Re[6]）と Al[10] と Si[10] のグリュナイゼン定数 γ の温度依存性

り求めた γ の温度依存性を示す[6,9,10]．準結晶の γ は Al の γ と同様にほとんど温度依存せず，値についても同程度である．逆にいうと，式（7.7）において γ の温度依存性は無視でき，B の温度依存性も小さいので図 7.13 の準結晶と Al の α の温度依存性は C_v の温度依存性を反映したものとなっている．このとき準結晶と Al の C_v は両者とも大体デバイモデルに従い，デバイ温度も同程度なので各温度で同程度の値をもつ．したがって図 7.13 に見られる Al と準結晶の α の絶対値の違いは B の絶対値の違いを反映したものである．なお，室温での Al の B は約 75 GPa, i-Al-Pd-Mn の B は約 120 GPa である．

一方，Si の B は室温で 102 GPa で図 7.13 に示された準結晶と Si の α の違いは主に γ の違いに帰することができる．図 7.14 に示した式（7.7）を用いて導出した Si の γ は室温付近で Al や準結晶の γ の 1/4～1/5 程度である．また低温域でみられる負の α についても γ が低温域で負となるために生ずるものと解釈できる．Si において低温域で γ が負となったり，中・高温域での正の γ の絶対値が小さかったりするのは，ダイヤモンド構造の Si では原子の充填率が低いため，原子間ボンドを直接伸び縮みさせるような，大きな γ_i を与える縦波モードが少ないことと，比較的大きな絶対値の負の γ_i を与える横波モードが存在することに起因する．準結晶の原子充填率は Si よりはずっと高く，Al の原子充填率にむしろ近い．図 7.13 に見られるような準結晶と Al の共通の γ のふるまいは，このことを反映している．

図 7.15（a）に正 20 面体準結晶の熱伝導度 κ の温度依存性の測定結果の例を示す[11]．κ は $T=0$ K から最初急激に増加し，すぐに傾きを変えて緩やかに増加し，室温付近からふたたびやや急激に増加している．室温付近の κ は約 2 W･m^{-1}･K^{-1} である．これは通常の金属やセラミックスの結晶固体と比べてかなり低い値である．一般に金属では熱のキャリアは伝導電子とフォノンであり，熱伝導度 κ は前者の成分 κ_{el} と後者の成分 κ_{ph} の和となる．一方，非金属の κ は，後者の成分のみからなる．金属の κ_{el} は，一般に電気伝導度 σ と

$$\kappa_{el}=\frac{\pi^2}{3}\left(\frac{k_B}{e}\right)^2\sigma\cdot T \qquad (7.9)$$

なる関係（ヴィーデマン-フランツ則）がある．ここで，k_B はボルツマン定数，e は電気素量である．この式により σ のデータから見積もった準結晶の κ_{el} を図 7.15（b）に，κ から κ_{el} を差し引くことで求めた κ_{ph} を図 7.15（c）に示す．ここで κ_{ph} の $T\approx200$ K より高温側で温度上昇とともにやや急激に増加している成分については電子状態密度の擬ギャップ（第 5 章参照）に関連して現れる電子の熱伝導成分であると解釈されている．つまり，この領域ではヴィーデマン-フランツ則が成り立っていない．このことを考慮して，準結晶の κ_{el} と κ_{ph} の大きさを比較すると大体室温以上で $\kappa_{el}\approx\kappa_{ph}$ で，室温以下では $\kappa_{el}<\kappa_{ph}$，とくに $T<100$ K では $\kappa_{el}\ll\kappa_{ph}$ である．σ の大きい金属結晶では，ほとんどの温度範囲で κ_{el} が支配的である．たとえば Al の室温の熱伝導度は $\kappa\approx\kappa_{el}\approx$ 200 W･m^{-1}･K^{-1} である．準結晶の κ_{el} はこれと比較して極端に小さい．その理由は σ が通常の金属結晶と比べて極端に小さい理由と同じはずで，これについては第 5 章で述べられている．

準結晶の 200 K 以下の κ_{ph} の温度依存性は通常の結晶と大きく異なる．通常の結晶では金属，非

金属によらず，一般に κ_{ph} は $T=0$ K から温度上昇とともに増加し，数十 K で最大値に達した後，単調に減少する．このとき κ_{ph} のピーク値は 200 K 付近の値の数十倍から 100 倍にもなる．準結晶の κ_{ph} は 200 K 付近から温度低下とともにむしろ徐々に低下して，ピークはまったく現れていない．このため準結晶の，この温度領域の κ_{ph} は通常の結晶の κ_{ph} に比べて極端に小さい．

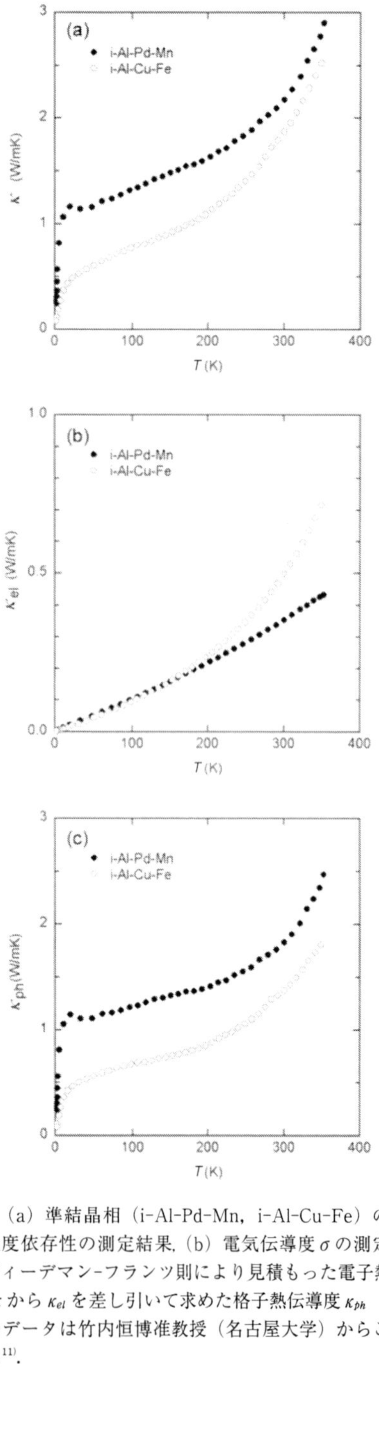

図 7.15　(a) 準結晶相 (i-Al-Pd-Mn, i-Al-Cu-Fe) の熱伝導度 κ の温度依存性の測定結果，(b) 電気伝導度 σ の測定結果を用いてヴィーデマン-フランツ則により見積もった電子熱伝導度 κ_{el}，(c) κ から κ_{el} を差し引いて求めた格子熱伝導度 κ_{ph}
これらのデータは竹内恒博准教授 (名古屋大学) からご提供いただいた[11]．

結晶固体において κ_{ph} にピークが現れる理由は以下のとおりである．一般に κ_{ph} は

$$\kappa_{ph}=\frac{1}{3}(C_v/V)\cdot v\cdot l \qquad (7.10)$$

で与えられる．ここで C_v/V は単位体積当たりのフォノンの定積比熱，v はフォノンの速度，l はフォノンの散乱の平均自由行程である．フォノンの散乱過程が複数存在する場合には，その中で最も短い l を与える過程，すなわち最も散乱頻度の高い過程が熱流を律速し，κ_{ph} を決める．v の温度依存性は一般に小さく，C_v と l の積が κ_{ph} の温度依存性を支配する．フォノンの散乱過程のうち重要なものにフォノン-フォノン散乱がある．このうち 3-フォノン過程とよばれるものの例を図 7.17 に模式的に示す．これは，2 つのフォノンが衝突して 1 つのフォノンを生成する過程，または 1 つのフォノンが分解して 2 つのフォノンを生成する過程である．図 7.16 は前者の例を示している．このような過程は，その前後でエネルギーと運動量が保存されなければならず，後者の保存則の満たし方によって，図のような 2 種類に分類される．1 つは 2 つのフォノンの波数ベクトルの和が，そのまま，生成するフォノンの波数ベクトルとなる過程で，正常過程 (normal process) とよ

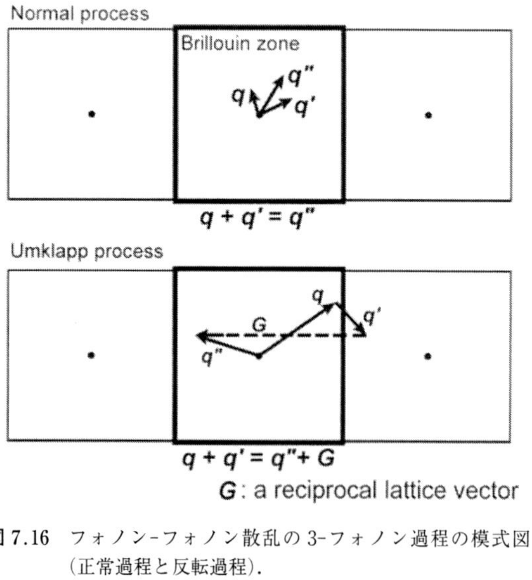

図 7.16　フォノン-フォノン散乱の 3-フォノン過程の模式図 (正常過程と反転過程)．

ばれる．後者は逆格子ベクトル分だけ差が生じる過程で，反転過程（umklapp process）とよばれる．ここで重要な点は，熱流の抵抗となるのは後者の反転過程のみであるということである．なぜなら，前者の正常過程では，その前後でフォノンの波数ベクトルの総和は変わらないからである．

図からわかるように反転過程を起こすにはブリルアンゾーン境界付近の波数ベクトルをもったフォノンが必要である．そのようなフォノンは比較的高いエネルギーをもつので比較的高温で枯渇する．このことがκ_{ph}における数十K付近のピークの原因となる．まず，反転過程を起こすようなフォノンの数が十分に大きい高温域（$T \gg \Theta_D$）（Θ_D：デバイ温度）では，この過程のlが最も短く，式（7.10）を通じてκ_{ph}を決める．この温度領域では反転過程を起こすフォノンの数nは$n \propto T$で，大体$l \propto T^{-1}$である．$T \gg \Theta_D$では$C_v \propto T^0$なので$\kappa_{ph} \propto T^{-1}$となる．$T < \Theta_D$では，反転過程を起こすフォノンの数は温度低下とともに急激に減少する．この領域では$n \propto e^{-T_0/T}$，従って$l \propto e^{T_0/T}$であることが示される．ここでT_0はΘ_D程度の温度定数である．この温度依存性はきわめて強いのでC_vの温度依存性は無視でき，κ_{ph}は大体$\kappa_{ph} \propto e^{T_0/T}$で与えられる．温度低下とともにフォノン反転過程の$l$が急激に長くなると，格子欠陥や結晶粒界，さらには試料の端でのフォノンの散乱によるlを超えるようになり，低温域ではそのような散乱過程が熱流を律速することとなる．それらの過程では$l \propto T^0$であり，低温域で$C_v \propto T^3$なので，$\kappa_{ph} \propto T^3$となる．このような低温域の$\kappa_{ph} \propto T^3$の正の温度依存性の領域と高温側の$\kappa_{ph} \propto e^{T_0/T}$の負の温度依存性のクロスオーバーにより，$\kappa_{ph}$にピークが現れるのである．

図7.16や図7.17（a）に示すように，結晶におけるブリルアンゾーン境界は逆格子空間中の原点と逆格子点の2等分面として与えられる．第2章で述べたように準結晶の逆格子点は逆格子空間中に密に存在し，原点とそれらの点の2等分面として定義されるブリルアンゾーン境界はいたるところに存在する．したがって，原点近くを含め逆格子空間中いたるところの波数ベクトルのフォノンが反転過程を起こすことになる．実際には反転過程を起こす確率は，ブリルアンゾーン境界を与える逆格子点の構造因子$|F(\boldsymbol{G})|^2$に依存し，比較的大きな$|F(\boldsymbol{G})|^2$をもつ逆格子点が作るブリルアンゾーン境界（擬ブリルアンゾーン境界，7.2節参照）のみを考えればよい．図7.17（b）に示すように擬ブリルアンゾーン境界は，やはり原点近くまで存在し，結晶と比較してずっと小さなエネルギーのフォノンまで反転過程を起こすことができる．これが結晶において温度低下とともに生ずるフォノン反転過程の急激な凍結，またそれによって形成するκ_{ph}のピークが準結晶にみられない原因である．低温まで起り続ける反転過程が，低温まで熱伝導を著しく抑える原因となっているのである．〔枝川圭一〕

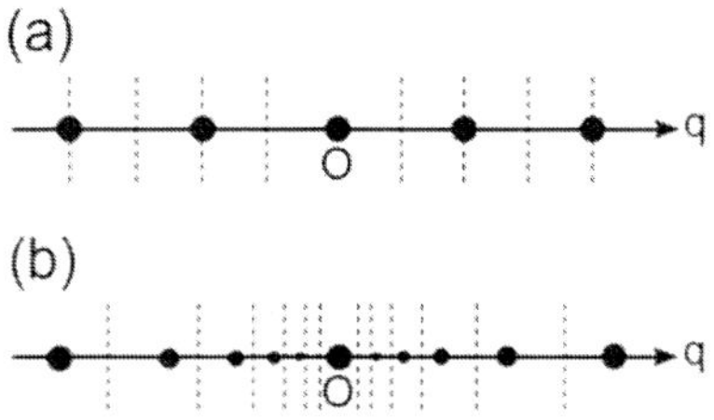

図7.17　（a）結晶と（b）準結晶の逆格子と（擬）ブリルアンゾーン境界の模式図

引用文献

1）K. Fukamichi：*Physical Properties of Quasicrystals*, edited by Z. M. Stadnik, Springer,（1999）p. 295-362.

2）T. J. Sato, H. Takakura, A. P. Tsai, K. Shibata：*Phys. Rev. Lett.* **81**（1998）2364.

3）T. Jannsen, G. Chapuis, M. de Boissieu：in "Aperiodic Crystals：From Modulated Phyases to Quasicrystals", Oxford University Press（2007）.

4）J. Los, T. Janssen and F. Gaehler：*Int. J. Mod. Phys.* **B7**（1993）1505.

5）M. de Boissieu, M. Boudard, R. Bellissent, M. Quilichini, B. Hennion, R. Currat, A.I. Goldman and C. Janot：*J. Phys：Condens. Matter.* **5**（1993）4945.

6）A. Inaba, R. Lortz, C. Meingast, J.Q. Guo and A.P. Tsai：*J. Alloys and Comp.* **342**（2002）302.

7）A. Inaba, S. Ishida, T. Matsuo, K. Shibata and A.P. Tsai：*Philos. Mag. Lett.* **74**（1996）381.

8) K. Edagawa, K. Kajiyama, R. Tamura and S. Takeuchi：*Mater. Sci. and Eng.* **A312** (2001) 293.
9) K. Kajiyama, K. Edagawa, T. Suzuki and S. Takeuchi：*Philos. Mag. Lett.* **80** (2000) 49.
10) W.B. Gauster：*Phys. Rev.* **B4** (1971) 1288.
11) T. Takeuchi：*Z. Kristallogr.* **224** (2009) 35.

参　考　書

「固体物理の基礎（下・I）」アシュクロフト・マーミン著，松原武生・町田一成共訳，吉岡書店 (1982)

8. 準結晶の応用の可能性

8.1 熱電材料の可能性

熱電材料とは，熱エネルギーと電気エネルギーを相互に変換することができる材料である．電気エネルギーを熱エネルギーに変換する用途としては，熱電冷却（加熱）がすでに実用化されている．電流を流す向きを変えることで冷却と加熱ができることから，局所的な精密温度制御ができ，ワインセラーや半導体レーザー素子の冷却等に使われている．一方，熱エネルギーを電気エネルギーに変換する方は，熱電発電である．これは，さまざまな廃熱から電気エネルギーを取り出せる可能性があり，非常に魅力的である．これまで変換効率が低い（最大でも 10%）ことから実用化されなかったが，最近，エネルギー問題や環境問題が深刻化し，見直されて盛んに研究されている．

熱電材料の性能は，

$$Z=\frac{S^2\sigma}{\kappa} \tag{8.1}$$

で表される性能指数で評価される．つまり，熱電発電の場合，ゼーベック係数 S が大きいほど発生する起電力が大きく，電気伝導率 σ が大きいほど電流を取り出すときの損失が小さく，熱伝導率 κ が小さいほど材料中を流れる熱が減るので変換効率が高くなる．ZT の値は無次元数で無次元性能指数とよばれる．この値が 1 程度の値になることが熱電材料の実用化の目安になっている．熱電冷却で実用化されている Bi_2Te_3 は，室温付近で ZT が 1 を超えるが，熱電発電で重要な高温（200～700℃）で急激に性能が落ちる．また，毒性をもつ元素からできているため，環境問題が生じる．熱電発電の材料は，さまざまな廃熱のさまざまな温度範囲で性能の高いものが必要になるため，環境に優しい構成元素からなる多くの物質が候補として活発に研究されている．

アルミ系正 20 面体準結晶は状態密度に深い擬ギャップをもち，擬ギャップ内にフェルミエネルギー ε_F が位置する．σ と S は，状態密度 $D(\varepsilon)$ と緩和時間 τ のエネルギー ε 依存性が ε_F 付近でそれほど大きくないと，次のような式で書ける．

$$\sigma=\frac{e^2}{3}\tau v_F^2 D(\varepsilon_F)$$

$$S=-\frac{\pi^2 k_B{}^2}{3e}T\left(\frac{1}{D(\varepsilon)}\frac{\partial D(\varepsilon)}{\partial\varepsilon}\right)_{\varepsilon=\varepsilon_F} \tag{8.2}$$

ここで，v_F はフェルミ速度，k_B はボルツマン定数，e は電気素量である．深い擬ギャップ中に ε_F が位置すると，$D(\varepsilon_F)$ は小さくなり，それに比例する σ は小さくなるが，S は状態密度のエネルギー微分に比例するため，S が大きくなり，S は 2 乗で効くので，Z は大きくなる．また，複雑な構造で，構成元素の質量差や結合強度の不均一性も大きいと考えられるので，κ が小さいことが期待できる．したがって，準結晶が熱電変換材料として高い性能を有する可能性がある[1]．

図 8.1 は，Al-Re-Si 1/1 立方晶近似結晶中（近似結晶については 4.3 節参照）の正 20 面体クラスター（第 1 殻，図 5.13 (b) と同じ）と第 2 殻クラスターの等電子密度面を示す[2]．第 2 殻中にも明確な共有結合が存在する．図 8.2 に，この結晶中の各原子間の距離と結合中点の電子密度をプロットした．原子間距離が短く中点の電子密度が高いほど結合が強くなると考えられるが，この固体中には，ダイヤモンド構造 Si の共有結合と同程度に強いものから，面心立方構造 Al の金属結合に近い弱い結合まで，結合強度が広く分布していることがわかる．1 つの固体中に，共有結合的な結合から金属結合的なものまで種々の結合が共存していることが特徴である．また全体として，クラスター内結合の方がクラスター間結合より強い．これは Al-Re-Si 近似結晶や局所構造が近いと考えられる Al-Pd-Re 準結晶が，典型的な金属，共有結合固体，分子固体の中間に位置する

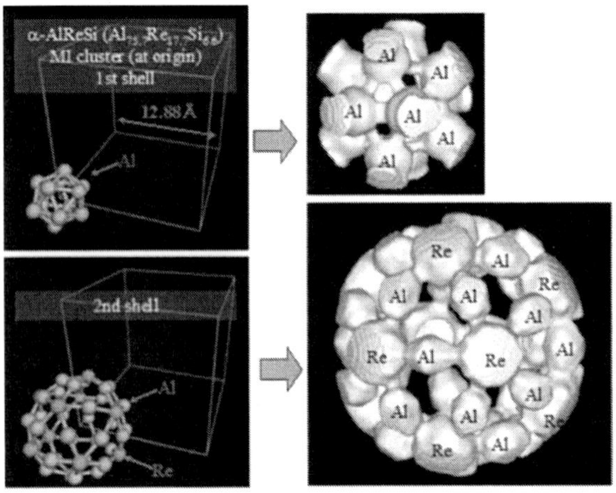

図 8.1 Al-Re-Si 1/1 立方晶近似結晶中の正 20 面体クラスター（第 1 殻）と，第 2 殻の等電子密度面（0.35 e/Å^3）[2]
両者をあわせるとマッカイクラスターになる．

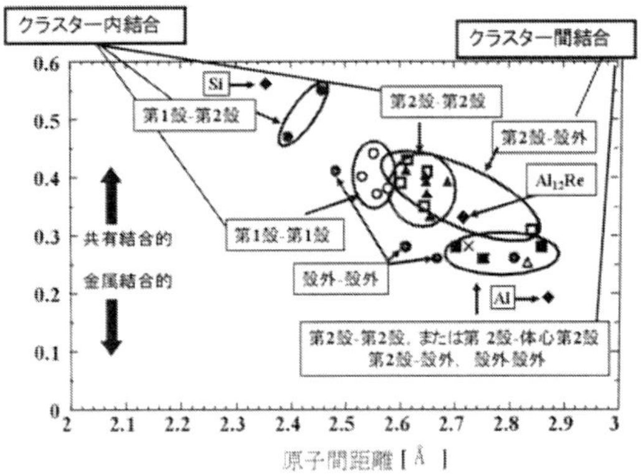

図 8.2 図 8.1 の結晶中の原子間距離と中点電子密度

ことを意味している．また，同じように正 20 面体対称性をもったクラスターが構造単位となっている Cd 系近似結晶では，逆にクラスター間結合の方が強い（第 5 章の参考文献 4)）．つまり，クラスターは幾何学的な（構造を理解する際に便利な）集団構造というだけでなく，物理的に意味のある集団構造であることを示している．

Al-Pd-Re 準結晶はアルミ系正 20 面体準結晶の中で最も半導体的な物性を示し，ε_F で深い擬ギャップを有する．図 8.2 で最も強い結合は，第 1 殻の正 20 面体を作っている Al と第 2 殻の Re の結合である．したがって，Al-Pd-Re 準結晶の遷移金属濃度を増加させると，共有結合性が増大し（図 5.14 がその証拠），擬ギャップが深くなると考えられる．ところが図 8.3（a）に示すように，遷移金属濃度の増大（1 原子当たりの平均価電子数 e/a の減少）と共に無次元性能指数（Z と温度の積 ZT）の最大値 $ZT_{\max}$ はいったん 0.11 まで増加したものの（A→B），さらに遷移金属濃度を増加させると ZT は減少した（B→C）[3]．次に，B の組成で Re を Ru で置換したところ，図 5.14（a）の場合と異なり平均原子半径の減少よりも大きく準格子定数が減少した．これは，Ru 置換により共有結合性が減少した（結合が弱くなった）結果と考えられ，単調な変化であった．このとき，図 8.3（b）に示すように，$ZT_{\max}$ は，やはり最初に 0.15 まで増大してから（B→D）減少した（D→E）[4]．

上記のような，組成による結合性（結合強さ）の単調な変化と，熱電性能指数 $ZT_{\max}$ の単調で

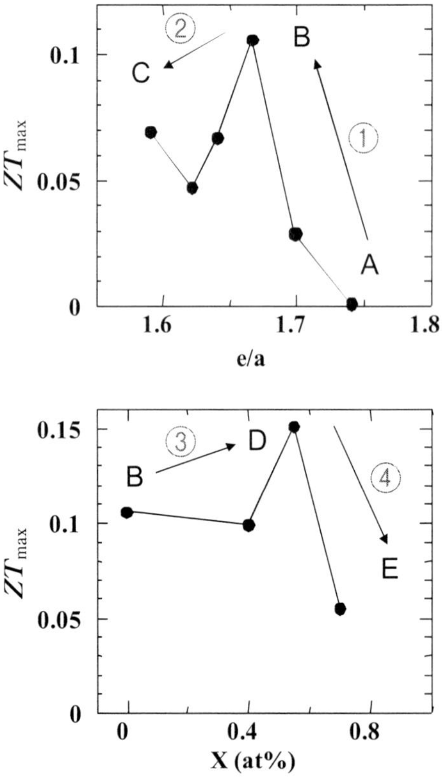

図 8.3 (a) Al-Pd-Re および (b) Al-Pd-Re-Ru 準結晶の最大無次元性能指数の組成依存性[3,4]
e/a は原子当たりの平均電子数で，遷移金属濃度の増大と共に減少する．X は Re の Ru 置換量．アルファベットと丸数字は図 8.4 と対応している．

ない変化は，Al-Pd-Re 準結晶中に，クラスター内結合とクラスター間結合という 2 種類の結合が存在し，その強さのバランスで物性が決まると考えることにより，図 8.4 のように説明することができる．σ と S の温度依存性を 2 バンドモデル（電子とホールの 2 種類のキャリアが寄与するモデル）の式を用いてフィッティングすると，さまざまなパラメータの組成依存性が得られるが，その中で有効質量 m^* の組成依存性が図 8.3 の $ZT_{\max}$ の組成依存性と良く一致していた．これは，下記の自由電子近似からのずれを m^* に繰り込んだ式で理解できる．

$$\sigma = \frac{ne^2\tau}{m^*}$$

$$S = -\frac{\pi^{2/3}}{3^{5/3}}\frac{k_B{}^2}{e\hbar^2}T\left(\frac{m^*}{n^{2/3}}\right) \qquad (8.3)$$

ここで，n は価電子密度である．正 20 面体準結晶中の結合の強さをクラスター内結合 V_i とクラスター間結合 V_o に分けて考える．V_i が大きく V_o が小さい極限は，図 8.4 の左上の分子固体の場合である．分子固体では，V_i によりバンド間隔が決まり，V_o によりバンド幅が決まる．したがって，分子固体から出発して V_o が増大すると，バンド幅が大きくなり m^* は減少する．V_o が大きくなった極限（V_i と同程度になったもの）が，共有結合のネットワーク固体（半導体）と考えられる（図 8.4 の右上）．逆に，V_i が小さくなり，V_o は多少大きくなったところに，金属結合の固体（金属）が位置すると考えられる（図 8.4 の左下）．金属でよく成り立つ自由電子近似では m^* は比較的小さいので，分子固体から金属に近づく（V_i が減少する）方向でも m^* は減少すると考えられる．Al-Pd-Re の組成 A から出発して，遷移金属濃度つまり共有結合性（結合の強さ）が増大する際，まず，遷移金属はクラスター内の共有結合性の強いサイトに優先的に入り，V_i が増大し（A→B），m^* したがって $ZT_{\max}$ が増大する．遷移金属濃度がある程度大きくなると，クラスター間のサイトにも入り，V_o が増大し（B→C），今度は $ZT_{\max}$ (m^*) は減少する．一方，組成 B から出発して Re を Ru で置換していく場合も，共有結合性は単調に減少するが，結合を弱める Ru は，まず共有結合性の弱いクラスター間の Re サイトと優先的に置換し，V_o が減少し（B→D），$ZT_{\max}$ (m^*) が増大する．ある程度置換が進むと，クラスター内の Re サイトにも置換し，今度は V_i が減少し（D→E），$ZT_{\max}$ が減少する．

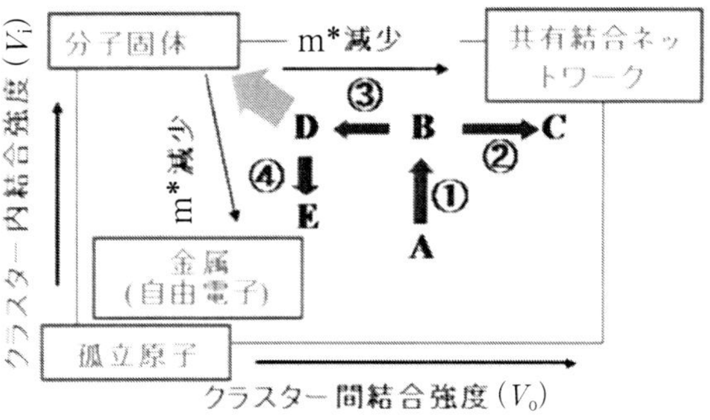

図 8.4　クラスター内結合（V_i）とクラスター間結合（V_o）による固体の分類と，Al-Pd-Re-(Ru) 準結晶の位置付け

上記から，Al-Pd-Re 準結晶の熱電性能を向上（ZT を増大）させる設計指針「重く強固なクラスターが弱く結合した固体（weakly bonded rigid heavy clusters）」が考えられる[5]．クラスター内結合強度（V_i）を増大させ，クラスター間結合強度（V_o）を減少させ，より分子固体に近づけること（図 8.4 中の灰色の矢印の方向）である．この方向に進むと，マッカイクラスターという重いクラスターが弱いバネで繋がっている状況になり，音速 v_{ph} が低下して格子熱伝導率 κ_{ph} が下がることが期待され，これも ZT の増大に寄与する．これは，下記の式で理解できる．

$$\kappa_{ph} = \frac{1}{3}Cv_{ph}{}^2\tau_{ph} = \frac{1}{3}C\frac{a^2K}{M}\tau_{ph} \qquad (8.4)$$

ここで，C は比熱，τ_{ph} はフォノンの緩和時間で，a，K，M は，それぞれ，クラスター間の距離，バネ定数，クラスターの質量である．実際，Al-Pd-Re 準結晶の Re の一部を Ru よりさらに共有結合を弱める Fe で置換する（クラスター間の Re が置換され，V_o が減少した）ことにより，$ZT_{\max}$ は 0.21 まで増大した[6]．さらに，Al-Pd-Mn 準結晶の Al の一部をやはり共有結合を弱める Ga で置換する（V_o が減少した）ことにより，

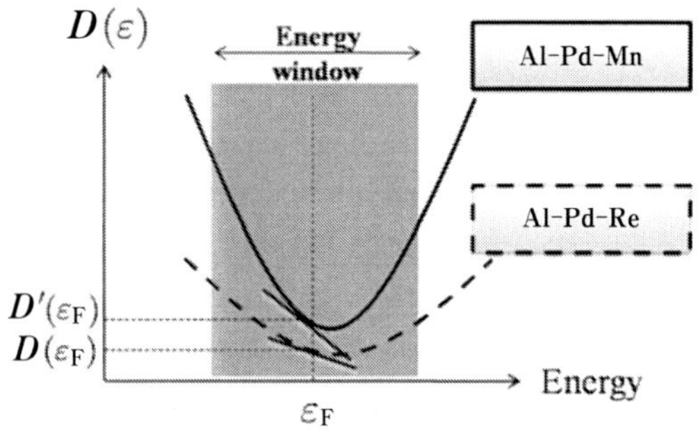

図 8.5　Al-Pd-Re 準結晶と Al-Pd-Mn 準結晶の ε_F 付近の状態密度の模式図

音速が低下し，ZT_{max} は 0.26 まで増大した[7,8]．

最後の例では，Al-Pd-Re 準結晶ではなく，Al-Pd-Mn 準結晶になっている．Mn は Fe と同様に Re に比べると共有結合性が弱く，V_i も V_o も弱い．したがって，図 8.5 に模式的に示すように，Al-Pd-Mn は Al-Pd-Re に比べて V_i が小さいためにバンド間隔が小さく擬ギャップは浅く，V_o が小さいためにバンド幅が狭く擬ギャップが急峻になっている．この状況は第一原理計算で確かめられている[9]．このため，σ はより大きく，S は温度の上昇と共により急激に減少する（フェルミ分布関数のボケる領域であるエネルギー窓が，状態密度の大きな領域に急激に広がる）が最大値は同程度であり，κ も同程度であるため，ZT_{max} は大きい．このため，Ga 置換後の ZT_{max} も Al-Pd-Mn 準結晶の方が大きくなった．

図 8.6 に，Al-Pd-Mn 準結晶の Al の一部を Ga で置換した場合の熱電物性の変化を示す[7,8]．$Al_{71-x}Ga_xPd_{20}Mn_9$ で x=4 では，金属的な第 2 相が混入するため σ は増加し S は減少している．単相域は x=3 までと狭いため，σ と S はほとんど変化していない．一方，κ は，x=4 では金属的な第 2 相の影響があるが，x=3 まででは明らかに減少している．Ga 置換により，weakly bonded rigid heavy clusters の設計指針通り音速は減少しており，さらに重元素置換による合金化散乱の効果で κ_{ph} が減少したと考えられる．κ の値は，400〜500 K で約 1 W/m·K となっているが，これは理論的に求められる最小格子熱伝導率に近い値となっており，実用化されている熱電材

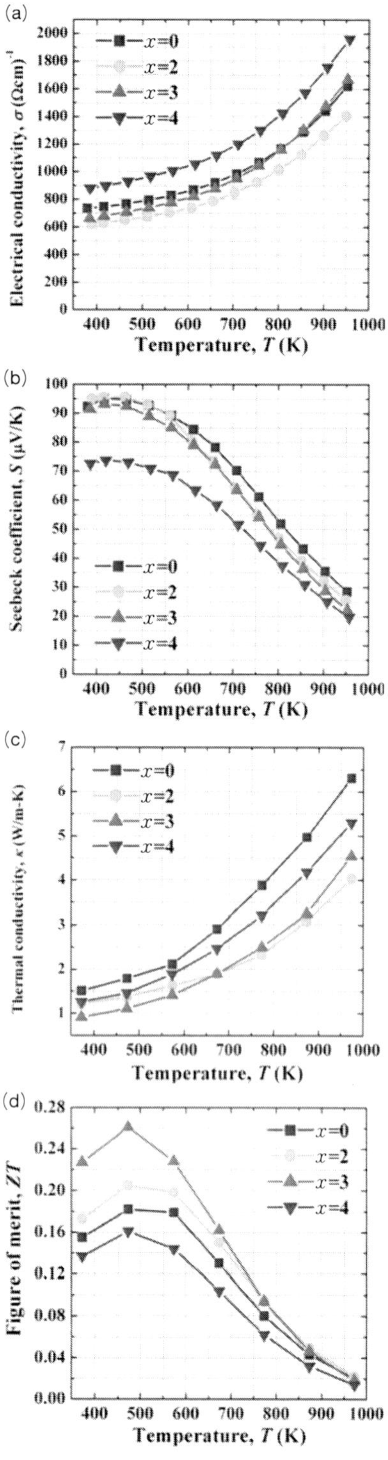

図 8.6　Al-Pd-Mn 準結晶の Al の一部を Ga で置換した場合（$Al_{71-x}Ga_xPd_{20}Mn_9$）の（a）電気伝導率，（b）ゼーベック係数，（c）熱伝導率，（d）無次元熱電性能指数の温度依存性[7,8]

料と同程度に低い．アルミ系正20面体準結晶の場合，室温付近では電子による熱伝導はフォノン（格子）によるそれに比べて小さい．温度が上昇するとσが増加し，これに比例する（ヴィーデマン-フランツ則による）電子の寄与も増加する．しかし，図8.6（c）で温度の上昇と共に上昇するκは説明し切れない．これは，σとκの状態密度への依存の仕方の違いによっており，ε_Fが擬ギャップの中にあることで説明できる[9]．κの高温での上昇は電子の寄与である（7.3節参照）．

このように室温付近では支配的なκ_{ph}が低くなる理由は，最初に述べたように，複雑な構造で，構成元素の質量差や結合強度の不均一性も大きいためであると考えられる．図8.7は，Al-Re-Si 1/1立方晶近似結晶の計算されたフォノン分散である[10]．10 meV（約100 K）以上に，平らな（音速の遅い）光学モードが密集している．また，ブリルアンゾーンの境界も非常に低波数になっており，ウムクラップ過程（7.3節参照）が低温から起こる．これらが低いκ_{ph}の理由であり，この分散関係の起源が，構成元素の質量差や結合強度の不均一性が大きい複雑な構造である．

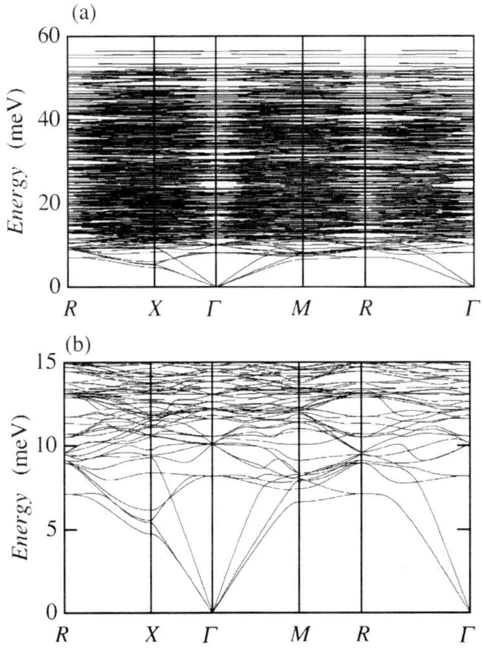

図8.7　$Al_{73.6}Re_{17.4}Si_9$ 1/1立方晶近似結晶の（a）フォノン分散と，（b）その低エネルギー側を拡大したもの[10]

以上から，アルミ系準結晶の無次元熱電性能指数ZTは，現状では最大で0.26であり，実用化の目安である1に届いていない．しかし，ZTが大きくなる温度は500 K付近という廃熱が豊富で最も熱電発電に適した温度域である．また，上で述べたようにweakly bonded rigid heavy clustersという熱電性能向上設計指針が有効であり，物性が組成に非常に敏感であることから，さらなる向上が期待できる．　〔木村　薫〕

8.2　準結晶分散強化合金

第7章で述べたように，準結晶中にも転位は存在するがフェイゾン歪を伴うために室温では保存運動ができない．そのために室温で準結晶は塑性変形せず，きわめて脆くて硬い性質を示す．加えて多くの準結晶は共有結合性が強いため，その硬くて脆い傾向をさらに強めている．ゆえに，構造材料という視点から準結晶単体のみを使うことは困難である．一方，高温では転位の熱活性化運動が活発になり，塑性変形が可能になる．たとえば，図8.8に示すように，同じAl-Pd-Mn系において，結晶よりも準結晶の硬度が高いが，高温になると準結晶の硬度も著しく低下する[11]．準結晶はセラミックスのような硬い性質を有する一方，金属であるために金属マトリックス中に粒子として存在すると，界面整合性がセラミックス粒子に比べて格段によくなっているので，軟らかい金属マトリックス（母相）の強化材として期待される．現在まで準結晶分散強化が行われている系としてi-AlCuFe/Al, i-ZnMgY/Mg, i-Zn-Mg-Ho/Mg, dAlNiCo/Al, i-ZnAlMg/Mgおよびi-ZnMgZr/Mg等があげられる．

準結晶相との母相金属マトリックスとの間の相平衡関係の違いによって，分散強化合金の作製プロセスが大きく異なる．たとえば，i-AlCuFe/Alの場合，平衡状態図上では準結晶相とAl相とは共存しないため，通常の鋳造では両相が共存する組織は形成されない．この場合，分散強化合金の作製には，粉末冶金の手法を用いる必要がある．ごく一般的な方法として，準結晶粉末とAl粉末を混合した後，高温押出しあるいは高温圧延のよ

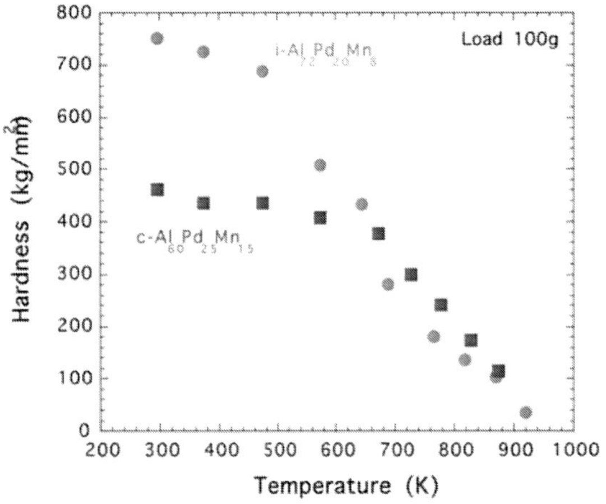

図 8.8　Al-Pd-Mn 系準結晶と結晶相の硬度の温度依存性[11)]

うな固化成形法でバルク試料を作製する方法が知られている．ここで，準結晶粉末の作製は，粉末冶金では常套的なアトマイズ噴霧法が可能である．または，いったん鋳造法でバルクの準結晶合金を作製した後，ボールミールにて粉砕を施すことも可能である．この方法で得られた準結晶分散 Al 合金には，準結晶分散による強化効果が認められている[12,13)]．

一方，Mg-Zn-RE（RE：Y, Gd, Ho, Er, Dy, Tb）合金系において，通常の鋳造法で準結晶と α-Mg 相との両相が共存する組織を得ることができる[14)]．この場合，準結晶の化学量論組成が $Zn_6Mg_3RE_1$ であることから，Zn/RE の比を 6：1 に固定して組成を変化させることにより，準結晶の体積分率を調整することが可能である．しかし，合金の凝固過程で鋳造組織に偏析が生じることがある．準結晶が粒界に偏在する上，α-Mg 相の結晶粒がかなり大きい（数十 μm）ので，好ましい機械的性質が期待できない．通常，鋳造 Mg 合金にさらに圧延，押出あるいは鍛造等の塑性加工を施し，準結晶粒を均一分散させると同時に α-Mg 相結晶粒の微細化（数 μm）が図られている．鋳造-塑性加工というプロセスは市販の AZ 系（A, Z はそれぞれ Al と Zn を指している）の Mg 合金によく用いられている．塑性加工の温度や加工度によって異なるが，こうして得られた準結晶分散 Mg 合金の室温引張強度は 300 MPa 前後であり，おおむね AZ61 と同程度になっている[15,16)]．圧延で得られた準結晶分散 Mg 合金の強度もこの程度の値に達している．金属の強度は基本的に結晶粒径に強く依存し，粒径が小さいほど強度が高くなるというホール-ペッチ則（Hall-Petch rule）に従うことは古くから知られている．また，図 8.9（a）に示すように，準結晶の体積分率が異なる 2 種類の Mg 合金は室温にいてほぼ同じ引張強度を示すことから，室温強度への寄与は準結晶粒の分散よりも α-Mg の結晶粒の粒径の方が大きいと推察される．一方，高温（473 K）では，準結晶分散による引張強度の向上は著しくなる[17)]．図 8.9（b）に示すように，準結晶の体積分率が高い方が，より高い引張強度を示すことから，準結晶による強化は高温ではより効果的であることがわかる．引張試験後の試料の透過電子顕微鏡の観察では，多くの準結晶粒が粒界に分散することと，α-Mg 結晶粒が準結晶粒によってピン留めされる様子が観察されるこ

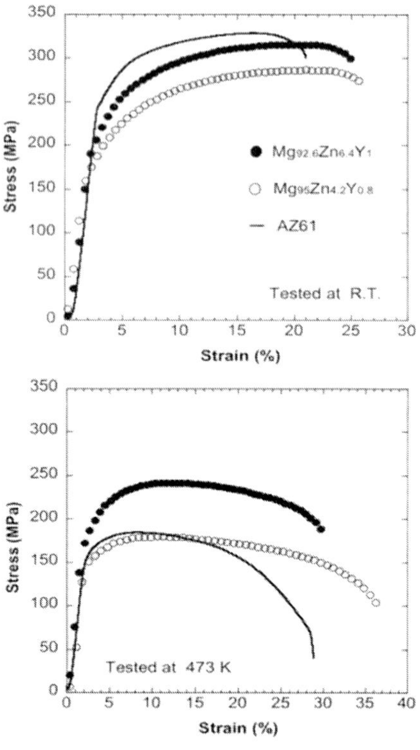

図 8.9　準結晶分散 Mg-Zn-Y 合金の室温および 473 K における引張試験曲線[17)]
比較のために商業用の AZ61 合金も示す．

とから，準結晶の役割は，α-Mg の粒界すべりおよび粒成長を抑制することにあると考えられる．ただし，今までの準結晶分散 Mg 合金はいずれも準結晶以外にほかの化合物も混在しているので，その効果も考慮する必要がある．

〔蔡　安邦〕

8.3　準結晶を前駆体とした触媒材料

準結晶はきわめて脆くて粉砕加工に適している．粉末化しやすいあるいは大きな表面積が求められる応用，たとえば触媒には準結晶が適している．コストと触媒活性を考慮すれば，Al-Cu-Fe は最適であろう．その理由は，Al，Cu と Fe はともに安価で入手しやすい元素であり，Cu 自身はさまざまな触媒活性を持っていることにある．そこで，最も一般的なメタノールの水蒸気改質反応の触媒開発が試みられた．メタノールの水蒸気改質反応とは，

$$CH_3OH + H_2O \rightarrow 3H_2 + CO_2 \quad (8.5)$$

であり，メタノールと水蒸気から水素を生成する反応である．最近，CO_2 の排出量増加による地球温暖化などの環境問題の観点から，クリーンエネルギーとして水素の利用が広く検討されている．しかし，水素は気体であるため貯蔵が難しく自動車など移動体の燃料として用いる場合には，利用時に必要量の水素を発生することが好ましい．その1つとして貯蔵輸送に適したメタノールを原料に水素を得る方法が期待される．

作製法として，$Al_{63}Cu_{25}Fe_{12}$ 準結晶を高温で均質化した後，ボールミールで粉砕し，粒径が数ミクロの準結晶粉末を得る．こうして得た粉末を NaOH 水溶液で浸出処理を施し，乾燥した後上記の水蒸気改質反応の触媒に供した．触媒活性の評価は水素生成速度で行われる．Al-Cu-Fe 準結晶触媒と現行の工業用触媒を用いた場合，各温度におけるメタノール水蒸気改質の H_2 生成速度を図 8.10 に示しており，低温では工業用触媒より劣るものの，高温側では高い活性を有していることがわかる[18]．従来の Cu 触媒が，高温では活性を担う Cu ナノ粒子の凝集（焼結）による活性の低下が問題になっているが，準結晶を前駆物質とした触媒は高い熱安定性を有している．高活性・高熱安定性は準結晶の特有な構造と構成元素に由来する．第 4 章で述べたように Al-Cu-Fe 準結晶では 5 回対称面が最も安定な面であり，5 回対称軸に沿ってこの 5 回対称原子面に Al 濃度の大きな揺らぎ（50 at.%<Al<90 at.%）が存在する．通常 Al 合金の浸出処理では，Al 濃度が 60 at.% を境に Al の溶出速度が大きく変化する．たとえば，Al<60 at.% において Al の溶出速度はきわめて遅く浸出がほとんど進まない．一方，Al>70 at.% では，Al の溶出が激しくなり，試料全体で浸出が進行する．したがって，浸出が準結晶の 5 回対称面で生じると仮定して，遅い反応が律速することを考慮すれば，浸出の進行方向に Al 濃度の揺らぎが存在すれば，準結晶における Al 溶出速度は遅いことが予想される．図 8.11 に示すように，一連の Al-Cu-Fe 合金の NaOH 水溶液による浸出速度が Al 濃度に対してほぼ直線関係になっているのに対し，準結晶の場合はこの直線の下方へ大きくずれている[19]．つまり，準結晶は比較的高い Al 濃度にもかかわらず，Al の溶出速度が遅い．Al の溶出反応に発熱を伴うので，溶出速度が遅い場合，微細で均一な $Cu + Fe_3O_4$ 複合組織が得られる．また，高い Al 濃度がかなりの Al 溶出量をもたらし，大きな表面積が得ら

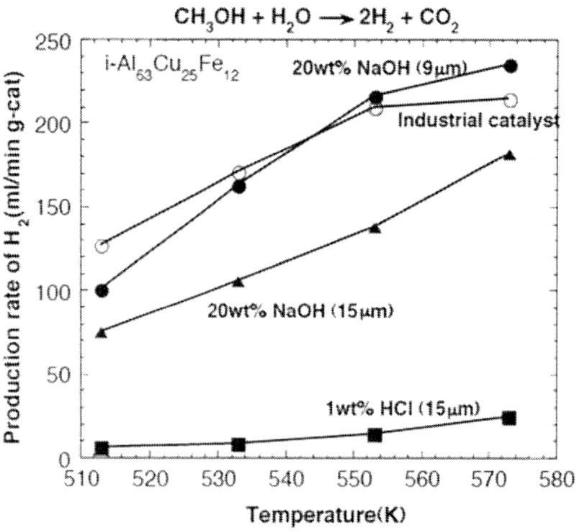

図 8.10　各種水溶液処理した Al-Cu-Fe 準結晶のメタノール水蒸気改質反応における水素生成速度の温度依存性
比較のために，工業用銅触媒も示す．

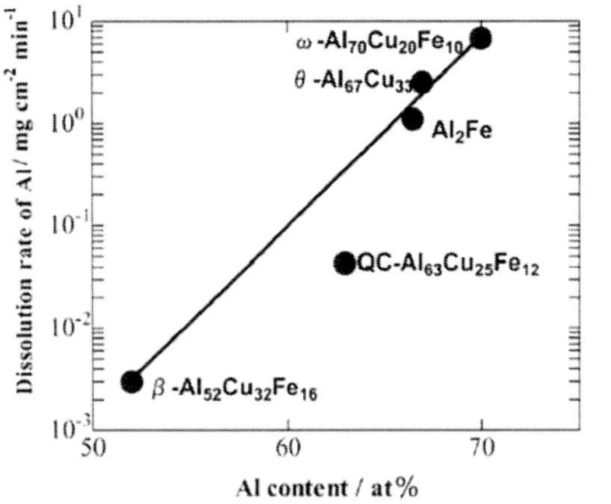

図 8.11　NaOH 水溶液中における種々の Al-Cu-Fe 合金の溶出速度

れる．これが Al-Cu-Fe 準結晶を用いた場合，高い活性を示す理由であると考えられる．

Al 溶出後，準結晶粒の表面に Cu と Fe が濃縮し，Cu と Fe は非固溶であるため合金化せず，Cu と Fe_3O_4 とのナノ粒子の複合組織が形成される[19]．触媒活性を担っている Cu ナノ粒子が Fe_3O_4 によって分離されるため，Cu ナノ粒子の凝縮が避けられる．つまり，Cu ナノ粒子は焼結せずに安定に存在する．また，この Cu 触媒粒子の中心に準結晶相が存在し，熱安定性にも何らかの役割を果たしていると考えられる．このように，準結晶自身が触媒活性を担うのではなく，準結晶は Cu の広い表面積を得るための前駆体として働くのである．製造プロセスは比較的簡単で，材料は安価であることから，メタノール水蒸気改質の触媒材料として有望と考えられる．今後，さまざまな触媒材料への展開が期待される．

〔蔡　安邦〕

8.4　表面被覆材料

準結晶に特有な性質として，硬い性質のほか，摩擦係数が小さく電気伝導度および熱伝導度が小さいことが挙げられる．これらの特徴は 2 次元 Al-Ni-Co 準結晶で示されている．2 次元準結晶には，周期配列と準周期配列がともに存在するため，同一試料から周期と準周期方向の物性を測定することができる．実験の結果，電気伝導[20]，熱伝導[21]および摩擦係数[22]はいずれも準周期方向においてかなり小さくなっていることが明らかになった．これは準周期構造に由来する電子構造あるいはフォノン異常に起因すると考えられている．実際，結晶相に比べて同じ合金系の準結晶の電気伝導，熱伝導および摩擦係数はかなり小さいことも観測されている．また，Al-Cu-Fe 系準結晶は窒化炭素鋼，WC や Al_2O_3 等に比べて小さい摩擦係数を有するほか，撥水性がよい（ぬれ性が悪い）．たとえば，pin-on-disk という試験方法で，硬い鋼球からなるピン先に一定の圧力をかけて試料の表面に繰り返しに滑らせ，摩擦係数を測定する．窒化炭素鋼の場合は，試験回数の増加に伴い，摩擦係数が大きくなり約 400 回で 0.5 という大きな値になる．一方，準結晶の場合は，試験回数が 900 までは，約 0.1 という小さい値を保っている．このような摩擦係数は一般の硬い金属に比べてはるかに小さく，テフロンと同程度である．一方，準結晶の熱伝導率を他の材料と比較すると，準結晶の熱伝導率は酸化物とほぼ同様であることがわかる．上記の 2 つの性質を活かして耐摩耗性，小さい摩擦係数，耐熱衝撃や熱遮蔽性が求められる表面に準結晶を被覆させた新しい材料が開発されている．プラズマ溶射で準結晶を表面に被覆したフライパンやヒゲそり刃片が製品として販売されている．また，このための準結晶粉末も市販され，自動車や航空機の関連部品への応用が期待されている．被覆材料として使われている合金は Al-Cu-Fe がベースになるので，材料コストの面では有利である．

〔蔡　安邦〕

8.5　フォトニック準結晶

「フォトニック結晶」を用いて，種々の光制御素子を実現するための研究が最近盛んに行われている．このフォトニック結晶に準結晶の構造秩序を持ち込むとどうなるかは，興味深い問題である．本節ではそのような研究について紹介する．これは準結晶物質を直接応用するものではないが，広い意味での準結晶の応用研究である．

フォトニック結晶とは，誘電率が光の波長程度の周期で変調した人工的な構造体である．この研

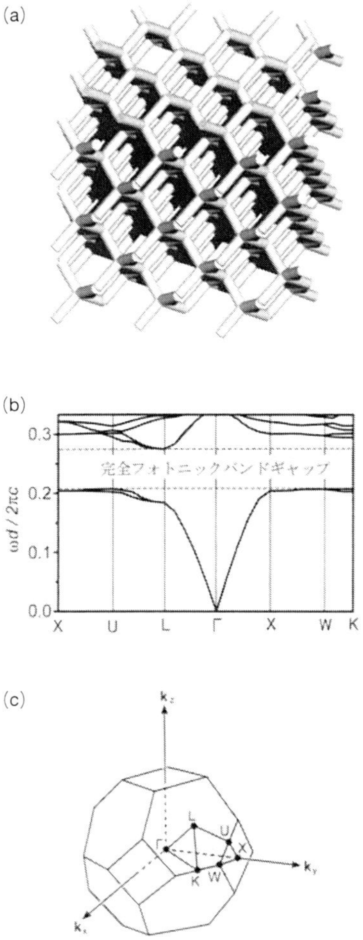

図 8.12 (a) ダイヤモンド型フォトニック結晶と (b) そのフォトニックバンド構造の計算例, (c) 第1ブリルアンゾーン

究分野は Yablonovitch[23] と John[24] が独立に 1987 年に「完全フォトニックバンドギャップ」という概念を提唱したことに端を発する．3 次元結晶固体中の電子の振舞いと 3 次元誘電体周期構造中の電磁波の振舞いとが数学的に同種類の問題であることは古くから知られており，とくに「フォトンのバンド構造」の概念は 1979 年にすでに大高[25] が提唱している．Yablonovitch と John は周期構造の形状，構成材料を適切に選ぶと，3 次元のいかなる方向にも光伝播が生じない周波数帯「完全フォトニックバンドギャップ」を作ることができることを指摘し，これに関連して起こりうる種々の興味深い現象について議論した．この完全フォトニックバンドギャップは電子系における絶縁体・半導体のバンドギャップに相当するものである．

例として図 8.12 (a) にダイヤモンド型フォトニック結晶を示す．これはダイヤモンド結晶を誘電体ロッドで構成したもので，誘電体と空気による誘電率周期変調構造となっている．図 8.12 (b) にこの構造のフォトニックバンド構造（周波数-波数関係：ω-k 関係）の計算例を示す．フォトニックバンド構造は k 空間中の第 1 ブリルアンゾーン内に定義されるが，ダイヤモンド型フォトニック結晶に対する第 1 ブリルアンゾーンは図 8.12 (c) のような 14 面体となる．図 8.12 (b) の ω-k 関係は (c) に示した第 1 ブリルアンゾーンの各点を結んだ直線上の k に対して描かれている．ここで図のように第 1 ブリルアンゾーン表面の各点でバンドギャップが開いており，それらの共通周波数領域が完全フォトニックバンドギャップに対応している．理想的には，このような完全フォトニックバンドギャップをもったフォトニック結晶中に点欠陥を導入すると，光を永久に閉じ込めることができる微小な光共振器となり，そこにレーザー媒質を導入すると，バンドギャップの効果で自然発光を抑制できるので，発振しきい値がきわめて小さい微小サイズのレーザーを実現することができる．また線欠陥を導入すると，急峻な曲げがあっても放射損失ゼロの導波路となり得る．さらにそれらを組み合わせて光合分波器，光スウィッチ，波長フィルタなどが極小サイズで実現できることが示され，それらを集積した光集積回路の実現も視野に入れて研究が進められている．

そのような光閉じ込め効果を利用した光制御素子の実現には厳密には 3 次元構造が必須ではあるが，図 8.13 に示すような 2 次元的にフォトニック結晶構造をもち，これと垂直方向に有限厚さをもった 2 次元スラブ型フォトニック結晶とよばれるものでも，光ファイバーと同様に屈折率差で面外方向への光の漏れはかなり抑えられることがわかっている．このようなフォトニック結晶は 3 次元系フォトニック結晶と比較して作製が容易なため，現在，研究の主流となっている．

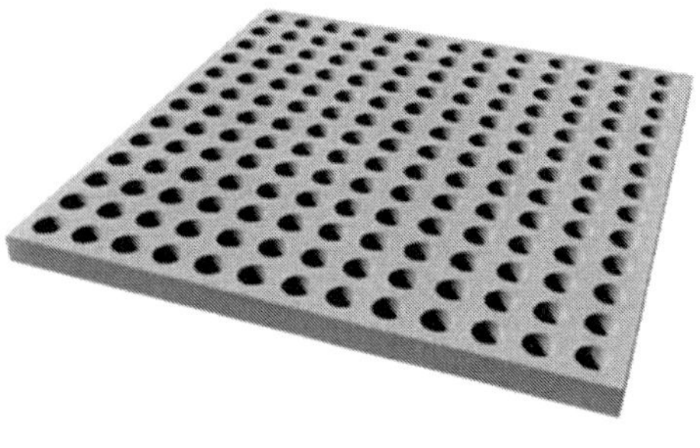

図 8.13　2 次元スラブ型フォトニック結晶の例

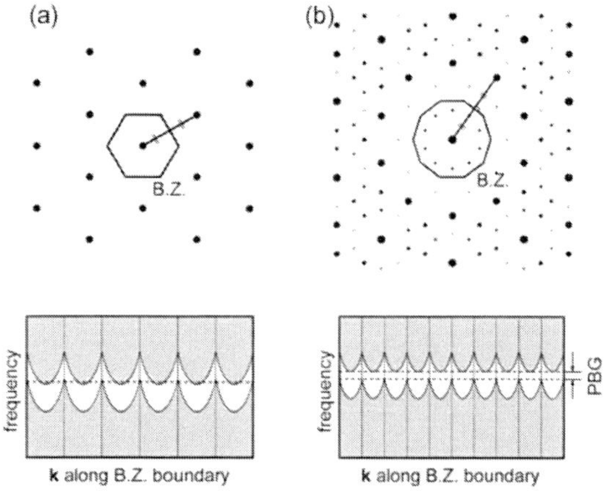

図 8.14　(a) 上図：6 回対称フォトニック結晶の逆格子と第 1 ブリルアンゾーン．下図：そのゾーン境界上の各 k 点におけるギャップ周波数域の模式図．(b) 上図：10 回対称フォトニック準結晶の逆格子と擬ブリルアンゾーン．下図：そのゾーン境界上の各 k 点におけるギャップ周波数域の模式図

以上のようなバンドギャップを利用した応用以外にも，バンド内やバンド端を利用した応用も考えられている．バンド内の光状態を利用した応用には次のようなものがある．バンド分散による低群速度を利用した光遅延素子，さらに群速度分散を利用した分散補償素子，等周波数面の異方性や複雑な構造を利用したスーパープリズムとよばれる特殊なプリズムやコリメータ，さらに電子系のホールバンドに類似した構造を利用した負屈折レンズ，などである．バンド端を利用したものとしては，バンド端の定在波状態を利用した分布帰還形レーザが挙げられる．

図 8.12 (b) に示したようにフォトニックバンドギャップは k 空間中の第 1 ブリルアンゾーンの境界面に形成する．このとき境界面上の k は光波が格子にブラッグ散乱される条件と一致する．そのようなブラッグ散乱による多重干渉効果がフォトニックバンドギャップの物理的起源と考えられる．そのような境界面の各面は幾何学的には原点と逆格子点の 2 等分面に対応する．さて，第 2 章で述べたように，準結晶構造でもブラッグ散乱が起こるので結晶に対するブリルアンゾーンに相当するもの（擬ブリルアンゾーン：7.2 節参照）が定義でき，その境界面上でフォトニックバンドギャップが形成し得る．加えて，準結晶は結晶と比べて一般に高い回転対称性をもつので境界面上の各 k 点におけるギャップ周波数域の変動が小さく，完全フォトニックバンドギャップを形成するのに有利であると考えられる．図 8.14 の 2 次元系の模式図を使ってこの点を説明する．図 8.14 (a) の上図は 6 回対称フォトニック結晶の逆格子である．原点と逆格子点の 2 等分面（線）を図のように描くと正 6 角形の第 1 ブリルアンゾーンが得られる．図 8.14 (a) の下図はその第 1 ブリルアンゾーン境界面の各 k 点におけるギャップ周波数域を模式的に示したものである．各点でのギャップ幅自体は誘電率比で大体決まる．一方，ギャップ中心周波数は原点からの距離によって変わる．このとき，ブリルアンゾーンが円（3 次元系では球）に近い方がギャップ周波数域の変動が小さいので，共通のギャップ周波数域で与えられる完全フォトニックバンドギャップを形成するために有利であることがわかる．図ではそのような完全フォトニックバンドギャップは形成していない．

一方，図 8.14 (b) の上図は 10 回対称フォトニック準結晶の逆格子である．比較的強い 10 回対称の逆格子点を使って図のように正 10 角形の擬ブリルアンゾーンを作ることができる．図 8.14 (b) 下図に示すようにその表面上の各点でのギャップ幅が図 8.14 (a) の 6 回対称フォトニック結晶の場合と同程度であっても，ブリルアンゾーンが円に近い分，ギャップ周波数域の変動が小さいため，完全フォトニックバンドギャップが形成しやすくなっている．

1998年にChanら[26]が8回対称2次元フォトニック準結晶のフォトニックバンド計算を行い，フォトニック準結晶で完全ギャップが形成することを初めて示した．その後1999年にJinら[27]によって8回対称2次元フォトニック準結晶が試作され，完全ギャップの形成が実験的に確認された．さらに2000年にZoorobら[28]によって12回対称2次元フォトニック準結晶が作製され，小さな屈折率コントラスト（~1.5）で完全ギャップが形成されることが報告され，その後同グループを中心に関連する研究が幾つか報告されている．以上のように2次元系では確かにフォトニック準結晶は完全フォトニックバンドギャップを形成するのに有利であることが実証されている．ただし，3次元系では研究例は少なく，この点ははっきりしていない．その他に2次元ペンローズ格子のスラブ型フォトニック準結晶にレーザー媒質を導入して定在波状態を利用したレーザーを試作した例[29]などがある．〔枝川圭一〕

引用文献

1) K. Kirihara and K. Kimura：*Sci. Tech. Adv. Mater.* **1**, (2000) 227.
2) K. Kirihara, T. Nagata, K. Kimura, K. Kato, E. Nishibori, M. Takata and M. Sakata：*Phys. Rev.* **B68** (2003) 014205.
3) K. Kirihara and K. Kimura：*J. Appl. Phys.* **92** (2002) 979.
4) T. Nagata, K. Kirihara and K. Kimura：*J. Appl. Phys.* **94** (2003) 6560.
5) K. Kimura, J. T. Okada, H. Kim, T. Hamamatsu , T. Nagata and K. Kirihara：*Mater. Res. Soc. Sym. Proc.* **886** (2006) F06-10.
6) J. T. Okada, T. Hamamatsu and K. Kimura：*J. Appl. Phys.* **101** (2007) 103702.
7) Y. Takagiwa, T. Kamimura, S. Hosoi, J.T. Okada and K. Kimura：*J. Appl. Phys.* **104** (2008) 073721.
8) Y. Takagiwa, T. Kamimura, J. T. Okada, K. Kimura：*J. Electron. Mater.* **39** (2010) 1885.
9) T. Takeuchi：*J. Electron. Mater.* **38** (2009) 1354.
10) T. Takeuchi, N. Nagasako, R. Asahi and U. Mizutani：*Phys. Rev.* **B74** (2006) 054206.
11) A.P. Tsai et al.：*Jpn. J. Appl. Phys.* **31** (1992) 2530.
12) A.P. Tsai, K. Aoki, A. Inoue and T. Masumoto：*J. Mater. Res.* **8** (1993) 5.
13) E. Fleury, S.M. Lee, G. Choi, W.T. Kim and D.H. Kim：*J. Mater. Sci.* **36** (2001) 963.
14) A.P. Tsai, Y. Murakami and A. Niikura：*Philo. Mag.* **A80** (2000) 1043.
15) S. Yi, E. S. Park, J. B. Ok, W. T. Kim, D. H. Kim：*Mater. Sci. Eng.* **A300** (2001) 312.
16) A. Singh, M. Nakamura, M. Watanabe, A. Kato, A.P. Tsai：*Scripta Mater.* **49** (2003) 417.
17) A. Singh, M. Watanabe, A. Kato, A.P. Tsai：*Mater. Sci. Eng.* **A385** (2004) 382.
18) A. P. Tsai, M. Yoshimura：*Appl. Catal. A, General* **214** (2001) 237.
19) T. Tanabe, S. Kameoka and A.P. Tsai：*Appl. Catal. A, General* **384** (2010) 241.
20) J. T. Markert et al.：*J. Appl. Phys.* **76** (1994) 6110.
21) D.L. Zhang et al.：*Phys. Rev. Lett.* **66** (1991) 2778.
22) J. Y. Park et al.：*Science* **26** (2005) 1354.
23) E. Yablonovitch：*Phys. Rev. Lett.* **58** (1987) 2059.
24) S. John：*Phys. Rev. Lett.* **58** (1987) 2486.
25) K. Ohtaka：*Phys. Rev.* **B19** (1979) 5057.
26) Y. S. Chan, C.T. Chan, Z.Y. Liu：*Phys. Rev. Lett.* **80** (1998) 956.
27) C. J. Jin, B.Y. Cheng, B.Y. Man, Z.L. Li, D.Z. Zhang, S.Z. Ban and B. Sun：*Appl. Phys. Lett.* **75** (1999) 1848.
28) M. E. Zoorob, M. D. B. Charlton, G. J. Parker, J. J. Baumberg and M.C. Netti：*Nature* **404** (2000) 740.
29) M. Notomi, H. Suzuki, T. Tamamura and K. Edagawa：*Phys. Rev. Lett.* **92** (2004) 123906.

参考書

「フォトニック結晶技術とその応用」川上彰二郎監修，シーエムシー出版（2002）．
「フォトニック結晶技術の新展開——産業化への動向」川上彰二郎監修，シーエムシー出版（2005）．
「フォトニック結晶の基礎と応用」吉野勝美，武田寛之，コロナ社（2004）．

索　　引

事 項 索 引

欧　文

acute rhombus　32
Amman 図形　56

bNi 正 10 角形準結晶　61
b 連結　55

c 連結　55
chemical disorder　36
confined state　70
critical state　69

dual method　22

e/a　5,36,38

F 型　34

HAADF-STEM（high-angle annular dark-field scanning transmission electron microscopy）45,52
HRTEM（high resolution transmission electron microscopy）45
Hume-Rothery　5

I 型　34

L.I. クラス（local isomorphism class）13,19〜24,25,27,88
LEED 図形　67
locked state　93

normal process　108

oblate rhombohedron　28
obtuse rhombus　22

P 型　34
phason fault　96,98,99
prolate rhombohedron　28

singular continuous　69
step bunching　62
strip-projection method　18

umklapp process　109
unlocked state　93

weakly bonded rigid heavy clusters　113〜115

ア　行

アモルファス　30,69,76〜78,80〜85
アルキメデスタイリング　40
安定相　30

位相問題　44
1 次元フィボナッチ格子　23
一般化弾性論　89

ヴィーデマン-フランツ則　107
裏格子　17,23,27,28
裏格子法　18,21,22

鋭角菱面体　57
液体急冷法　30
エネルギーギャップ　39

黄金比　35,63
黄金菱形　55
帯・射影法　19,23,24,28
温度因子　53

カ　行

回折強度関数　49
回折パターン　31
回折ベクトル　50
化学量論組成　40
加工軟化　95,98
価電子濃度　36
完全ギャップ　121
完全準結晶モデル　93
完全フォトニックバンドギャップ　119〜121
貫入　53

幾何学条件　42
擬ギャップ　39,70〜73,76,80,84,111,112,114,115
基底ベクトル　50
希土類元素　37
擬ブリルアンゾーン　72,73,120
擬ブリルアンゾーン境界　102,104,109
逆空間　9
逆格子　33
逆格子基本ベクトル　3,50
逆格子空間　51
鏡映対称　59
強化材　115
強消滅条件　97
鏡面対称性　33
共有結合　73〜75,83〜85,111〜115
局在状態　69,77,78,80〜82
近似結晶　3,30,46,49,70,71,75,76,78,106,111,112
金属間化合物　31
金属結合-共有結合転換　73
金属-絶縁体転移　78〜82,84
金属マトリックス　115

空間群　33,49
グリュナイゼン定数　106
グンメルト 10 角形　60

ケミカルディスオーダー　54
原子クラスター　33
原子散乱因子　53
原子層　33,63
原子半径　37

高角散乱環状暗視野走査型透過電子顕微鏡法　45
高次空間　49
高次元空間　51
高次元クラスターモデル　50
高次元射影法　57
格子定数　51
構造因子　53
構造型原子空孔　75
構造精密化　53,60
高分解能電子顕微鏡　5
高分解能電子顕微鏡像　59
高分解能透過電子顕微鏡法　45
高分子準結晶　40
5 回対称清浄面　62
固化成形法　116
5 角形クラスター　60
国際結晶学連合　4
固有値　50
固溶量　40
コロイド準結晶　41

サ　行

蔡クラスター型　37,40
3 次元準結晶　31
3 次元物理空間　50
3 次元ペンローズ格子　4,27～29,53
3 次元補空間 $E_\perp$　50
散漫散乱　33
散乱強度　8,9
散乱ベクトル　8

磁気散乱測定　52
磁気抵抗効果　6
自己相似性　20,21,26,29,43,69
自己相似変換　20
自己相似変換操作　43
自己相似変換法　16,21
自己組織化　41
指数付け　49
4 面体　36,55
弱局在　79
弱消滅条件　97
終端面　63
終端面生成ルール　64
自由電子近似モデル　39
12 配位頂点　53
10 回軸　32
10 回対称性　32
10 回対称面　67
準安定相　30
準結晶格子　4,15,22,24
準結晶表面構造　62
準結晶分散強化合金　115
準格子定数　74
準周期格子　17
準周期性　11～13
準周期秩序性　4
状態密度　39
消滅則　32
触媒活性　117
浸出処理　117

スケール変換　21,26,29
ステップ・テラス　62,64
スパイキー構造　70～72,80,84,85
スピングラス　100
スラブ型フォトニック準結晶　121

正 12 角形相　2
正 12 面体　34
正 10 角形相　2
正常過程　108,109
正 20 面体クラスター　73,74,84,111
正 20 面体準結晶　1
正 8 角形準結晶　32
正 8 角形相　2
積層不整　32
切頭 30 面体　58
前駆体　117
占有状態　66
占有率　53
占有領域　52

走査電子顕微鏡　32
走査トンネル顕微鏡　62
相似変換　50
相似変換行列　51
塑性加工　116
塑性変形　115

タ　行

体心　58
多重双晶　2
多波長異常分散法　44
単位胞　56
短距離磁気秩序　100
単結晶成長　31
単準結晶　31
探針　66
弾性異方性　6
断面法　11,18～21,23,24,26,28,29,43,53

中性子非弾性散乱　101,103
鋳造　115
超原子　19～20,24～28,43
——の長さ　18
超格子ピーク　35
直接法　44,45

低密度消去　51
低密度消去法　45
デバイ比熱　104
デバイモデル　105,107
デュロン-プティの値　106
転位　115
電子化合物　5
電子の弱局在効果　6
電子比熱　105
電子密度関数　49
電子密度分布　51

同形置換法　44
特異連続　69,100
鈍角菱面体　55
トンネル電子　66

ナ　行

ナノ粒子　41,118

2 回対称面　67
2 次元準結晶　31
2 次元スラブ型フォトニック結晶　119
2 次元ペンローズ格子　21,23,26～29,90,92～94,96,121
20 面体クラスター　31

熱電材料　111,115

糊付原子　53,55

ハ　行

バイアス電圧　65
パイエルスポテンシャル　6
バーグマンクラスター型　37,40
バーコフモデル　59
反転過程　109

非金属系準結晶　42
非固溶　118
菱形30面体　55
非周期結晶　9〜11,13,15,17
非晶質　9,43
非整合結晶　9,10,13,14
非整合構造　4
非整合複合結晶　14,15
非整合変調構造　14,15
非占有状態　66
ビッカース硬さ　95
ヒューム-ロザリー化合物　5
ヒューム-ロザリー機構　73,74,76
表面被覆材料　118
広がった状態　69,76,77
ピン留め　117

フィボナッチ格子　5,16〜18,20,23,26〜28,29,46,47,88,89,93,102
フィボナッチ数列　16
フェイゾン　6,46,61,91,92
　——の自由度　46,87,88,91
　——の導入　106
　——の比熱　106
フェイゾン欠陥　93
フェイゾン弾性　6,87,90,92〜94
フェイゾン弾性定数　91,94
フェイゾン歪　5,46〜49,78,88〜91,93,94,96〜98,115
フェイゾンフリップ　89,90
フェイゾン変位　93
フェルミ球　37
フェルミレベル　39
フォトニック結晶　118
フォトニック準結晶　118,121
フォトニックバンドギャップ　120
フォトニックバンド構造　119
フォトンのバンド構造　119
フォノン弾性　6,90,91,94
フォノンの自由度　88
フォノン歪　88,90,92,94,97
フォノン-フェイゾン結合　90,91,94
フォノン-フェイゾン結合強度　94
フォノン-フェイゾン結合弾性　6,87,90,94
フォノン-フェイゾン動力学　91,92
フォノン-フォノン散乱　108
太った菱形　22
フーリエ空間　9
フーリエ変換　8,18,43〜45,47
ブリルアンゾーン　36
ブロック共重合体　40
粉末冶金　115

平衡状態図　38
並進秩序性　3
辺央　58
変換則　26
扁長菱面体　4,28
扁平菱面体　4,28
ペンローズ格子　16
ペンローズタイリング　3
ペンローズパターン　3

ホール-ペッチ則　116

マ　行

マッカイクラスター　37,75
マッカイクラスター型　40
窓　18

メタノールの水蒸気改質反応　117

ヤ　行

やせた菱形　22
ヤング率　95

融液　31

4次元10方格子　25,26
4軸回折計　51

ラ　行

ランダムフェイゾン歪　49

リニアフェイゾン歪　49
臨界状態　69,82,100

6次元格子　52
6次元指数づけ　35

合 金 索 引

A

Ag-In-Yb　62,64-66
$Al_{13}Co_4$　32
d-Al-Co-Ni　105
θ-$Al_{67}Cu_{33}$　118
Al-Cu-Co　33,66
AlCuCo　72,85
d-Al-Cu-Co　105
Al-Cu-Fe　31, 34, 38, 40, 49, 62, 71,82
AlCuFe　72,78
i-Al-Cu-Fe　94,103
i-AlCuFe　115,117,118
β-$Al_{52}Cu_{32}Fe_{16}$　118
$Al_{63}Cu_{25}Fe_{12}$　37
QC-$Al_{63}Cu_{25}Fe_{12}$　118
$Al_{63.5}Cu_{24}Fe_{12.5}$　95
$Al_{65}Cu_{20}Fe_{15}$　3
ω-$Al_{70}Cu_{20}Fe_{10}$　118
Al-Cu-Fe準結晶　31,62
Al-Cu-Fe-(Si)　49
$Al_{63}Cu_{25}Os_{12}$　37
Al-Cu-Ru　49,62,78〜81,83,85
i-Al-Cu-Ru　105
$Al_{63}Cu_{25}Ru_{12}$　37
$Al_{63}Cu_{25}TM_{12}$　34,37
Al_2Fe　118
$Al_{13}Fe_4$　32,60
Al-Li-Cu　49,70,78,79,103
i-Al-Li-Cu　94,95,103
$Al_{5.1}Li_3Cu$　34

Al_5Li_3Cu 34
R-Al_5Li_3Cu 35, 36, 49
R-$Al_{5.1}Li_3Cu$ 36
$Al_{5.1}Li_3Cu$ 49
$Al_{60}Li_{30}Cu_{10}$ 95
Al-Li-Mg-Cu 80
Al-Mn 1, 30～32, 103
i-Al-Mn 94
Al_3Mn 32
Al_6Mn 31
$Al_{94}Mn_6$ 30
Al-Mn-Si 36
Al_3Ni 32
Al-Ni-Co 5, 31～33, 59, 62, 66, 105
AlNiCo 85
d-Al-Ni-Co 95, 105
dAlNiCo 115
$Al_{71.8}Ni_{14.8}Co_{13.4}$ 67
$Al_{72}Ni_{12}Co_{16}$ 67
$Al_{70}Ni_{15}Co_{15}$ 33
$Al_{72}Ni_{20}Co_8$ 33
Al-Ni-(Co, Fe) 33
$Al_{70}Ni_{15}Fe_{15}$ 33
Al-Ni-Ru (Rh) 33
$Al_{21}Pd_5$ 32
$Al_{70}Pd_{20}Co_5V_5$ 37
$Al_{70}Pd_{20}Cr_5Fe_5$ 37
a-Al-Pd-Fe 105
Al-Pd-Fe 106
Al-Pd-Mn 33, 34, 38, 40, 49, 83
AlPdMn 72, 75
i-Al-Pd-Mn 62, 95, 98, 103, 105～107, 114, 115
$Al_{70}Pd_{20}Mn_{10}$ 37
$Al_{70.4}Pd_{20.8}Mn_{8.8}$ 95
$Al_{70.5}Pd_{21}Mn_{8.5}$ 95
$Al_{70}Pd_{20}Mo_5Ru_5$ 37
Al-Pd-Re 74～76, 79, 81～84, 105
i-Al-Pd-Re 105, 106, 107, 111～114
$Al_{70}Pd_{20}Re_{10}$ 37
$Al_{70}Pd_{20}Tc_{10}$ 37
$Al_{70}Pd_{20}TM_{10}$ 34, 37
$Al_{70}Pd_{20}TM1_5TM2_5$ 37
$Al_{70}Pd_{20}W_5Os_5$ 37
$Al_{12}Re$ 73, 75
Al-Re-Si 73
AlReSi 73, 75, 111, 112, 115
$Al_{68}Ru_{15}Cu_{17}$ 95
α-Al-Si-Mn 48
$(Al, Si)_{57}Mn_{12}$ 35
Al-Zn 38
i-Al-Zn-Mg 103
$(Al, Zn)_{49}Mg_{32}$ 48
$Au_{60}Sn_{25}Ca_{15}$ 38
$Au_{65}Sn_{20}Ca_{15}$ 38
$Au_{60}Sn_{25}Yb_{15}$ 38
$Au_{65}Sn_{20}Yb_{15}$ 38

B

$B_{40}Ti_{12}Ru_{48}$ 33

C

Cd-Ca 34, 70, 71
$Cd_{17}Ca_3$ 38
$Cd_{84}Ca_{16}$ 38
$Cd_{5.7}M$ 34
Cd_6M 76
Cd-Mg-RE 34
$Cd_{76}Y_{13}$ 49
Cd-Yb 5, 34～36, 38, 56, 65, 66, 70, 84
i-Cd-Yb 95, 103
$Cd_{5.7}Yb$ 38, 49, 54, 55, 65
Cd_6Yb 35, 36, 38
$Cd_{76}Yb_{13}$ 38
$Cd_{84}Yb_{16}$ 38
$Cd_{85}Yb_{15}$ 38, 95
Cu-Al 36
Cu_3Al 36
Cu-Sn 36
Cu_5Sn 36
Cu-Zn 36
CuZn 36

I

$In_{42}Ag_{42}Ca_{16}$ 38
$In_{42}Ag_{42}M_{16}$ 34
$In_{42}Ag_{42}Yb_{16}$ 38

M

$Mg_{60}Cd_{25}M_{15}$ 34
i-Mg-Ga-Al-Zn 94
Mg-Ga-Zn 49
$Mg_{,32}(Zn, Al)_{49}$ 36
$Mg_{36}Zn_{56}Gd_8$ 95
Mg-Zn-RE 100
i-Mg-Zn-Y 95
$Mg_{36}Zn_{56}Y_8$ 95

Z

$Zn_{75}Ag_{10}Sc_{15}$ 34
i-ZnAlMg 115
$Zn_{78}Co_6Sc_{16}$ 34
$Zn_{77}Fe_7Sc_{16}$ 34
Zn-Mg-Al 36
Zn-Mg-Dy 31～33
$Zn_{46}Mg_{51}Dy_3$ 95
Zn-Mg-Hf 34
i-Zn-Mg-Ho 115
Zn-Mg-Ho 52
Zn-Mg-RE 33, 34, 37, 38
$Zn_{60}Mg_{30}RE_{10}$ 34
$Zn_{70}Mg_{20}RE_{10}$ 34
Zn-Mg-Sc 35
i-Zn-Mg-Sc 103
$Zn_{80}Mg_5Sc_{15}$ 34, 38
$Zn_{74}Mg_{19}TM_7$ 34
i-Zn-Mg-Y 103
i-ZnMgY 115
$Zn_{60}Mg_{30}Y_{10}$ 40
$Zn_{75}Ni_{10}Sc_{15}$ 34
$Zn_{75}Pd_9Sc_{16}$ 34
Zn_6Sc 38

著者略歴

竹内　伸（たけうち しん）

1935年　東京都に生まれる
1960年　東京大学理学部物理学科卒業
現　在　東京理科大学近代科学資料館館長
　　　　理学博士

枝川圭一（えだがわ けいいち）

1964年　岡山県に生まれる
1988年　東京大学大学院工学系研究科修士課程修了
現　在　東京大学生産技術研究所教授
　　　　工学博士

蔡　安邦（さい あんぽう）

1958年　台湾に生まれる
1990年　東北大学大学院工学研究科博士課程修了
現　在　東北大学多元物質科学研究所教授
　　　　工学博士

木村　薫（きむら かおる）

1956年　東京都に生まれる
1984年　東京大学大学院理学系研究科博士課程修了
現　在　東京大学大学院新領域創成科学研究科教授
　　　　理学博士

準結晶の物理　　定価はカバーに表示

2012年 2 月25日　初版第1刷
2020年 8 月25日　　第2刷

著　者　竹　内　　伸
　　　　枝　川　圭　一
　　　　蔡　　　安　邦
　　　　木　村　　薫
発行者　朝　倉　誠　造
発行所　株式会社　朝　倉　書　店

東京都新宿区新小川町 6-29
郵便番号　162-8707
電　話　03(3260)0141
FAX　03(3260)0180
http://www.asakura.co.jp

〈検印省略〉

真興社・渡辺製本

ISBN 978-4-254-13109-3　C 3042　　Printed in Japan